JN109782

本試験によく出る！

第４類消防設備士
問題集

工藤政孝　編著

弘文社

まえがき

　本書は，「わかりやすい第4類消防設備士試験」（弘文社）の続編として編集された問題集です。前書が内容を把握しやすいようにという意図から，筆記試験の中の「構造・機能及び工事または点検・整備の方法」を「構造・機能」と「設置基準」及び「試験，点検」と3つのブロックに分けて構成をしました。その甲斐あってか，予想もしなかったほど多くの方から御礼や感謝のメールおよびファックスをいただき，スタッフ一同ある種の"達成感"に浸らせていただくことができました（メールやファックスをいただいた方には，この場を借りて御礼を申し上げます）。

　しかし，この分野は，本試験ではあくまでも「電気に関する部分」と「規格に関する部分」に区分されており，甲種受験者の中でも多数を占める「電気工事士資格による受験者」にとっては，免除される「電気に関する部分」が明確にされている方が当然「省エネ受験」となります。

　従って，この状況に適応した問題集を是非作ってみたいという思いから，企画し出来上がったのが本書です。

　その主な特徴は，次のようになっています。

1. より実戦的な問題の採用

　本書では，最近数年間の本試験の動向を調査し，その中から繰返して出題されているような重要問題を中心にピックアップして編集しました。従って，より実戦的な力を本書で身につけることができるものと思っております。

2. 解説の充実

　本書では，最新の出題傾向に沿った問題を数多く採用していますが，解説の方もできるだけ紙数の許す限り，より充実度を高めました。従って，初学者の方にも十分対応できる内容になっているものと思っております。

3. 暗記事項について

　資格試験においては，その内容を把握することも大切ではありますが，それと同等，もしくはそれ以上にヤッカイなのが，重要ポイントを暗記する，ということではないかと思います。

そこで,「わかりやすい第4類消防設備士試験」でも好評を得た,暗記事項をゴロ合わせにした「こうして覚えよう」を,本書でも多数,採用しました。従って,暗記が苦手な人でも安心してラクに暗記することができるものと思っております。

4. 実技試験の充実

実技試験は,第4類消防設備士試験を"突破"するためには,非常に重要なポイントとなる部分であり,鑑別,製図とも,毎回,手を変え品を変えて多種多様な問題が出題されています。従って,これらに対処するためには,できるだけ多くの問題に取り組む必要があり,本書では,それに応えるべく,できるだけ多種多様な問題を数多く取り揃えました。

5. 模擬試験の充実

本書の巻末には,ほぼ本試験と同等レベルの模擬試験を用意してあります。従って,試験時間の配分など,より実戦に近い感覚で「力試し」を行えるものと期待をしております。

以上のような特徴によって本書は構成されていますので,「電気に関する部分」が免除される方,あるいはそうでない方であっても,受験科目をより効率的に,また,より実戦的に学習ができる構成になっているものと思っております。

従って,本書を十二分に活用いただければ,「短期合格」も夢ではないものと思っております。

最後になりましたが,本書を手にされた方が一人でも多く「試験合格」の栄冠を勝ち取られんことを,紙面の上からではありますが,お祈り申しあげております。

なお,巻末に最近の出題傾向に対応するため,新たに読者の皆様からいただいた情報を主とした新傾向問題を追加いたしましたので,こちらの方も有効に活用していただきたいと思います。

目　　次

本書の使い方

本書を効率よく使っていただくために，次のことを理解しておいてください。

1．重要マークについて

よく出題される重要度の高い問題には，その重要度に応じて マークを１個，あるいは２個表示してあります。従って，「あまり時間がない」という方は，それらのマークが付いている問題から先に進めていき，時間に余裕ができたときにその他の問題に当たれば，限られた時間を有効に使うことができます。

なお，あまり出題されていない問題には， マークを表示してあります。

2．重要ポイントについて

本文中，特に重要と思われる箇所には**太字**にしたり，**重要マーク** を入れて枠で囲むようにして強調してありますので，それらに注意しながら学習を進めていってください。

3．注意を要する部分について

本文中，特に注意が必要だと思われる箇所には「ここに注意！」というように表示して，注意を要する部分である，ということを表しています。

4．略語について

本書では，本文の流れを円滑にするために，一部略語を使用しています。
・特防：特定防火対象物
・特１：特定１階段等防火対象物
・自火報：自動火災報知設備

5．分数の表記について

たとえば，$\frac{1}{2}$を 1／2 と表記している場合がありますので，注意して下さい。

6．感知面積について

　製図の問題の際，感知器の感知面積をすぐに参照できるように，巻末の資料2 に各感知器の感知面積とゴロ合わせをまとめてあります。原則として，解説には本文中の感知面積の掲載ページを示してありますが，巻末を参照する方が利便性が高いので，このように配置しました。

　どうぞ，有効に活用して下さい。

7．最後に

　本書では，学習効率を上げるために（受験に差しさわりがない範囲で）内容の一部を省略したり，または表現を変えたり，あるいは図においては原則として原理図を用いているということをあらかじめ断っておきます。

　電気工事士などの免状があれば，筆記の「電気に関する部分」と鑑別の第 1 問が免除されますが，鑑別の第 1 問については，単に「鑑別の第 1 問が免除」となっているだけで，その出題内容は公表されていないんだ。

　そういうわけで，本書では，鑑別については，筆記のような「電気に関する部分」という免除範囲を示した編集はしていないので，その点，あらかじめお断りしておきます。

　ただし，電気工事士の免状による免除なので，電気工事関連の工具や器具とは予想していますが……一応，断言は差し控えておきます。

受験案内

1．消防設備士試験の種類

消防設備士試験には，次の表のように甲種が特類および第1類から第5類まで，乙種が第1類から第7類まであり，甲種が工事と整備を行えるのに対し，乙種は整備のみ行えることになっています。

表1

	甲種	乙種	消防用設備等の種類
特　　類	○		特殊消防用設備等
第1類	○	○	屋内消火栓設備，屋外消火栓設備，スプリンクラー設備，水噴霧消火設備
第2類	○	○	泡消火設備
第3類	○	○	不活性ガス消火設備，ハロゲン化物消火設備，粉末消火設備
第4類	○	○	自動火災報知設備，消防機関へ通報する火災報知設備，ガス漏れ火災警報設備
第5類	○	○	金属製避難はしご，救助袋，緩降機
第6類		○	消火器
第7類		○	漏電火災警報器

2．受験資格

（詳細は消防試験研究センターの受験案内を参照して確認して下さい）

(1)　乙種消防設備士試験

受験資格に制限はなく誰でも受験できます。

(2)　甲種消防設備士試験

甲種消防設備士を受験するには次の資格などが必要です。

＜国家資格等による受験資格（概要）＞

① 　（他の類の）甲種消防設備士の免状の交付を受けている者。

② 　乙種消防設備士の免状の交付を受けた後2年以上消防設備等の整備の経験を有する者。

③　技術士第2次試験に合格した者。

④　電気工事士

⑤　電気主任技術者（第1種～第3種）

⑥　消防用設備等の工事の補助者として，5年以上の実務経験を有する者。

⑦　専門学校卒業程度検定試験に合格した者。

⑧　管工事施工管理技術者（1級または2級）

⑨　工業高校の教員等

⑩　無線従事者（アマチュア無線技士を除く）

⑪　建築士

⑫　配管技能士（1級または2級）

⑬　ガス主任技術者

⑭　給水装置工事主任技術者

⑮　消防行政に係る事務のうち，消防用設備等に関する事務について3年以上の実務経験を有する者。

⑯　消防法施行規則の一部を改定する省令の施行前（昭和41年1月21日以前）において，消防用設備等の工事について3年以上の実務経験を有する者。

⑰　旧消防設備士（昭和41年10月1日前の東京都火災予防条例による消防設備士）

＜学歴による受験資格（概要）＞

（注：単位の換算はそれぞれの学校の基準によります）

①　大学，短期大学，高等専門学校（5年制），または高等学校において機械，電気，工業化学，土木または建築に関する学科または課程を修めて卒業した者。

②　旧制大学，旧制専門学校，または旧制中等学校において，機械，電気，工業化学，土木または建築に関する学科または課程を修めて卒業した者。

③　大学，短期大学，高等専門学校（5年制），専修学校，または各種学校において，機械，電気，工業化学，土木または建築に関する授業科目を15単位以上修得した者。

④　防衛大学校，防衛医科大学校，水産大学校，海上保安大学校，気象大学校において，機械，電気，工業化学，土木または建築に関する授業科目を15単位以上修得した者。

⑤　職業能力開発大学校，職業能力開発短期大学校，職業訓練開発大学校，

または職業訓練短期大学校，もしくは雇用対策法の改正前の職業訓練法
による中央職業訓練所において，機械，電気，工業化学，土木または建
築に関する授業科目を 15 単位以上修得した者。

⑥　理学，工学，農学または薬学のいずれかに相当する専攻分野の名称を
付記された修士または博士の学位を有する者。

3．試験の方法

⑴　試験の内容

試験には，甲種，乙種とも筆記試験と実技試験があり，表 2 のような試
験科目と問題数があります。

試験時間は，甲種が 3 時間 15 分，乙種が 1 時間 45 分となっています。

表 2　試験科目と問題数

	試　験　科　目		問題数		試　験　時　間
			甲種	乙種	
筆 記	基礎的知識	機械に関する部分			甲種：3 時間 15 分 乙種：1 時間 45 分
		電気に関する部分	10	5	
	消防関係 法令	各類に共通する部分	8	6	
		4 類に関する部分	7	4	
	構造機能 および 工事又は 整備の方法	機械に関する部分			
		電気に関する部分	12	9	
		規格に関する部分	8	6	
	合　計		45	30	
実 技	鑑別等		5	5	
	製図		2		

⑵　筆記試験について

解答はマークシート方式で，4 つの選択肢から正解を選び，解答用紙の
該当する番号を黒く塗りつぶしていきます。

⑶　実技試験について

実技試験には鑑別等試験と製図試験があり，写真やイラスト，および図
面などによる記述式です。

なお，**乙種の試験には製図試験はありません。**

4．合格基準

① 筆記試験において，各科目ごとに出題数の 40% 以上，全体では出題数の 60% 以上の成績を修め，かつ

② 実技試験において 60% 以上の成績を修めた者を合格とします。

（試験の一部免除を受けている場合は，その部分を除いて計算します。）

5．試験の一部免除

一定の資格を有している者は，筆記試験または実技試験の一部が免除されます。

(1) 筆記試験の一部免除

① 他の国家資格による筆記試験の一部免除

次の表の国家資格を有している者は，○印の部分が免除されます。

表3

試験科目	資格	電気電子部門の技術士	電気主任技術者	電気工事士
基礎的知識	電気に関する部分	○	○	○
消防関係法令	各類に共通する部分			
	4類に関する部分			
構造機能及び工事，整備	電気に関する部分	○	○	○
	規格に関する部分	○		

② 消防設備士資格による筆記試験の一部免除

＜甲種消防設備士試験での一部免除＞

○ 他の類の甲種消防設備士免状を有している者

⇨消防関係法令のうち，「各類に共通する部分」が免除

＜乙種消防設備士試験での一部免除＞

○ 他の類の甲種消防設備士，または乙種消防設備士免状を有している者

⇨消防関係法令のうち，「各類に共通する部分」が免除

なお，乙種7類の消防設備士免状を有している者が乙種4類の消防設備士試験を受験する際には，上記のほか更に「電気に関する基礎的

知識」も免除されます。

⑵ 実技試験の一部免除

電気工事士の資格を有する者は，鑑別等試験のうち第1問が免除されます。

その第1問ですが，一般に電気工事に関連した工具や測定器具が出題されています。

たとえば，P197の問題1のC以外のもの，P205～206の問題8と問題9，P304の模擬テストの問題1と，このあたりが免除される問題となります。

ただ，測定器具でも騒音計は第2問でも出題されているので，学習の対象となります。

なお，P204問題7の空気管式の部品については，第1問とともに，第3問でも出題されているので，一部免除で受験される方であっても学習する必要があります。

また，試験器具（P200～P203）は第2問以降で出題されているので，こちらも学習の対象となります。

最後に，第1問で出題されているメガや回路計などですが，これまでの出題では第1問にしか出題されていないようですが，"万が一"を考えて，代表的なメガ，回路計，接地抵抗計くらいは目をとおしておいた方がよいかもしれません。

6. 受験手続き

試験は(一財)消防試験研究センターが実施しますので，自分が試験を受けようとする都道府県の支部のほか，試験の日時や場所，受験の申請期間，および受験願書の取得方法などを調べておくとよいでしょう。

一般財団法人 消防試験研究センター 中央試験センター
〒151-0072
　　東京都渋谷区幡ヶ谷1-13-20
　　電話　03-3460-7798
　　Fax　03-3460-7799
ホームページ：https://www.shoubo-shiken.or.jp/

7．受験地

全国どこでも受験できます。

8．複数受験について

試験日，または試験時間帯によっては，4類と7類など，複数種類の受験ができる場合があります。詳細は受験案内を参照して下さい。

※本項記載の情報は変更される場合があります。試験機関のウェブサイト等で必ずご確認下さい。

読者の皆様方へご協力のお願い

小社では，常に本シリーズを新鮮で，価値あるものにするために不断の努力を続けております。

つきましては，今後受験される方々のためにも，皆さんが受験された「試験問題」の内容をお送り願えませんか。

（1問単位でしか覚えておられなくても構いません。）

試験の種類，試験の内容について，また受験に関する感想があれば書いてお送りください。

特に**製図の情報**（手書きの情報歓迎！）についても提供よろしくお願いいたします。

お寄せいただいた情報に応じて薄謝を進呈いたします。

何卒ご協力お願い申し上げます。

〒546-0012
大阪市東住吉区中野2－1－27
（株）弘文社　編集部　宛

henshu2@kobunsha.org
FAX：06（6702）4732

受験に際しての注意事項

１．願書はどこで手に入れるか？

　近くの消防署や消防試験研究センターの支部などに問い合わせをして確保しておきます。

２．受験申請

　自分が受けようとする試験の日にちが決まったら，受験申請となるわけですが，大体試験日の１ヶ月半位前が多いようです。その期間が来たら，郵送で申請する場合は，なるべく早めに申請しておいた方が無難です。というのは，もし申請書類に不備があって返送され，それが申請期間を過ぎていたら，再申請できずに次回にまた受験，なんてことにならないとも限らないからです。

３．試験場所を確実に把握しておく

　普通，受験の試験案内には試験会場までの交通案内が掲載されていますが，もし，その現場付近の地理に不案内なら，実際にその現場まで出かけるくらいの慎重さがあってもいいくらいです。実際には，当日，その目的の駅などに到着すれば，試験会場へ向かう受験者の流れが自然にできていることが多く，そう迷うことは少ないとは思いますが，そこに着くまでの電車を乗り間違えたり，また，思っていた以上に時間がかかってしまった，なんてことも起こらないとは限らないので，情報をできるだけ正確に集めておいた方が精神的にも安心です。

４．受験前日

　これは当たり前のことかもしれませんが，当日持っていくものをきちんとチェックして，前日には確実に揃えておきます。特に，受験票を忘れる人がたまに見られるので，筆記用具とともに再確認して準備しておきます。

　なお，解答カードには，「必ずHB，又はBの鉛筆を使用して下さい」と指定されているので，HB，又はBの鉛筆を２〜３本と，できれば予備として濃い目のシャーペン（100均などで売られている芯が数珠つなぎのロケット鉛筆があれば重宝するでしょう）を準備しておくと完璧です。

第1編
電気に関する基礎知識

出題の傾向と対策

　まず，**抵抗またはコンデンサの合成問題**については，毎回のように出題され
ているので，いろいろなパターンの問題（直並列や並列の組み合わせなど）に
慣れて，必ずマスターしておく必要があります（最重要問題です！）。

　また，「交流回路に関する計算問題」もよく出題されており，**合成インピーダ
ンス**を求める問題や**実効値，平均値，最大値の相互関係，回路内を流れる電流
値を求める問題**などがよく出題されています。

　さらに，**抵抗回路に流れる電流**（オームの法則）やインピーダンスなどの**電
気抵抗，及び磁気**（フレミングの法則など）に関する問題も比較的よく出題さ
れているので，これらの問題にも注意しておく必要があります。その他では，
電力と熱量，電力と力率がたまに出題される，といった程度です。

　一方，計測では，**計器の構造や動作原理**（可動鉄片形と可動コイル形が多い），
交流用か直流用か（または**交直両用か**），あるいは**記号**に関する問題が必ず1問
は出題されているのが通例です。また，機器においては，**変圧器の計算問題**が
毎回のように出題されているので，変圧比から1次電圧（電流），2次電圧（電
流）を求めるテクニックは，必ずマスターしておく必要があるでしょう。

注）最近，**電気力線**（電気力を仮想的な線で表したもの）に関する出題がたまにあ
　り，その主な性状等は，「正の電荷から出て，負の電荷へ入る。」，「任意の点にお
　ける電界の方向は，電気力線の接線と一致する。」，「任意の点における電気力線の
　密度は，その点の電界の大きさを表す。」となりますが，電気力線は，導体内部に
　は存在しないので，注意してください。

　　また，**誘導電動機の速度**（N：回転数）に関する出題も増えてきており，周波数
　をf，極数をp，速度の低下する割合である滑りをsとすると，

$$N=\frac{120f(1-s)}{p} \ \text{(min}^{-1}\text{)}$$

となり，無負荷（$s \fallingdotseq 0$）の速度（N_s＝同期速度）
　では（⇒fとNの比例関係に注意！　50 Hzを60 HzにするとN_sは×1.2とな
　る），

$$N_s=\frac{120f}{p} \ \text{(min}^{-1}\text{)}$$

となります。

（注：回転方向を逆にするには，3線のうち，**2線を入れ替える**　⇒　図での出題
　　例があり，3線とも入れ替えると逆回転しない）

【問題1】

下図の回路で，電流計が 10 A を指示したとき，抵抗 r〔Ω〕の値として，次のうち正しいものはどれか。

(1)　10Ω

(2)　16Ω

(3)　18Ω

(4)　20Ω

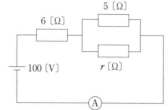

まず，電流が 10 A 流れたということから，6Ω の抵抗による電圧降下は，10×6＝60 V になります。従って，5Ω と r〔Ω〕の両端には，100－60＝40 V の電圧がかかっていることになります。

これより，5Ω に流れる電流は，$\dfrac{40}{5}$＝8 A となるので，r には，10－8＝2 A の電流が流れていることになります。

よって，r〔Ω〕の部分にオームの法則を適用すると，$E = IR$ より 40＝2×r

r＝20Ω と求めることができます。

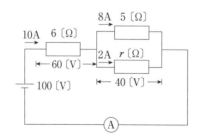

【問題2】

図（次ページ）の回路に流れる電流 I〔A〕の値として，次のうち正しいものはどれか。

解　答

解答は次ページの下欄にあります。

(1)　1.5 A

(2)　2.5 A

(3)　3.5 A

(4)　5.5 A

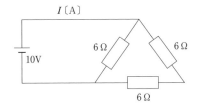

　問題の回路を書き換えると下図（a）のようになります。従って，（b）のように 6Ω と 12Ω の並列接続となるので，合成抵抗は問題1を参考にして求めると次のようになります。

$$R = \frac{6 \times 12}{6 + 12} = \frac{72}{18} = 4 \, \Omega$$

　オームの法則より，回路に流れる電流は　$I = V/R = 10/4 = 2.5$〔A〕となります。

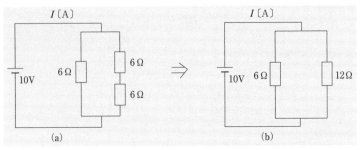

【問題3】

　下図の回路の AB 間に 60 V の電圧を加えた場合，スイッチ S を閉じたときの電流計の指示値は，スイッチ S を開いたときの何倍になるか。

(1)　$\frac{1}{3}$ 倍

(2)　$\frac{1}{2}$ 倍

(3)　2 倍

(4)　3 倍

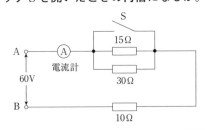

解　答

【問題1】…(4)

解説

① まず，スイッチを開いたときは，15Ωと30Ωの並列接続となるので，合成抵抗は 15Ωと30Ωの合成抵抗プラス 10Ωとなります。

15Ωと30Ωの合成抵抗は，

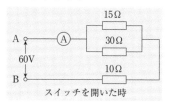

$$\frac{15 \times 30}{15 + 30}$$

$$= \frac{450}{45}$$

$$= 10\,\Omega$$

全体の合成抵抗は，これに10Ωを足したものだから，$10 + 10 = 20\,\Omega$ が合成抵抗となります。

従って，スイッチを開いたときの電流を I_1 とすると，

$I_1 = V/R = 60/20 = 3$ 〔A〕，

となります。

② 一方，スイッチを閉じたときは，15Ωと30Ωの並列接続部分が短絡（ショート）されるので0Ωとなり，結局，この部分の抵抗が接続されていないのと同じことになるので，下図のような回路になります。

従って，スイッチを閉じたときの電流を I_2 とすると，

$I_2 = V/R = 60/10 = 6$ 〔A〕

となります。

問題は，スイッチを閉じたときの電流 I_2 がスイッチを開いたときの電流 I_1 の何倍かを問うているので

$$\frac{I_2}{I_1} = \frac{6}{3} = 2$$

となります。

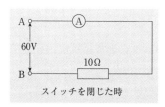

解　答

【問題4】

下図の回路に流れる全電流 I〔A〕として，次のうち正しいものはどれか。

(1) 2.5 A
(2) 5.0 A
(3) 8.18 A
(4) 10.0 A

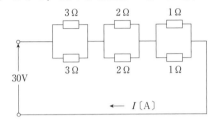

解説

3Ω，2Ω，1Ωのそれぞれの並列合成抵抗を R_3, R_2, R_1 として求めると，

$$R_3 = \frac{3 \times 3}{3 + 3} = \frac{9}{6} = 1.5$$

$$R_2 = \frac{2 \times 2}{2 + 2} = \frac{4}{4} = 1$$

$$R_1 = \frac{1 \times 1}{1 + 1} = \frac{1}{2} = 0.5$$

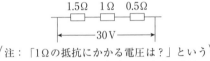

注：「1Ωの抵抗にかかる電圧は？」という
問題が出題された場合は，電圧の分圧の
法則により，$30 \times \dfrac{1}{1.5 + 1 + 0.5} = 10$ V
となります。

回路の合成抵抗は，

$$R_3 + R_2 + R_1 = 1.5 + 1 + 0.5$$
$$= 3\,\Omega$$

従って，回路に流れる全電流 I〔A〕は，オームの法則より

$$I = \frac{V}{R} = \frac{30}{3} = 10 \,〔A〕$$

となります。

【問題5】

次図の回路において，AB 間の合成抵抗値として正しいものは次のうちどれか。

(1) 1.64Ω　(2) 2.5Ω
(3) 4.0Ω　(4) 7.5Ω

| 解 答 |

解答は次ページの下欄にあります。

解説

まず，並列接続の方の合成抵抗を求めると

$$\frac{3 \times 6}{3+6} = \frac{18}{9} = 2\Omega$$

これと 2Ω の直列となるので，回路の合成抵抗は　$2+2=4\Omega$　となります。

【問題6】

下図の AB 間の合成抵抗値として，次のうち正しいものはどれか。

(1) 1.0Ω

(2) 2.5Ω

(3) 4.9Ω

(4) 5.5Ω

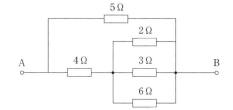

 解説

今までの並列接続は，2個だったので前問のような式でよかったのですが，3個以上の場合は本来の並列接続の式で求めます。

つまり，①それぞれの抵抗値の逆数を足し，②それを再び逆数にします。

2Ω，3Ω，6Ω の並列接続を計算すると，

①の計算 ⇒ $\dfrac{1}{2}+\dfrac{1}{3}+\dfrac{1}{6}=\dfrac{3}{6}+\dfrac{2}{6}+\dfrac{1}{6}=\dfrac{6}{6}=1$

②の計算 ⇒ 1 の逆数は，$\dfrac{1}{1}=1$

よって，3個並列の合成抵抗は 1Ω となります。

従って，回路全体では，5Ω と 5Ω（$=4\Omega+1\Omega$）の並列となるので，

$$\frac{5 \times 5}{5+5}=2.5\Omega \text{ となります。}$$

解　答

【問題4】…(4)　　　　　　　　【問題5】…(3)

【問題7】

電鍵 K を接続した下図のようなホイートストンブリッジ回路がある。この電鍵 K を押して回路に電流を流したところ, 検流計 G に電流は流れなかった。このときの抵抗 X の値として, 次のうち正しいものはどれか。

(1)　6〔Ω〕

(2)　12〔Ω〕

(3)　16〔Ω〕

(4)　32〔Ω〕

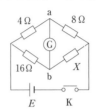

解説

　図のa点とb点の電位が等しいとき, a点とb点に検流計を接続しても電位が等しいため電流は流れません。このような状態を, ブリッジが**平衡状態**にある, といいますが, その平衡の条件は, 相対する抵抗値を掛けた値が等しいときにそのような平衡状態になります。

　従って, 図の回路でいうと, $4 \times X = 8 \times 16$ のときに平衡になる, すなわち, 検流計 G に電流が流れない, ということになります。

　計算すると,

$$X = \frac{8 \times 16}{4} = 32 \quad となります。$$

【問題8】

　図のような直流回路に電源 E を接続したら 10 A の電流が流れた。このとき, 図の B 点及び D 点の電位の説明で, 次のうち正しいものはどれか。

(1)　B 点の方が 20 V 電位が高い。

(2)　B 点の方が 2 V 電位が高い。

(3)　D 点の方が 16 V 電位が高い。

(4)　D 点の方が 2 V 電位が高い。

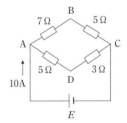

解　答

【問題6】…(2)

解説

まず，全体の合成抵抗 R ですが，下図のように 12Ω と 8Ω の並列接続となるので，合成抵抗 R は，

$$R = \frac{12 \times 8}{12 + 8} = \frac{96}{20} = 4.8\,\Omega \quad となります。$$

従って，オームの法則より電源 E は

$$E = IR = 10 \times 4.8 = 48\,V \quad となります。$$

これより，B 点を流れる電流 I_B は $I = \dfrac{E}{R}$ より

$$I_B = \frac{48}{7+5} = \frac{48}{12} = 4\,A$$

C 点の電位を 0 とすると，<u>B 点の電位は $4\,A \times 5 = 20\,V$</u> となります。
一方，D 点を流れる電流 I_D は，

$$I_D = \frac{48}{5+3} = \frac{48}{8} = 6\,A$$

よって，<u>D 点の電位は $6\,A \times 3 = 18\,V$</u> となり，B 点が 2 V 高くなります。

ちなみに，8Ω の抵抗に流れる電流は，$\dfrac{10 \times 12}{(12+8)} = 6\,A$ として求めることもできます。すなわち，各抵抗に流れる電流は，<u>各抵抗値の逆数に比例する</u>わけで，これを**分流の法則**といいます（直列接続の場合，<u>各抵抗にかかる電圧は抵抗値に比例する</u>。これを**分圧の法則**といいます）

|類題| 【問題8】の図の電源回路を外した状態において，AC 間の抵抗値は，BD 間の抵抗値の何倍か。

 解説

まず，AC 間の抵抗値は，$(7+5)\ \Omega$ と $(5+3)\ \Omega$ の並列接続となり，$\dfrac{(12 \times 8)}{(12+8)} = 4.8\,\Omega$ となります。一方，BD 間の抵抗値も，$(7+5)\ \Omega$ と $(5+3)\ \Omega$ の並列接続となり，$4.8\,\Omega$ となるので，1 倍となります。

（答は次頁下）

|解　答|

【問題7】…(4)　　　　　　　　　　【問題8】…(2)

【問題９】

　抵抗値が R_1〔Ω〕，R_2〔Ω〕及び R_3〔Ω〕の３つの抵抗を並列に接続した場合，その合成抵抗値 R〔Ω〕を求める式として，次のうち正しいものはどれか。

(1)　$R = R_1 + R_2 + R_3$

(2)　$R = \dfrac{R_1 R_2 + R_2 R_3 + R_3 R_1}{R_1 + R_2 + R_3}$

(3)　$R = \dfrac{R_1 R_2 R_3}{R_1 R_2 + R_2 R_3 + R_3 R_1}$

(4)　$R = \dfrac{R_1 R_2 + R_2 R_3 + R_3 R_1}{R_1 R_2 R_3}$

解説

　問題６でも説明しましたが，抵抗の並列接続を求める場合は，まず，①それぞれの抵抗値の逆数を足し，②それを再び逆数にします。

　従って，R_1，R_2，R_3 を用いて式を作っていくと，

　①の計算⇒　$\dfrac{1}{R_1} + \dfrac{1}{R_2} + \dfrac{1}{R_3}$　これを計算するには，まず，分母を R_1，R_2，R_3 にして，通分すると，

$$\frac{R_2 \times R_3}{R_1 \times R_2 \times R_3} + \frac{R_1 \times R_3}{R_1 \times R_2 \times R_3} + \frac{R_1 \times R_2}{R_1 \times R_2 \times R_3}$$

$$= \frac{R_2 R_3 + R_3 R_1 + R_1 R_2}{R_1 R_2 R_3} \quad \text{となります。}$$

　②の計算⇒　この式の逆数は，分子と分母をひっくりかえせばよいので，

$$= \frac{R_1 R_2 R_3}{R_2 R_3 + R_3 R_1 + R_1 R_2} = \frac{R_1 R_2 R_3}{R_1 R_2 + R_2 R_3 + R_3 R_1} \quad \text{となります。}$$

【問題10】

　$6\,\mu\mathrm{F}$ と $12\,\mu\mathrm{F}$ のコンデンサを直列に接続したときの合成静電容量として，次のうち正しいものはどれか。

(1)　$2\,\mu\mathrm{F}$

(2)　$4\,\mu\mathrm{F}$

(3)　$6\,\mu\mathrm{F}$

(4)　$18\,\mu\mathrm{F}$

解説

　コンデンサを**直列**に接続したときの合成静電容量の計算は，抵抗の**並列接続**

解　答

〔問題８の類題〕…１倍

と同じ計算方法となります。従って，2つのコンデンサの静電容量を C_1, C_2 とすると，合成静電容量 C は $\dfrac{C_1 \times C_2}{C_1 + C_2}$ の式で求められます。

この式に問題の数値を入れると，

$$\frac{6 \times 12}{6 + 12} = \frac{72}{18} = 4 \,\mu\text{F} \quad となります。$$

【問題11】

　$0.3\,\mu\text{F}$ と $0.6\,\mu\text{F}$ のコンデンサを直列に接続したときの合成静電容量として，次のうち正しいものはどれか。

(1)　$0.2\,\mu\text{F}$

(2)　$0.3\,\mu\text{F}$

(3)　$0.5\,\mu\text{F}$

(4)　$0.9\,\mu\text{F}$

 解説

前問と同様に計算すると，合成静電容量 $C = \dfrac{C_1 \times C_2}{C_1 + C_2} = \dfrac{0.3 \times 0.6}{0.3 + 0.6}$

$= \dfrac{0.18}{0.9} = \dfrac{18}{90} = 0.2\,\mu\text{F} \quad となります。$

【クーロンの法則について…………静電気の補足】

　電荷量が q_1, q_2〔C〕の二つの点電荷間に働く力を**クーロン力**（**静電力**，**静電気力**ともいう）といい，次式のように，**両電荷の積に比例し，電荷間の距離の2乗に反比例**する。

（＋と＋，－と－の電荷どうしは反発力，＋と－の電荷どうしは吸引力が働く）

$$F = \text{K}\frac{q_1 \times q_2}{r^2} \ \text{〔N〕} \quad \left(\begin{array}{l} \text{K：比例定数で } 9 \times 10^9 \\ r：両電荷間の距離 \end{array} \right.$$

なお，**磁気に関するクーロンの法則**もほとんど同じで，m_1〔Wb〕，m_2〔Wb〕の磁極があるとき，「磁極間に働く磁気力は，**両磁気量の積に比例し磁極間の距離 r の2乗に反比例**する」となります（⇒出題例あり）。

解　答

【問題12】

　下図の AB 間におけるコンデンサの合成静電容量として，次のうち正しいものはどれか。

(1)　0.03 μF

(2)　0.08 μF

(3)　0.60 μF

(4)　0.12 μF

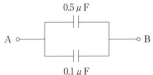

解説

　前間とは逆に，コンデンサを**並列**に接続したときの合成静電容量の計算は，抵抗の**直列**接続と同じ計算方法となります。従って，2つのコンデンサの静電容量を C_1, C_2 とすると，合成静電容量 C は $C_1 + C_2$ の式で求められます。

　この式に問題の数値を入れると，$C = 0.5 + 0.1 = 0.6 \mu F$　となります。

【問題13】

　下図の AB 間におけるコンデンサの合成静電容量として，次のうち正しいものはどれか。

(1)　0.25 μF

(2)　4 μF

(3)　6.3 μF

(4)　9 μF

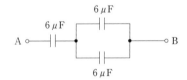

解説

　今度はコンデンサの**直並列**接続ですが，あわてることなく，今までの直列接続と並列接続の計算方法を順番にやれば，簡単に解くことができます。

　まず，6 μF と 6 μF の並列の合成静電容量は，そのまま足せばよいので，$6 + 6 = 12 \mu F$，となります。

　次に，6 μF とこの 12 μF の直列の合成静電容量は，

$$\frac{6 \times 12}{6 + 12} = \frac{72}{18} = 4 \mu F　となります。$$

解　答

【問題11】…(1)

【問題14】

　導線の抵抗率を ρ，断面積を s，長さを ℓ とした場合，抵抗 R を表す式として，次のうち正しいものはどれか。

(1)　$R = \rho\dfrac{s}{\ell}$　　　(2)　$R = \dfrac{s\ell}{\rho}$　　　(3)　$R = \rho\dfrac{\ell}{s}$　　　(4)　$R = \dfrac{\ell}{\rho s}$

 解説

　導体の抵抗 R は，**抵抗率と長さに比例し断面積に反比例**します。

　これを式に表すと，

　　$R = \rho\dfrac{\ell}{s}$　となるので(3)が正解です。

【問題15】

　電線の長さを A 倍，直径を B 倍にした場合，その電線の抵抗値は元の何倍になるか。

(1)　A×B 倍　　(2)　$\dfrac{A}{B^2}$ 倍　　(3)　$\dfrac{A^2}{B}$ 倍　　(4)　$\dfrac{A}{B}$ 倍

解説

　前問の式より，$R = \rho\dfrac{\ell}{s}$

　この問題では，断面積 s ではなく直径として出題されているので，直径を D 〔m〕とすると断面積 s は（半径×半径×π）

すなわち，$\left(\dfrac{D}{2}\right) \times \left(\dfrac{D}{2}\right) \times \pi = \dfrac{\pi D^2}{4}$　として表されます。

　これを先ほどの R の式に代入すると，

　　$R = \rho\dfrac{\ell}{s} = \rho\dfrac{\ell}{\dfrac{\pi D^2}{4}}$

　　　$= \rho \times 4 \times \dfrac{\ell}{\pi D^2}$

　従って，R は**長さ ℓ に比例**し，**直径 D の2乗に反比例**するということになります。よって，長さを A 倍，直径を B 倍だから，長さを A 倍⇒（長さに比例するので）R も **A 倍**，直径を B 倍⇒（直径の2乗に反比例するので）R は $\dfrac{1}{B^2}$**倍**となります。すなわち，全体では $\dfrac{A}{B^2}$**倍**になるというわけです。

【問題16】

抵抗及び抵抗率についての説明で，次のうち誤っているものはどれか。

(1)　導体の抵抗は，導体の長さに比例し，断面積に反比例する。

(2)　一般に，導体の抵抗は温度が上昇するに伴って増加する。

(3)　金の抵抗率は，銀や銅に比べて小さい。

(4)　抵抗率は一般に ρ を用いて表し，その逆数である $\dfrac{1}{\rho}$ は導電率を表す。

 解説

(1)　前問の式より正しい（なお，直径の場合はその2乗に反比例します）。

(2)　正しい。なお，導体と絶縁体の中間に位置する**ゲルマニウム**や**シリコン**などの半導体は，一般に，温度が上昇すると抵抗率は減少します。

(3)　主な金属を抵抗率の大きい順に並べると，次のようになります。重要

鉄 ＞ タングステン ＞ アルミニウム ＞ 金 ＞ 銅 ＞ 銀

となります（注：導電率は逆になる）。

　　従って，金の抵抗率は銀や銅に比べて大きいので，誤りです。

(4)　正しい。$\dfrac{1}{\rho}$ は電気の通りやすさを表す**導電率**を表し，$\overset{シグマ}{\sigma}$ で表します。

【問題17】

　図の回路において，4Ωの抵抗で消費される電力の値として，次のうち正しいものはどれか。

(1)　8 W　　(2)　16 W

(3)　48 W　　(4)　64 W

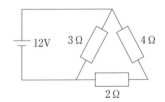

解説

直流回路の場合，電力 P は電流 I×電圧 E として求められますが，この式を変形すると，$P = I \times E = I \times (I \times R) = I^2R$　となります。

そこで，問題の図を描き替えると，下図のようになり，$4\,\Omega$ に流れる I_1 を求めれば，$4\,\Omega$ の抵抗で消費される電力の値が I_1^2R として求めることができます。

I_1 はオームの法則 $I = \dfrac{V}{R}$ より

$$I_1 = \frac{12}{4+2} = \frac{12}{6} = 2\,\text{A}$$

従って，

$$I_1^2R = 2^2 \times 4 = 16\,\text{W}$$

となります。

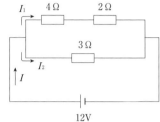

（注：回路は並列接続なので，$4\,\Omega$ の回路にも 12 V がかかっている）

【問題18】

R〔Ω〕の抵抗に V〔V〕の直流電圧が加わっているとき，その消費電力 P〔W〕を表す式として，次のうち正しいものはどれか。

(1) $P = \dfrac{R^2}{V}$　　　(2) $P = \dfrac{V^2}{R}$　　　(3) $P = V^2R$　　　(4) $P = VR^2$

 解説

前問より，消費電力 P を求める式は $P = I \times E$ ですが，この問題では電圧を V で表しているので，$P = I \times V$ となります。

一方，この問題では，P を R と V のみの式で求めなければならないので，P の式の I を R と V を用いて次のように表します。

$$P = I \times V = \frac{V}{R} \times V = \frac{V^2}{R}\quad となります。$$

なお，この抵抗に t 秒間，電流 I が流れた場合に発生する熱を**ジュール熱**（H）といい，$H = I^2Rt \left(= \dfrac{V^2}{R} \times t \right) = Pt$〔J（ジュール）〕という式で求めることができます（電力に時間（秒）を掛ける）。

解　答

【問題16】…(3)

電気に関する基礎知識

【問題19】

電極間の距離が ℓ，静電容量が C の平行板コンデンサに起電力 V の電池を接続した。これについて，次の記述のうち誤っているものはどれか。

(1)　コンデンサの電極には，$Q = CV$ の大きさの電気量が充電される。

(2)　電界の大きさは $\dfrac{V}{\ell}$ として表される。

(3)　コンデンサに蓄えられるエネルギーの大きさは，CV^2 である。

(4)　同じ容量の平行板コンデンサを並列に接続した場合，充電される電気量は倍になる。

解説

(1)　正しい。

(2)　電極間の距離が ℓ の平行板コンデンサに，起電力が V の電圧が加わった場合の電界の大きさ（強さ）は，$\dfrac{V}{\ell}$ として表されるので，正しい。

(3)　コンデンサに蓄えられるエネルギー W は，$\dfrac{1}{2}QV$ で表されます。この Q に(1)の $Q = CV$ を代入すると，$\dfrac{1}{2}CV^2$ となるので，誤りです。

(4)　静電容量 C のコンデンサを並列に接続した場合の合成静電容量は，$C + C = 2C$ となるので，充電される電気量 Q' は(1)の式より，$Q' = 2CV$ となり Q の２倍となるので，正しい。

類題　クーロンの法則について，次の (A)，(B) に適切な語句を入れよ。

「点電荷 q_1，q_2〔C〕が距離 r〔m〕離れてある場合，両者に働く**静電力（静電気力）** F は，**両電荷の積に (A) し，電荷間の距離の２乗に (B)**する。

なお，磁気についても同様の関係であり，点電荷が「点磁極」に変わり，静電力が「磁気力」に変わる。」

（答は次頁下）

| 解　答 |

【問題17】…(2)　　　　　　　　　　　　　　【問題18】…(2)

【問題20】

電流と磁気に関する説明で，次のうち誤っているものはどれか。

(1) 磁界中にある導体に電流を流すと導体に力が働く。このような力を電磁力という。

(2) コイル中を貫く磁束が変化することによって生じる誘導起電力の向きは，その誘導電流の作る磁束が，もとの磁束の増減を妨げる方向に生ずる。

(3) 電線に電流を流すとその周囲に磁界が発生するが，その大きさは電線からの距離に反比例し，電流に比例する。

(4) コイル中を貫く磁束が変化することによって生じる誘導起電力の大きさは，その変化する速さに反比例する。

解説

(1) 磁界中にある導体に電流を流すと，導体には磁界と直角の方向に**電磁力**が働くので，正しい。（注：磁気に関する用語の説明は P 321 を参照）

(2) これは，誘導起電力に関する法則である**レンツの法則**をそのまま問題にしたもので，図のようなコイル A に電流 i を流すと図の向きに磁束が増加し，B コイルには，その磁束の増加を妨げる方向，すなわち，図の矢印 e の方向に起電力が誘導されます。

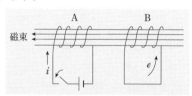

(3) 電線に電流 I が流れると，その周囲には磁界が発生しますが，電線からの距離 r の点における磁界の大きさ H は，$H = \dfrac{I}{2\pi r}$ として表されます。

従って，電線からの距離 r に反比例し，電流 I に比例するので，正しい。

(4) たとえば，ここに 1 巻きのコイルがあるとします。そのコイルを貫いている磁束 ϕ が $\varDelta t$ 秒間に $\varDelta \phi$ 変化したとすると，誘導される起電力の大きさ e は，$e = \dfrac{\varDelta \phi}{\varDelta t}$ となります（注：$\varDelta$ はデルタと読み，変化分を表します）。

従って，$\varDelta t$ が大きい，つまり，ゆっくり動かすほど e は小さくなるので

解　答

【問題19】…(3)　　　〔問題 19 の類題〕（A）：比例　　（B）：反比例

　「変化する速さが小さいほど e は小さい」となり，両者は比例関係になるので（⇒ファラデーの電磁誘導の法則という），誤りです。

[類題… （○×で答える）]　コイルを貫く磁束が変化することによって生じる誘導起電力の大きさは，コイル内を貫く磁束の時間的に変化する割合とコイルの巻数の積に反比例する。これをファラデーの電磁誘導の法則という（答は下）。

【問題21】

　図のように，コイルと棒磁石を使用して実験を行った。結果の説明として，次のうち誤っているものはどれか。

(1)　磁石を動かしてコイルの中に出し入れしたら，検流計 G の針は振れたが，磁石を静止させると針は振れなくなった。

(2)　磁石を動かす速度を変えたら検流計 G の針の振れの大きさが変わった。

(3)　磁石を静止させたままでコイルを動かすと，検流計 G の針は振れ，コイルを磁石の中央で静止させると針は触れたところで静止した。

(4)　磁石をコイルの中に入れたときと出したときでは，検流計 G の針の振れは逆になった。

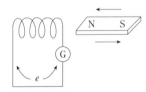

 解説

　この問題は，前問の(4)に出てきた式を実際に実験で確かめたかのような形の問題です。前問の(4)では 1 巻きのコイルでしたが，今回は N 巻きとすると，誘導される起電力の大きさ e は，$e = N\dfrac{\varDelta\phi}{\varDelta t}$ となります。

　この式をもとに，(1)〜(4)を検証していきます。

(1)　磁石をコイルの中に出し入れするということは，コイルを貫く磁束（$N\phi$）を変化させるということなので，誘導起電力 e が発生します。

　　従って，検流計 G の針は振れますが，磁石を静止させるとコイルを貫く

解　答

【問題20】…(4)　　　〔問題 20 の類題〕…×　（「反比例」ではなく「比例」）

磁束（$N\phi$）は変化しないので針は振れません。よって，正しい。

(2) 前問の(4)で説明したとおり，**誘導される起電力の大きさは，磁束の変化する速さに比例**します。

　従って，速く動かせば検流計Gの針の振れも大きく振れ，ゆっくり動かせば検流計Gの針の振れは小さくなるので，正しい。

(3) (1)や(2)とは逆に，コイルの方を動かしただけで，結果は同じくコイルを貫く磁束（$N\phi$）が変化するので，検流計Gの針は振れますが，磁石の中央で静止させればコイルを貫く磁束（$N\phi$）が変化しなくなるので，起電力が誘導されず，針は0に戻ります。

(4) この問題も，前問の(2)から導き出されるもので，レンツの法則より，磁束の増加を妨げる方向に起電力 e は誘導されます。

　従って，磁石をコイルの中に入れたときと出したときでは，磁束の増加する方向が異なるため，誘導される起電力 e の方向も逆になります。

　よって，検流計Gの針の振れも逆になるので，正しい…ということになります。

【問題22】

　フレミングの右手の法則に関する次の文中の（　）内に当てはまる語句として，正しいものはどれか。

「右手の親指，人差し指，中指を互いに直角に曲げ，人差し指を磁界の方向，中指を誘導起電力の方向に向けると，親指は（　）の方向を示す。」

(1) 電磁力　　(2) 運動　　(3) 静電力　　(4) 誘導起電力

解説

　フレミングの右手の法則は，磁界内にある導体を動かした場合の「**運動と磁界と誘導起電力**＊」の方向に関する法則です。

　要するに「発電機の法則」で，それぞれ指の指す方向は，右図のようになります。

　従って，(2)の運動が正解です（(1)の電磁力は，左手の法則の際の親指の方向です）。

　なお，暗記方法としては，運動の「う」，磁界の「じ」，

　　運動

磁界 ←

電流（起電力）

電流の「電」を用いて「うじでん（⇒　実際にはありませんが，京都の宇治にある電力会社 "宇治電" と強引に覚える）」と覚えます。

> ＊　問題 23 の図において，磁束密度が B〔T〕である磁界に直角に置いた長さ ℓ〔m〕の導体を磁界に対して θ の角度で v〔m／s〕の速度で移動させると，導体にはフレミングの右手の法則により，$e = B\ell v \sin\theta$ なる**誘導起電力**が生じます（出題例あり P 321 の類題参照）。

【問題23】

平等磁界中に置かれた導線に，下図のように電流を流した場合，導線に働く力の方向として，次のうち正しいものはどれか。

(1)　上の方向
(2)　下の方向
(3)　右の方向
(4)　左の方向

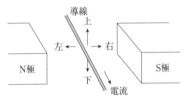

 解説

この問題は前問とは違い，磁界内にある導体に電流を流した場合の「**電磁力と磁界と電流**」の方向に関する問題なので，**フレミングの左手の法則**で判断します（なお，暗記方法は右手と同じですが，その際運動の「う」を電磁力の「力」に置き換えます）。

図では磁束は左から右に貫いているので，左手の人差し指をその方向に向けます。また，電流は紙面の奥から手前に向かって流れているので，中指をそのように向けます。そうすると，親指は上に向くはずです。

よって，(1)が正解です。

【問題24】

正弦波交流について，次のうち誤っているものはどれか。

解　答

【問題22】…(2)

(1)　正弦波交流の実効値は，その交流と同じ熱エネルギーを消費する直流電流の値を表したものである。

(2)　交流の瞬時値の和を1周期の間で時間に対して平均した値を平均値という。

(3)　交流の任意の時刻における電圧 e の値は，その最大値を E_m とすると，$e = E_m \sin\omega t$ という式で表される。

(4)　交流電圧の実効値 E と，その最大値 E_m との間には，$E_m = \sqrt{2}E$ という関係がある。

解説

(1)　**交流**の場合，その値が刻一刻と変化するので，計算ひとつするにも大変です。そこで，電流であるならば，たとえば，「**直流** 10 A と同じ働きをする**交流**電流は**実効値**が 10 A の電流である」などとすることによって便宜をはかっているので，正しい。

　なお，具体的には，最大値の $\dfrac{1}{\sqrt{2}}$ を実効値としています。

(2)　交流は，図のように電流の流れる向きが交互に入れ替わります。

　たとえば，ある回路において左から右へ流れる電流をプラス（図の上部分）としたら右から左へ流れる電流はマイナス（図の下部分）となります。このプラスの値とマイナスの値を1周期（図の0から360度まで）の間で平均してしまうと，当然0になります。

　従って，平均値を取る場合は，1周期ではなく半周期（図の0から180度まで）の間で平均をとります。よって，誤りです。

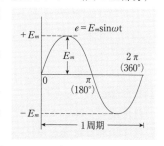

(3)　正しい。$\omega\ (= 2\pi f)$ は角周波数と呼ばれるもので，1秒間に進む角度，すなわち，回転速度を表しています。なお，位相については，「50 Hz を 60 Hz にすると1周期の時間が早くなる。」という出題例がありますが，○になります。

(4)　正しい。

　なお，実効値 E と最大値 E_m 及び平均値 E_0 の関係は，次のようになります。

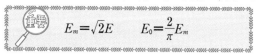

$$E_m = \sqrt{2}E \qquad E_0 = \frac{2}{\pi}E_m$$

解　答

【問題23】…(1)

【問題25】

交流回路におけるインピーダンスについて，次のうち誤っているものはどれか。

(1) インピーダンスは，直流回路の抵抗に相当するものである。

(2) インピーダンスの単位は，抵抗と同じく〔Ω〕である。

(3) インピーダンスは，交流の周波数には影響されない。

(4) リアクタンスはインピーダンスの一部である。

 解説

交流回路において，コイル（インダクタンス）を接続した場合の抵抗は**誘導リアクタンス (X_L)** であり，コンデンサを接続した場合の抵抗は**容量リアクタンス (X_c)** ですが，抵抗 R も含めて，それらの交流に対する抵抗を総合して**インピーダンス (Z)** といい，単位は抵抗に同じく〔Ω〕です。

従って，(1)(2)(4)は正しい。

また，交流の周波数を f，コイルのインダクタンスを L とすると，交流に対する抵抗 X_L（⇒**誘導リアクタンス**）は，$X_L = 2\pi f L$ となり，さらに，コンデンサの静電容量を C とすると，交流に対する抵抗 X_c は，$X_c = \dfrac{1}{2\pi f C}$ となります。

従って，X_L や X_c を含んだインピーダンス Z は，交流の周波数 f に影響されるので，(3)が誤りです。

【問題26】

負荷がコイル（インダクタンス）だけの回路に単相交流電圧を加えた場合，回路に流れる電流と電圧の位相差について，次のうち正しいものはどれか。

(1) 電流は電圧より位相が90度だけ進む。

(2) 電流は電圧より位相が90度だけ遅れる。

(3) 電流は電圧より位相が180度だけ進む。

(4) 電流は電圧より位相が180度だけ遅れる。

 解説

交流回路で負荷が抵抗だけの場合は，電流と電圧は**同相**（位相差がない）ですが，負荷がコイルつまり**誘導リアクタンス (X_L)** だけの回路の場合は，電流

解　答

は電圧より位相が 90 度だけ遅れます（⇒問題 24 の解説の図で言えば，電流の位相が 90 度遅れるということは電流は電圧より 90 度遅れて変化するということなので，e が 90 度のときに電流が 0 から増加し始めるということになります）。

　また，負荷がコンデンサ，つまり容量リアクタンス（X_C）だけの回路の場合は，電流は電圧より位相が 90 度だけ進みます。

【問題27】

　負荷がコンデンサだけの回路に単相交流電圧を加えた場合，定常状態における電流，電圧の位相差として，次のうち正しいものはどれか。

(1)　電流は電圧より位相が $\dfrac{\pi}{2}$〔rad〕だけ進む。

(2)　電流は電圧より位相が $\dfrac{\pi}{2}$〔rad〕だけ遅れる。

(3)　電流は電圧より位相が π〔rad〕だけ進む。

(4)　電流は電圧より位相が π〔rad〕だけ遅れる。

解説

　この問題は，位相差を「度」ではなく〔rad〕（円の一周の角度 360 度を 2π〔rad〕とした場合の角度の単位で，一周の半分，つまり 180 度なら 2π の 2 分の 1 だから，π〔rad〕となる。）で表しただけで，内容としては前問と同じです。つまり，コンデンサの場合は，電流は電圧より位相が **90 度だけ進む**ので，90 度 $= \dfrac{\pi}{2}$〔rad〕だけ**進む**となります。

　なお，下図のようなベクトル図で，電圧を基準にして電流 I_C，I_L の方向を求める出題例があるので，注意して下さい。

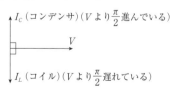

I_C（コンデンサ）（V より $\dfrac{\pi}{2}$ 進んでいる）

V

I_L（コイル）（V より $\dfrac{\pi}{2}$ 遅れている）

| 解　答 |

【問題25】…(3)　　　　　　　　　　　【問題26】…(2)

【問題28】

　下図の正弦波単相交流回路における電流の値として，次のうち正しいものは
どれか。

(1)　5 A

(2)　10 A

(3)　15 A

(4)　20 A

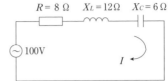

$R = 8 \, \Omega$　$X_L = 12 \, \Omega$　$X_C = 6 \, \Omega$

100V

I

解説

　このような交流回路の場合，交流抵抗，すなわち合成インピーダンス Z は
次の式で求められます。

$$Z = \sqrt{R^2 + (X_L - X_C)^2}$$

　従って，R，X_L，X_C にそれぞれの数値を代入すると，

$$Z = \sqrt{8^2 + (12 - 6)^2}$$
$$= \sqrt{64 + 36}$$
$$= \sqrt{100}$$
$$= 10 \, \Omega　となります。$$

　電圧は 100 V だから，オームの法則より，

$$I = \frac{100}{10} = 10 \, A，となります。$$

$\left(\begin{array}{l} 注：消費電力は直流と同じく， \\ \boldsymbol{P} = I^2 \boldsymbol{R} = 10^2 \times 8 = 800 \, W \, として \\ 求められます。 \end{array} \right)$

　ちなみに，R，X_L，X_C それぞれの端子電圧は，$V_R = 10 \times 8 = 80$〔V〕，同様に，
$V_{XL} = 120$〔V〕，$V_{XC} = 60$〔V〕となり，この V から I を求める出題もあります。

　なお，図の回路が抵抗 R と誘導リアクタンス（X_L）だけの場合は，上記の
Z の式の X_C を 0 に，また，抵抗 R と容量リアクタンス（X_C）だけの回路の場
合は，上記の Z の式の X_L を 0 にすれば，それぞれの合成インピーダンスを求
めることができます。

【問題29】

　単相正弦波交流回路において，回路の電圧を V，電流を I，電圧と電流の位
相差を θ としたときの有効電力 P を表す式として，次のうち正しいものはど
れか。

| 解　　答 |

【問題27】…(1)

⑴　$P = VI$　　　　⑵　$P = VI\cos\theta$

⑶　$P = VI\sin\theta$　　⑷　$P = VI\tan\theta$

 解説

　前問までの問題でわかるように，誘導リアクタンス X_L や容量リアクタンス X_C を含む交流回路では，電圧と電流に位相差が生じます。

　この位相差ですが，わかりやすくいうと電圧と電流に"時間差"が生じるということです。

　つまり，電圧が最大値に達したのに電流は最小値，あるいは電圧が最小値になったのに電流が最大値になったというような具合です。

　コイルのみの回路で説明すると（下図参照），電圧 e が最大値（図のa点）に達しても，電流 i_L は最小値の0（図のb点）になっており，逆に，電圧 e が最小値（図のc点）になったのに電流 i_L は最大値（図のd点）になっています。

　このように，電圧と電流に位相差があると電力に有効分（有効電力）と無効分（無効電力）が生じます。このうち，有効電力は $P = VI\cos\theta$ として表されるので，⑵が正解です。

　ちなみに，単に電圧と電流を掛けただけの**皮相電力 S**（見かけの電力）は，$S = VI$，仕事をしない**無効電力 Q** は，$Q = VI\sin\theta$ となります。

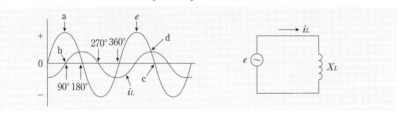

【問題30】

　単相交流 100 V の電源に消費電力 900 W の負荷を接続したところ，12 A の電流が流れた。このときの負荷の力率として，次のうち正しいものはどれか。

⑴　60%　　⑵　75%

⑶　85%　　⑷　90%

解　答

【問題28】…⑵

解説

一般に消費電力と言われているのは前問における有効電力 **P** であり，その **P** は **P** = **VI**cosθ として求められ，そのときの cosθ を力率といいます。これを求めるには先ほどの **P** の式に，*P* = 900 W，*V* = 100 V，*I* = 12 A を次のように代入すれば求められます。

$$900 = 100 \times 12 \times \cos\theta$$

$$\cos\theta = \frac{900}{1200} = \frac{9}{12} = \frac{3}{4}$$

$$= 0.75 \quad \Rightarrow 75\% \text{（力率は一般に百分率％で表す）}$$

となるわけです。

【問題31】

下図の交流回路における力率として，次のうち正しいものはどれか。

(1)　60％

(2)　75％

(3)　80％

(4)　90％

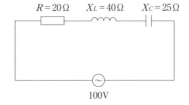

$R = 20\,\Omega$　　$X_L = 40\,\Omega$　　$X_C = 25\,\Omega$

100V

 解説

前問より，力率 cosθ は *P* = *VI*cosθ より $\cos\theta = \dfrac{P}{VI}$ として求められますが，

合成インピーダンス *Z* と抵抗 *R* の値からも，$\cos\theta = \dfrac{R}{Z}$ として求めることもできます。

従って，

$$Z = \sqrt{R^2 + (X_L - X_C)^2} = \sqrt{20^2 + (40 - 25)^2}$$

$$= \sqrt{400 + 225} = \sqrt{625}$$

$$= 25$$

よって，$\cos\theta = \dfrac{R}{Z} = \dfrac{20}{25} = 0.8 \quad \Rightarrow 80\%$ となります。

解　答

【問題29】…(2)　　　　　　　　　　　【問題30】…(2)

第1編 電気に関する基礎知識

【問題32】

可動コイル形計器に関する説明で，次のうち誤っているものはどれか。

(1) 可動コイル形計器は，直流回路に使用する計器であり，交流回路に使用することはできない。

(2) 永久磁石と可動コイルから構成されており，可動コイルに電流を流すことにより，駆動トルクを発生させる。

(3) 指針の振れ角は，可動コイルの巻数に比例する。

(4) 駆動装置に生じるトルクは，コイルに流れる電流値の2乗に比例する。

 解説

可動コイル形計器は，図のように，永久磁石の中に可動コイルを置き，**フレミングの左手の法則**により働く電磁力によりコイルを駆動させる計器です。

(1) 図のコイルに交流を流してしまうと，電磁力（駆動トルク）が交互に働き，指針が振れないので，正しい。

(2) 正しい。なお，電流の向きを**逆**にすると指針の振れも**逆**になります。

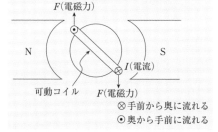

⊗手前から奥に流れる
⊙奥から手前に流れる

(3) 指針の振れ角を生じさせるのは電磁力（駆動トルク）であり，その電磁力はコイルの巻き数に比例するので，正しい。

(4) その駆動トルクTですが，$T = kI$（kは比例定数），すなわち，トルクはコイルに流れる電流値に比例するので，2乗は誤りです。

【問題33】

指示電気計器の目盛り板上に表示されている動作原理の記号で，可動鉄片形計器を示すものは，次のうちどれか。

(1)   (2)   (3)   (4)

解 答

【問題31】…(3)

解説

　可動鉄片形計器は，固定コイルに電流を流して磁界を作り，その中に可動及び固定鉄片を置いた時に働く電磁力を駆動トルクに利用した計器です。
　なお，(1)は可動コイル形計器，(3)は整流形計器，(4)は電流力計形計器です。（次ページの表参照）

【問題34】

　次のうち，交流にも直流にも使用できる計器はどれか。

　(1)　誘導形計器　　　　　(2)　電流力計形計器
　(3)　可動コイル形計器　　(4)　整流形計器

　解説

　指示計器には，①直流専用の計器，②交流専用の計器のほか，③交直両用の計器があります。
①の直流専用の計器には，**可動コイル形計器**があり，
②の交流専用の計器には，可動鉄片形計器，**整流形計器**，振動片形計器，**誘導形計器**などがあります。
③の交直両用の指示計器は，これら①②以外の計器，ということになります。
　従って，(2)の電流力計形計器が正解です。

　こうして覚えよう　　＜計器の使用回路＞

○交流のみを測定する計器　⇒　交流するのは

角のない　整った　親　　友　のみ
可動鉄片　　　整流　　　振動片　誘導形

○直流のみを測定する計器　⇒　可動コイル形
これら以外が出てきたら　⇒　交直両用

指示電気計器の分類

	種類	記号	動作原理
直流用	可動コイル形 （目盛：平等）		永久磁石間に可動コイルを置き，可動コイルに直流を流したときの電磁力により駆動トルクを得る。（用途：電圧計，電流計）
交流用	可動鉄片形 （目盛：2乗） （注：原理的には不均等目盛です）		可動鉄片に近接した固定コイルに電流を流すと，その磁界によって固定鉄片と可動鉄片が磁化され，両者間の電磁力により駆動トルクを得る。（用途：電圧計，電流計）
	誘導形 （目盛：不平等）		交流の磁界中に円盤を置くと誘導作用によって渦電流が流れ，その渦電流と磁界によって生じる電磁力により駆動トルクを得る。 （用途：電圧計，電流計，電力量計）
	整流形 （目盛：平等）		整流器で交流を直流に整流した後，可動コイル形計器で測定する。（用途：電圧計，電流計）
	振動片形		交流を加えると振動する振動片の共振作用を利用して周波数を測定する。（用途：周波数計）
交流直流両用	電流力計形 （目盛：2乗） （注：原理的には不均等目盛です）		固定コイルと可動コイルの二つのコイルに電流を流した際の電磁力により可動コイルを動かし，指針を振らせる。 （用途：電圧計，電流計，電力量計）
	静電形 （目盛：不平等）		コンデンサの極板間に生じる静電力を利用して指針を振らせる。（用途：高圧用の電圧計）
	熱電形（熱電対形） （目盛：不平等）		（ゼーベック効果＊により）熱電対に生じた熱起電力を可動コイル形計器で測定する。応答は速い。 （用途：電圧計，電流計，熱電温度計）

（注：可動鉄片形は原理的には直流も測定可能ですが，精度が悪く，一般的には交流専用となっています。なお，目盛りが均等なのは**可動コイル形**，また，**可動鉄片形**，**電流力計形**，**静電形**の計器は2乗目盛りで，かつ，**不平等目盛り**になります。）

（＊異種金属（熱電対）に温度差を与えると両金属間に起電力が生じる現象）

解　答

【問題34】…(2)

【問題35】

絶縁抵抗を測定する際の測定器または測定法として，次のうち正しいものはどれか。

(1)　アーステスタ　　(2)　メガー

(3)　電圧降下法　　　(4)　コールラウシュブリッジ法

 解説

　(1)のアーステスタと(4)のコールラウシュブリッジ法は接地抵抗の測定法で，(3)の電圧降下法は電池の内部抵抗や接地抵抗などのような低抵抗を測定する際に用いる方法です。

　なお，絶縁抵抗計（メガー）は $10^6\,\Omega$ 以上の高抵抗を測定し，$10\,\Omega$ 程度は回路計などで測定します。

【問題36】

　指示電気計器の測定範囲を拡大する方法についての説明で，次の文中の（　）内に当てはまる語句の組合せとして，正しいものはどれか。

　「電流計の測定範囲を拡大するには，（ a ）と呼ばれる抵抗を電流計と（ b ）に接続すればよく，電圧計の測定範囲を拡大するには，（ c ）と呼ばれる抵抗を電圧計と（ d ）に接続すればよい。」

	a	b	c	d
(1)	倍率器	直列	分流器	並列
(2)	分流器	並列	倍率器	直列
(3)	分流器	直列	分流器	並列
(4)	倍率器	並列	分流器	直列

 解説

　電流計の場合，電流計と**並列**に**分流器**と呼ばれる抵抗を接続し，その抵抗に測定電流の大部分を流すことにより測定範囲の拡大をはかっています。

　一方，電圧計の場合，電圧計と**直列**に**倍率器**と呼ばれる抵抗を接続し，測定電圧の大部分をその抵抗に分担させることによって，測定範囲の拡大をはかっています。

　解　答

解答は次ページの下欄にあります。

なお，電流計は負荷と**直列**に接続する関係上，内部抵抗を**小さく**して電圧降下の影響を小さくしており，また，電圧計は**並列**に接続するので，回路電流ができるだけ電圧計に分流しないように内部抵抗が**大きく**なっています（太字部分は要注意！）

【問題37】

最大目盛 100 mA，内部抵抗 9 Ω の電流計を最大目盛 1000 mA の電流計として使用するためには，何Ωの分流器を電流計と並列に接続する必要があるか。
(1) 0.3Ω　　(2) 1 Ω　　(3) 9 Ω　　(4) 81Ω

内部抵抗を r，分流器の抵抗を R とすると，分流器の倍率（m）は，次式となります。（注：倍率器の問題も以下と同様に行います）

$$m = 1 + \frac{r}{R} \quad （注：倍率器の場合は，\ 1 + \frac{R}{r} \ です）$$

これに，$r = 9$，$m = \dfrac{1000 \ (\mathrm{mA})}{100 \ (\mathrm{mA})} = 10$（倍）を代入すると，

$$1 + \frac{9}{R} = 10 \Rightarrow \frac{9}{R} = 9 \Rightarrow R = 1\,Ω となります。$$

類題　　図の $r\,Ω$ の値を求めよ。

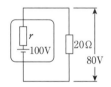

オームの法則の式を $r =$ の式に変形すると，$r = \dfrac{V}{I}$

r の両端には，$100 - 80 = 20\,V$ の電圧がかかっており，また，回路電流は $20\,Ω$ と $80\,V$ より，$I = \dfrac{V}{R} = \dfrac{80}{20} = 4\,A$。よって，$r = \dfrac{V}{I} = \dfrac{20}{4} = 5\,Ω$ となります。

（答）5〔Ω〕

解 答

【問題35】…(2)　　　　　　　　　【問題36】…(2)

【問題38】

　交流回路に接続されている負荷設備に電圧計や電流計を設ける方法として，次のうち正しいものはどれか。

　(1)　電流計はその内部抵抗が大きいので，負荷に並列に接続する。

　(2)　電圧計はその内部抵抗が大きいので，負荷に直列に接続する。

　(3)　電流計はその内部抵抗が小さいので，負荷に直列に接続する。

　(4)　電圧計はその内部抵抗が小さいので，負荷に並列に接続する。

　電流計はその内部抵抗が**小さく**，負荷に**直**列に接続し，**電圧計**はその内部抵抗が**大き**く，負荷に**並列**に接続します。

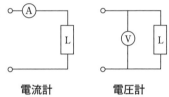

電流計　　　　電圧計

【問題39】

　一次巻線と二次巻線の巻数比が 5 : 1 の理想変圧器について，次のうち正しいものはどれか。

　(1)　二次側の電圧は，一次側の電圧の 5 倍。

　(2)　二次側の電流は，一次側の電流の 5 倍。

　(3)　二次側から負荷に供給される電力は，一次側に供給される電力の 5 倍。

　(4)　二次側から負荷に供給される電力は，一次側に供給される電力の $\frac{1}{5}$ 倍。

解説

　変圧器の 1 次コイルの巻き数を N_1，2 次コイルの巻き数を N_2 とし，1 次コイルに加える電圧を E_1，2 次コイルに誘起される電圧を E_2 とすると，次式が成り立ちます。

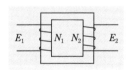

$$\frac{E_1}{E_2} = \frac{N_1}{N_2}$$

すなわち，電圧比は巻数比となります。

―――― 解 答 ――――

【問題37】…(2)　　　　　　〔問題 37 の類題〕… 5 〔Ω〕

第1編
電気に関する基礎知識

一方，それによって流れる電流の方は，電圧とは逆に巻き数に**反比例**します。

すなわち，$\dfrac{I_1}{I_2}=\dfrac{N_2}{N_1}$となります。

以上より，**電圧は巻数に比例し，電流は巻数に反比例する**ことがわかります。

問題の変圧器の巻数比は 5：1 なので，2 次電圧は 1 次電圧の$\dfrac{1}{5}$，2 次電流は逆に 5 倍になります。従って，(2)が正解となります。

なお，(3)(4)の電力ですが，変圧器では電圧，電流は変化しても，電力は変わらないので，誤りです（一次側の電力＝二次側の電力）。

【問題40】

一次巻線 300 回巻，二次巻線 1200 回巻の変圧器の二次端子に 2000 V の電圧を取り出す場合，一次端子に加える電圧として，次のうち正しいものはどれか。

ただし，この変圧器は理想変圧器とする。

(1)　200 V　　(2)　300 V　　(3)　500 V　　(4)　900 V

解説

前問より，$\dfrac{E_1}{E_2}=\dfrac{N_1}{N_2}$　従って，巻数比は$\dfrac{N_1}{N_2}=\dfrac{300}{1200}=\dfrac{1}{4}$となるので，1 次巻線は 2 次巻線の$\dfrac{1}{4}$となり，1 次電圧も 2 次電圧の$\dfrac{1}{4}$となります。

よって，$E_1 = 2000 \times \dfrac{1}{4} = 500$ V ということになります。

【問題41】

蓄電池について，次のうち誤っているものはどれか。

(1)　蓄電池は，アンペア時〔Ah〕でその容量を表す。

(2)　鉛蓄電池は，正極に鉛，負極に二酸化鉛を使用し，電解液を蒸留水としたものである。

(3)　蓄電池は，二次電池ともいい，充電することにより何度も繰り返し使用できる。

(4)　蓄電池は，使用せず保存しておくだけでその残存容量が低下してくる。

解　答

解説

(1)　蓄電池の容量は〔W〕ではなく，アンペア時〔Ah〕で表すので，正しい。

(2)　鉛蓄電池は，車のバッテリーなどに用いられている代表的な蓄電池です
　　　が，その正極には**二酸化鉛（PbO₂）**，負極には**鉛（Pb）**が用いられ，問題と
　　　は逆なので，誤りです。なお，電解液としては希硫酸（H_2SO_4）が用いられ
　　　ています（下図参照）。

(3)　正しい。

(4)　蓄電池は，使用しなくても残存容量が低下してくるので，正しい。

　　　なお，鉛蓄電池の反応は次のようになります。

$$
\text{（←充電）}
$$

$$
\underset{\text{（正極）}}{PbO_2} + \underset{\text{（電解液）}}{2\,H_2SO_4} + \underset{\text{（負極）}}{Pb} \quad\underset{\text{（放電→）}}{\Longleftrightarrow}\quad 2\,PbSO_4 + 2\,H_2O
$$

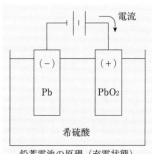

鉛蓄電池の原理（充電状態）

参考までに，**アルカリ蓄電池**の方は，
電解液として強アルカリ性の**水酸化カリ
ウム**（KOH）や**水酸化ナトリウム**
（NaOH）などの水溶液を用いる蓄電池
の総称です。

【問題42】

　次の文中の（　）内に当てはまる法則の名称として，次のうち正しいものは
どれか。

　「電気回路網中の任意の分岐点に流れ込む電流の和は，流れ出る電流の和に
等しい。これを（　）という。」

　(1)　ゼーベック効果

　(2)　キルヒホッフの第2法則

　(3)　ファラデーの法則

　(4)　キルヒホッフの第1法則

解　答

【問題40】…(3)

解説

たとえば，図のようにO点に流入する電流をI_1，I_2，O点から流出する電流をI_3，I_4とすると，次の式が成り立ちます。

$$I_1 + I_2 = I_3 + I_4$$

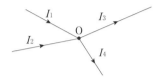

すなわち，「電気回路網中の任意の分岐点（図ではO点）に流れ込む電流の和（$I_1 + I_2$）は，流れ出る電流の和（$I_3 + I_4$）に等しい。」となるわけです。

なお，(1)のゼーベック効果（＝熱電温度計に利用）は「**異なる二種類の金属の両端を接続して閉回路を作り，その両端の接合点に温度差をつけると閉回路に起電力が発生する現象**」を言います。

(2)のキルヒホッフの第2法則は，「回路網中の任意の閉回路において，一定の方向に作用する起電力の代数和は，その方向に生ずる各部の電圧降下の代数和に等しい。」という**電圧降下**に関する法則となっています。

【問題43】

次の材料のうち，半導体材料に該当するものはどれか。

(1) コンスタンタン   (2) 酸化チタン

(3) 鋳鉄グリッド   (4) ニクロム

解説

主な材料についてまとめると，次のようになります。（下線部は覚え方に使う部分）

①主な導体 （導電率の高い順）	<u>銀</u>，<u>銅</u>，<u>ア</u>ルミニウム，<u>タ</u>ングステン，<u>鉄</u>，<u>白</u>金，<u>鉛</u>など（導電率の高い順⇒ 覚え方 銀のドアだって，白いな）
②主な絶縁体	ガラス，雲母，**磁器（セラミック）**，大理石，木材（乾燥）など
③主な半導体	**シリコン（けい素）**，**ゲルマニウム**，セレン，**亜酸化銅**，**酸化チタン**
④主な磁性体	鉄，コバルト，フェライト，ニッケル，酸化クロムなど

解　答

【問題41】…(2)

　従って，③より，(2)の酸化チタンが正解です（⇒導電率の高い順と半導体材料は，出題率高い。）なお，(1)，(3)，(4)は，抵抗器に使用される抵抗材料です。

|類題|　A，Bのうち正しいものを答える]

「A　銀の抵抗率は，銅やアルミニウムより大きいが，B　銅の抵抗率は，アルミニウムや白金より小さい。」

解説

　抵抗率の高い順は，前頁①の逆になり，Aは「小さい」が正しい。（答）B

【問題44】

　図Oのように，三相交流電源のR，S，T相と三相誘導電動機のu，v，w端子を接続したときに正回転する電動機を逆回転させるための接続法として，誤っているものはどれか。

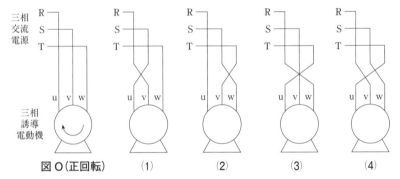

三相交流電源

三相誘導電動機

図O(正回転)　　(1)　　(2)　　(3)　　(4)

解説

　三相誘導電動機は，磁界が回転する回転磁界を利用して回転をしており，逆回転させるためには，3つの端子（RST端子）のうち，いずれか2つの端子の接続を入れ替えれば（⇒電源配線の2線を入れ替えれば），その回転磁界が逆回転するので，電動機の回転子も逆に回ります。

　従って，(4)以外は2つの端子だけ入れ替わっているので逆回転しますが，(4)はRST端子すべて入れ替わっているので，逆回転しません。

ちなみに，回転速度は**周波数に比例**するので，要注意！（50⇒60Hzだと1.2倍になる）

| 解　答 |

【問題42】…(4)　　　　　　　　【問題43】…(2)　　　　　　　　【問題44】…(4)

第2編
消防関係法令

第1章　共通部分

まず,「用語」についてですが, **特定防火対象物**や**無窓階**についての説明や**特定防火対象物に該当する防火対象物はどれか**という出題がよくあります。

　法第8条の2の「統括防火管理者」については, **統括防火管理者の選任が必要な防火対象物**について, ごくたまに出題されています。

　「消防用設備等の設置単位(施行令第8〜9条)」については, **1棟の建物でも別の防火対象物と見なされる条件**等に関する出題がたまにあります。

　法第17条の2の5の「基準法令の適用除外」については,「用途変更時の適用除外」とともによく出題されています。従って, **そ及適用される条件**などをよく覚えておく必要があります。

　法第17条の3の2の「消防用設備等又は特殊消防用設備等を設置した際の届出, 検査」については, よく出題されており, **届出, 検査の必要な防火対象物**や**届け出を行う者, 届出期間**などが重要ポイントです。

　法第17条の3の3の「定期点検」についても, よく出題されているので, 全般についてよく把握する必要があります。

　法第17条の4の「消防用設備等の設置維持命令」については, たまに出題されており, 命令を発する者や命令を受ける者などがポイントです。

　法第21条の2の「検定制度」については, **型式承認, 型式適合検定**ともよく出題されているので, これも全般についてよく把握する必要があります。

　「消防設備士」については, **消防設備士が行う工事や整備**に関する出題, **消防設備士の義務**などの出題があります。また,「免状」については, 頻繁に出題されているので, **免状の書換えや再交付の申請先**などについて把握するとともに, **工事整備対象設備等の工事又は整備に関する講習**についても頻繁に出題されているので, **講習の実施者や期間**などを把握しておく必要があります。

　また,「工事整備対象設備等の着工届出義務」についても, 頻繁に出題されているので, **届出を行う者や届出先, 届出期間**などをよく把握しておく必要があります。

【問題1】

無窓階の説明として，次のうち正しいものはどれか。

- (1)　特定防火設備である防火戸で区画された階
- (2)　避難上又は消火活動上有効な開口部が一定の基準に達しない階
- (3)　排煙上有効な開口部が一定の基準に達しない階
- (4)　廊下に面する部分に有効な開口部がない階

 解説

　窓が無い階ということで，(4)が正解のように思われるかもしれませんが，そうではなく，建築物の地上階のうち，「避難上又は消火活動上有効な開口部が一定の基準に達しない階」のことをいいます。

【問題2】

　消防法に規定する用語について，次のうち誤っているのはどれか。

- (1)　防火対象物の関係者………防火対象物の所有者，管理者又は占有者をいう。
- (2)　複合用途防火対象物………政令で定める2以上の用途に供される防火対象物をいう。
- (3)　消防の用に供する設備……消火設備，警報設備及び避難設備をいう。
- (4)　消火活動上必要な施設……避難はしご，救助袋及び動力消防ポンプ設備をいう。

解説

　(4)の消火活動上必要な施設とは，消防隊の活動に際して必要となる施設のことで，次の設備のことをいいます。

1．無線通信補助設備
2．非常コンセント設備
3．排煙設備
4．連結散水設備
5．連結送水管

　また，避難はしご，救助袋は「消防の用に供する設備」の避難設備であり，

解　答

解答は次ページの下欄にあります。

第2編
消防関係法令

動力消防ポンプ設備は同じく，「消防の用に供する設備」の<u>消火</u>設備なので，誤りです（P 344，巻末の資料1の表参照）。

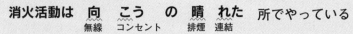

こうして覚えよう　＜消防用設備等の種類＞

1．消防の用に供する設備

要は　火　け　し
　用　　避難　警報　消火

2．消火活動上必要な施設

消火活動は　向　こう　の　晴　れた　所でやっている
　　　　　　無線　コンセント　　排煙　連結

なお，用語では，次の2つのものにも注意する必要があります。

・消防対象物……山林または舟車，船きょ若しくはふ頭に繋留された船舶，建築物その他の工作物または<u>物件</u>。

・防火対象物……山林または舟車，船きょ若しくはふ頭に繋留された船舶，建築物その他の工作物<u>若しくはこれらに属する物</u>。

両者は下線の部分だけが異なります（⇒<u>物件</u>の付いた方が消防対象物）。

ちなみに，「規模によっては一戸建て住宅であっても防火対象物になる場合がある」という出題例もありますが，令別表第1（⇒P 347）に含まれていないので，×になります。

[**類題**……○×で答える]

　パッケージ型消火設備は，消防用設備等に該当しない。

（答は次頁下）

【問題3】

特定防火対象物の説明として，次のうち消防法令上正しいものはどれか。

(1)　同一敷地内にある複数の建築物等の総称

(2)　特定された多数のものが出入りする防火対象物

(3)　消防用設備等の設置を義務づけられているすべての防火対象物

(4)　消防法施行令で定められた多数の者が出入りする防火対象物

解　答

【問題1】…(2)　　　　　　　　　　　【問題2】…(4)

 解説

　病院やデパートなど，不特定多数の者が出入りする防火対象物を特定防火対象物といいます。従って，学校や共同住宅など，特定された多数の者が出入りする防火対象物は特定防火対象物ではないので注意が必要です（一部例外有り）。

　なお，「特定用途」は特定用途そのものを言うのに対し，「特定防火対象物」はその特定用途が存する防火対象物のことをいいます。

第2編
消防関係法令

【問題4】

　消防法令上，特定防火対象物に該当するものは，次のうちどれか。

(1)　蒸気浴場，熱気浴場その他これらに類する公衆浴場

(2)　工場

(3)　冷凍倉庫を含む作業場

(4)　図書館と事務所からなる高層ビル

 解説

(1)　蒸気浴場，熱気浴場は，令別表第1⑼項のイで，特定防火対象物であり，正しい（P 347，巻末資料3参照）。

(2)(3)　工場や倉庫，車庫，作業場などは**非**特定防火対象物です。

(4)　政令で定める2以上の用途に供される高層ビルなので，複合用途防火対象物ということになりますが，その2以上の用途に特定防火対象物を含まないので（図書館も事務所も**非**特定防火対象物です），令別表第1（16）項のロに該当し，**非**特定防火対象物となります。

【問題5】

　消防法令上，特定防火対象物に該当しないものの組合せは，次のうちどれか。

(1)　旅館，ホテル及び蒸気浴場　　(2)　映画館，劇場及び公会堂

(3)　小学校,博物館及び図書館　　(4)　キャバレー，ナイトクラブ及びダンスホール

　解　答

【問題3】…(4)　　　　〔問題2の類題〕…×　（消防用設備等に含まれています）

(1)　旅館, ホテルは特定防火対象物, 蒸気浴場と熱気浴場も特定防火対象物です。

(2)　映画館, 劇場は特定防火対象物, 公会堂や集会場も特定防火対象物です。

(3)　**学校**は**非**特定防火対象物, 美術館や**博物館**及び**図書館**なども**非**特定防火対象物なので, これが正解です。なお, 幼稚園は特定防火対象物なので間違わないように！

(4)　キャバレー, ナイトクラブ及びダンスホールはいずれも特定防火対象物です。

【問題6】

消防法令上, 特定防火対象物に該当しないものは, 次のうちどれか。

(1)　診療所　　　　　(2)　テレビスタジオが併設された映画スタジオ

(3)　物品販売店舗　　(4)　料理店

(1)　診療所は, 病院と同じく, 令別表第1(6)項のイに該当する特定防火対象物です。

(2)　テレビスタジオや映画スタジオは, 令別表第1(12)項のロに該当し, **非**特定防火対象物です。

(3)　物品販売店舗は百貨店やマーケットと同じく特定防火対象物です（(4)項）。

(4)　料理店や飲食店なども特定防火対象物です（(3)項のイとロ）。

【問題7】

法令上, 権限を有する者が行う立入り検査について, 次のうち正しいものはどれか。

(1)　立入り検査の命令を発する者は, 消防長, 消防署長又は消防本部を置かない市町村長である。

(2)　立入り検査を行う者は, 消防職員, または消防本部を置かない市町村にあっては, 当該市町村の消防事務に従事する職員であり, 消防団員は含まれない。

(3)　立入り検査が行える時間は, 原則として日の出から日没までである。

解　答

【問題4】…(1)　　　　　　　　　　　【問題5】…(3)

(4)　立入り検査をする際は，事前通告をする必要がある。

 解説

法第4条より，(2)　消防団員も含まれます。

(3)　立入り検査を行う時間に制限はありません。

(4)　事前通告は不要です。

なお，その他，

① 　関係者の請求があれば，**証票**を提示する。

② 　「関係者の**承諾を得た場合**」または「火災発生のおそれが著しく大きく，特に**緊急の必要がある場合**」は，**個人の住居**へ立ち入ることができる。

という規定もあります。

【問題8】

　防火対象物において，火災の予防に危険であると認める物件，若しくは消火，避難その他の消防の活動に支障になると認める物件の関係者で権原を有する者に対して，一定の措置命令を発することができる者として，次のうち誤っているものはどれか。

(1)　消防長　　　　(2)　消防吏員　　　　(3)　消防団長　　　　(4)　消防署長

 解説

　法第5条の3より，消防長，消防署長若しくは消防吏員は，上記のような場合，一定の措置命令（喫煙や火遊びなどの禁止，残火などの始末，危険物や燃焼のおそれのある物件の除去などの命令）を発することができます。従って，(3)の消防団長は含まれていないので，これが誤りです。

　なお，関係者というのは，防火対象物の**所有者**，**管理者**若しくは**占有者**のことをいいます。

【問題9】

　防火管理について，次の文中の（　　）内に当てはまる消防法令に定められている語句として，正しいものはどれか。

「（ア）は，消防の用に供する設備，消防用水若しくは消火活動上必要な施設の（イ）及び整備又は火気の使用若しくは取扱いに関する監督を行うときは，火元責任者その他の防火管理の業務に従事する者に対し，必要な指示を与えなければならない。」

		（ア）	（イ）
⑴		防火管理者	点検
⑵		防火管理者	工事
⑶		管理について権原を有する者	点検
⑷		管理について権原を有する者	工事

解説

　本問は，消防法施行令第3条の2をそのまま問題にしたもので，正しくは，次のようになります。

　「（ア：**防火管理者**）は，消防の用に供する設備，消防用水若しくは消火活動上必要な施設の（イ：**点検**）及び整備又は火気の使用若しくは取扱いに関する監督を行うときは，火元責任者その他の防火管理の業務に従事する者に対し，必要な指示を与えなければならない。」（下線⇒工事の業務は含まないので注意）

　従って，（ア）は防火管理者，（イ）は点検となるので，正解は⑴になります。

　なお，「**誰が**」防火管理者を選ぶか，ですが，「**管理について権原を有する者（所有者等）**」なので，注意してください（出題例あり）。

【問題10】

　次の防火対象物のうち，防火管理者を選任する必要がない防火対象物はどれか。

　⑴　収容人員が60名の図書館
　⑵　同じ敷地内に所有者が同じで，収容人員が15名のカフェと収容人員が10名の飲食店がある場合
　⑶　同じ敷地内に所有者が同じで，収容人員が30名と収容人員が40名の2棟のアパートがある場合
　⑷　収容人員が40名の幼稚園

解　答

【問題8】…⑶

解説

　原則として防火管理者を置かなければならない防火対象物は，令別表第 1 に掲げる防火対象物のうち，特定防火対象物の場合が **30 人以上**（6 項ロ及び 6 項ロの用途部分を含む複合用途防火対象物は 10 人以上），非特定防火対象物の場合が **50 人以上**の場合です。

　従って，(1)の図書館は**非**特定防火対象物なので，50 人以上の場合に選任する必要があり，また，(4)の幼稚園は，特定防火対象物なので，30 人以上の場合に選任する必要があり，従って，両者とも防火管理者を選任する必要があります。一方，同じ敷地内に管理権原を有する者が同一の防火対象物が 2 つ以上ある場合は，それらを一つの防火対象物とみなして収容人員を合計します。

　従って，(2)の場合は，カフェ，飲食店ともに特定防火対象物であり，収容人員は，15 名＋10 名＝25 名と 30 名未満となるので，選任する必要はありません。

　また，(3)は，アパートなので，**非**特定防火対象物であり，収容人員は，30＋40＝70 名となり，50 名以上となるので，選任する必要があります。

【問題11】

　管理について権原が分かれている（＝複数の管理権原者がいる）次の防火対象物のうち，統括防火管理者の選任が必要なものはどれか。
　(1)　倉庫と共同住宅からなる複合用途防火対象物で，収容人員が 80 人で，かつ，地階を除く階数が 4 のもの。
　(2)　高さ 31 m を超える建築物で，消防長または消防署長の指定のないもの。
　(3)　劇場と映画館からなる複合用途防火対象物で，収容人員が 300 人で，かつ，地階を除く階数が 2 のもの。
　(4)　地下街で，消防長または消防署長の指定のないもの。

解説

　前問の防火管理者についてはあまり出題例は見受けられませんが，この統括防火管理者制度については，たまに出題されることがあります。

　さて，統括防火管理者を選任する必要があるのは，次の防火対象物で，管理について権原が分かれている（＝管理権原者が複数いる）場合です。

解　答

【問題 9】…(1)　　　　　　　　　　　　　　【問題10】…(2)

第 2 編
消防関係法令

① 高さが31mを超える建築物（＝高層建築物　⇒消防長または消防署長の指定は不要）

② 特定防火対象物

　地階を除く階数が3以上で，かつ，収容人員が30人以上のもの。

　（下線部⇒6項ロ（（**特別**）**養護老人ホーム**等），6項ロの用途部分が存する複合用途防火対象物の場合は10人以上）

③ 特定用途部分を含まない複合用途防火対象物

　地階を除く階数が5以上で，かつ，収容人員が50人以上のもの。

④ 準地下街

⑤ 地下街

　ただし，消防長または消防署長が指定したものに限る。

（指定が必要なのはこの地下街だけです。従って，指定のない地下街には統括防火管理者の選任は必要ありません。）

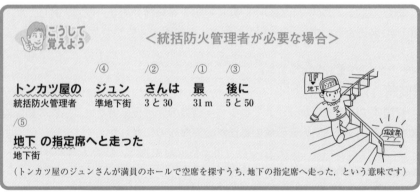

こうして覚えよう　　＜統括防火管理者が必要な場合＞

/④	/②	/①	/③
トンカツ屋の	ジュン	さんは	最	後に
統括防火管理者	準地下街	3と30	31m	5と50

　/⑤
地下 の指定席へと走った
地下街

（トンカツ屋のジュンさんが満員のホールで空席を探すうち，地下の指定席へ走った，という意味です）

以上より，問題を確認していくと，

(1)　倉庫と共同住宅なので，③の特定用途部分を含まない複合用途防火対象物ということになり，その場合，地階を除く階数が5以上で統括防火管理者を選任する必要があるので，4ではその必要はありません。

(2)　①の条件にそのまま当てはまるので，これが正解です。

(3)　劇場と映画館は特定用途部分なので，②の条件となりますが，その場合，地階を除く階数が3以上である必要があるため，2では統括防火管理者を選任する必要はありません。

(4)　地下街の場合は，消防長または消防署長の指定のあるものだけが統括防火

　　解　答

【問題11】…(2)

管理者を選任する必要があるので，指定のないものには統括防火管理者を選任する必要はありません。

【問題12】

防火対象物点検資格者について，次のうち正しいものはどれか。

(1)　防火管理者はすべて点検を行うことはできない。

(2)　消防設備士の場合，必要とされる実務経験は1年以上である。

(3)　消防設備点検資格者の場合，3年以上の実務経験があり，かつ，登録講習機関の行う講習を修了しなければならない。

(4)　管理権原者も，登録講習機関の行う講習を受ければ点検を自ら行うことができる。

防火対象物の定期点検制度からの出題です（法第8条の2の2）。

その概要は次の通りです。

⇒　一定の防火対象物の管理権原者は，専門的知識を有する者（防火対象物点検資格者）に防火管理上の業務や消防用設備等，その他火災予防上必要な事項について定期的に点検させ，消防長等に報告する必要があります。

①　防火対象物点検資格者について

　　防火管理者，消防設備士，消防設備点検資格者の場合，**3年以上の実務経**験があり，<u>かつ</u>，**登録講習機関の行う講習**を修了しなければならない。

②　点検，および報告期間：**1年に1回**

③　報告先：**消防長または消防署長**

④　防火対象物点検資格者に点検させる必要がある防火対象物

　・特定防火対象物（準地下街は除く）で収容人員が**300人以上**のもの

　・特定1階段等防火対象物（屋内階段が1つで**地階か3階以上**に**特定用途**）

　　以上から問題を確認すると，

　(1)　防火管理者も実務経験があり，登録講習機関の行う講習を修了すれば点検を行うことができるので，誤りです。

　(2)　他の資格者と同じく，3年です。

　(3)　正しい。

　(4)　管理権原者というだけでは，防火対象物点検資格者にはなれません。

　解　答

解答は次ページの下欄にあります。

類題　法令上，防火対象物点検資格者が点検しなければならない防火対象物
は次のうちどれか。なお，いずれも地階を除く階数が3で，避難階は1階とし，
階段はすべて避難階に直通している。

- (1) 屋内階段が1で収容人員が300人の事務所ビル
- (2) 屋内階段が1で収容人員が100人の複合用途防火対象物で，地下1階に
  マーケット，1階に遊技場，2，3階に事務所があるもの
- (3) 屋内階段が2で収容人員が500人の図書館
- (4) 屋内階段が2で収容人員が250人の複合用途防火対象物（地下1階に飲
  食店，1～3階に店舗）

解説

　まず，特定1階段等防火対象物の条件は，「屋内階段が1で**地階か3階以上**
に**特定用途**がある複合用途防火対象物（収容人員は関係ない）」なので，(1)は
×ですが，(2)が当てはまるので，これが正解です（前頁の④参照）。

　なお，屋内階段が2の場合は，「特定防火対象物で300人以上」という条件
で判断しますが，(3)は非特定防火対象物で×，(4)は，収容人員が300人未満な
ので，×になります。

【問題13】

　消防計画に基づき実施される各状況を記載した書類として，消防法令上，防
火管理維持台帳に保存しておくことが規定されていないものは，次のうちどれか。

- (1) 消防用設備等又は特殊消防用設備等の工事経過の状況
- (2) 消防用設備等又は特殊消防用設備等の点検及び整備の状況
- (3) 避難施設の維持管理の状況
- (4) 防火上の構造の維持管理の状況

解説

　消防計画に基づき実施される各状況を記載した書類として，防火管理維持台
帳に保存する必要がある項目については，規則第4条の2の4に規定があり，
その2項第八号には，「消防計画に基づき実施される各状況を記載した書類」
の規定があります。そのなかに(2)，(3)，(4)は含まれていますが，(1)は含まれて
いません。

解　答

【問題12】…(3)　　　　　　　　　　　〔類題〕…(2)

【問題14】

　次のうち，消防法第17条に規定されている「消火活動上必要な施設」に該当するものはどれか。

　　A　連結散水設備　　　　　B　屋内消火栓設備
　　C　動力消防ポンプ設備　　D　避難はしご
　　E　非常コンセント設備
　　(1)　A，C　　　(2)　A，E　　　(3)　B，D　　　(4)　C，E

 解説

　P344の表より，AとEが該当します。なお，その他，無線通信補助設備，排煙設備，連結送水管も消火活動上必要な施設に含まれます。
　ちなみに，B，Cは消火設備，Dは避難設備になります。

【問題15】

　指定数量の10倍以上の危険物を貯蔵し，または取り扱う危険物製造所等（移動タンク貯蔵所を除く）に設ける**警報設備**として，次のうち不適当なものはどれか。
　　(1)　ガス漏れ火災警報設備　　(2)　拡声装置
　　(3)　非常ベル装置　　　　　　(4)　消防機関へ通報できる電話

 解説

　警報設備の種類は，「自動火災報知設備，拡声装置，非常ベル装置，消防機関へ通報できる電話，警鐘」の5つです。
　従って，(1)のガス漏れ火災警報設備が含まれていないので，誤りです。
　（p344下の（注）を参照して下さい）

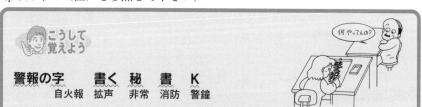

【問題16】

　1棟の防火対象物で別棟として扱われる部分として、次のうち消防法令上、正しいのはどれか。

- (1)　特定防火設備である開口部があり、耐火構造の床又は壁で区画された部分。
- (2)　耐火構造の床又は壁で区画され、かつ、開口部にはドレンチャーが設けてある、その区画された部分。
- (3)　開口部のない耐火構造の床又は壁で区画された部分。
- (4)　特定防火設備である防火戸及び耐火構造の床又は壁で区画された部分。

　消防用設備等の設置単位は、特段の規定がない限り棟単位に基準を適用するのが原則ですが、次のような例外もあります。

① **開口部のない耐火構造の床または壁で区画されている場合**

② 　複合用途防火対象物 （⇒　用途部分が異なれば別の防火対象物とみなす）

③ 　地下街

④ 　地下街と接続する特定防火対象物の地階で消防長又は消防署長が指定した場合（ただし、特定の設備のみ）

⑤ 　渡り廊下や地下通路などで防火対象物を接続した場合。（例外あり）

　①、②、⑤の場合、それぞれ別の防火対象物とみなし、③、④の場合、全体で1つの防火対象物とみなします。従って、どんな構造であれ、(1)や(2)のように、開口部のある場合や、(4)のように、防火戸で区画されている場合は別の防火対象物とは見なされません。

　類題　次の消防用設備等を複合用途防火対象物に設置する場合、1棟を単位として消防法令を適用するものはいくつあるか。

- A　消火器　　　　　　　B　屋内消火栓設備
- C　自動火災報知設備　　D　誘導灯
- E　漏電火災警報器　　　F　非常警報器具
- (1)　1つ　　　(2)　2つ　　　(3)　3つ　　　(4)　4つ

解　答

解説

　複合用途防火対象物に設置する際に，「1棟を単位として設置する消防用設備等」は次の通りです（下線は覚え方で使用する部分です）。

- ・**誘導灯**
- ・非常警報設備　　　　　　・避難器具
- ・スプリンクラー設備
- ・**自動火災報知設備**
- ・ガス漏れ火災警報設備
- ・漏電火災警報器

```
┌─────────────────────┐
│ 覚え方                │
│ ⇒ 夕 日 の ス ジ     │
│    が 廊下）          │
└─────────────────────┘
```

　従って，C，D，Eの3つが正解です（注：対象となる設備に非常警報設備は含まれていますが，Fの非常警報器具は含まれていません）。　　　（答）　(3)

第2編　消防関係法令

 【問題17】

　消防用設備等の設置維持命令の相手方について，次のうち消防法令上正しいものはどれか。

(1)　防火対象物の防火管理者に限られる。

(2)　防火対象物の関係者で命令の内容を正当に履行できる者。

(3)　防火対象物の関係者であれば権原を有しなくてもよい。

(4)　防火対象物の占有者は含まれない。

 解説

　防火対象物の消防用設備等が技術上の基準にしたがって設置されていない場合，消防長（消防本部が置かれていない市町村の場合は当該市町村長）又は消防署長は，**防火対象物の関係者で権原を有する者**（命令の内容を法律上正当に履行できる者）に必要な措置を命ずることができます（⇒　設置維持命令）。

(1)　防火対象物の関係者は，「所有者，管理者，占有者」なので，防火管理者だけに限られていないので，誤りです。

(2)　正しい。

(3)　防火対象物の関係者で，しかも権原を有する必要があるので，誤りです。

(4)　占有者も含まれます。

┌─────────┐
│ 解　答 │
└─────────┘

【問題16】…(3)

なお，設置工事に携わった<u>消防設備士</u>も相手方には含まれません。

【問題18】

法第17条の第2項の規定では，地方の気候又は風土の特殊性によっては，消防用設備等の技術上の基準を定める政令又はこれに基づく命令の規定と異なる規定を設けることができるとされているが，この規定を定めているものとして，次のうち正しいものはどれか。

(1)　消防庁長官が定める告示基準により定める。

(2)　都道府県条例により定める。

(3)　その地域を管轄する消防長又は消防署長が定める基準により定める。

(4)　市町村条例により定める。

 解説

地方の気候又は風土の特殊性とは，たとえば，北海道のような寒冷地と雪がほとんど降らないような地域を同一の基準で運用すると，どうしても不具合が生じる場合があります。そのような場合に，政令またはこれに基づく命令の規定と異なる規定を**市町村条例**により定めることができる，とされています。

ただ，この場合，注意しなければならないのは，政令等の規定より**厳**しい規定を定めることはできても，緩和する規定は設けることはできません。

【問題19】

既存の防火対象物を消防用設備等の技術上の基準が改正された後に増築又は改築した場合，消防用設備等を改正後の基準に適合させなければならない増築又は改築の規模として，次のうち消防法令に定められているものはどれか。

(1)　増築又は改築の床面積の合計が，300 m² 以上となる場合

(2)　増築又は改築の床面積の合計が，500 m² 以上となる場合

(3)　増築又は改築の床面積の合計が，1000 m² 以上となる場合

(4)　増築又は改築の床面積の合計が，3000 m² 以上となる場合

 解説

問題文の「既存の防火対象物を消防用設備等の技術上の基準が改正された後

に増築又は改築した場合」を具体例を挙げて説明すると，「令和元年に A という建築物を建て，令和 2 年に技術上の基準が改正され，令和 3 年に増築（又は改築）した場合」，という意味です。その場合，その増改築の規模がどのくらいの場合に改正後の基準（令和 2 年の基準⇒　現行の基準法令）に適合させなければならないか，というのが本問の主旨です。

　この基準法令の適用除外については，法第 17 条の 2 の 5 に規定があり，それによると，次の場合に現行の基準法令（改正後の基準）に適合させなければならないことになっています。

① 　**特定防火対象物の場合**

② 　従前の規定に違反している場合

　　　（⇒　建築物 A でいうと，令和元年以前の規定に違反している場合）

③ 　現行の基準法令に適合させて消防用設備等を設置してある場合

④ 　現行の基準法令の規定の施行または適用後において

　　　（⇒　建築物 A でいうと，「令和 2 年以降において」）

　 1．床面積 1000 m^2 以上，又は従前の延べ面積の **2 分の 1 以上**の増改築

　 2．主要構造部である**壁**について過半（1／2 超）の修繕や模様替えを行った場合（下線部注：屋根や階段などの修繕等は含まないので注意）

⑤ 　次の消防用設備等については，常に現行の基準に適合させる必要があります。

　　　　　　　　　　　　　　　　（下線部は，［こうして覚えよう］に使う部分です）

・**漏電火災警報器**

・**避難器具**

・**消火器**および**簡易消火用具**

・**自動火災報知設備**（特定防火対象物と重要文化財等のみ）

・**ガス漏れ火災警報設備**（特定防火対象物と温泉採取設備のみ）

・**誘導灯**，**誘導標識**

・**非常警報器具**または**非常警報設備**

　＜常に現行の基準に適合させる消防用設備等＞

新基準発令！

老	**秘**	**書**	**爺（じい）**	**が**	**ゆ**	**け**
漏電	避難	消火	自火報	ガス	誘導	警報

解　答

【問題18】…(4)

従って，この④の１より，床面積 1000 m² 以上を増築又は改築した場合に，改正後の基準に適合させなければならないので，(3)が正解ということになります。

【問題20】

　既存の防火対象物を消防用設備等の技術上の基準が改正された後に増築又は改築した場合，消防用設備等を改正後の基準に適合させなければならない増築又は改築の規模として，次のうち消防法令上正しいものはどれか。

- (1)　延べ面積が 1600 m² の銀行を 2300 m² に増築した場合
- (2)　延べ面積が 2000 m² の工場を 3000 m² に増築した場合
- (3)　延べ面積が 3000 m² の共同住宅のうち 900 m² を改築した場合
- (4)　延べ面積が 2000 m² の事務所のうち 700 m² を改築した場合

解説

　(1)～(4)は全て非特定防火対象物であり，その場合，現行の基準法令（改正後の基準）に適合させなければならない「増改築」は前問の解説の条件④より，

（ア）　床面積 1000 m² 以上

（イ）　従前の延べ面積の２分の１以上

のどちらかの条件を満たしている場合です。順に検討すると，

- (1)　増築した床面積は，2300 − 1600 ＝ 700 m² なので（ア）の条件は×で，また，従前の延べ面積 1600 m² の２分の１以上でもないので，（イ）の条件も×です。（銀行は，令別表第１，第 15 項の防火対象物です）
- (2)　増築した床面積は，3000 − 2000 ＝ 1000 m² なので（ア）の条件が○なので，これが正解です。なお，1000 m² は，従前の延べ面積 2000 m² の２分の１以上でもあるので，こちらの条件でも○です。
- (3)　改築した床面積は，900 m² なので（ア）の条件は×で，また，900 m² は従前の延べ面積 3000 m² の２分の１以上でもないので，(イ)の条件も×です。
- (4)　改築した床面積は，700 m² なので（ア）の条件は×で，また，700 m² は従前の延べ面積 2000 m² の２分の１以上でもないので，（イ）の条件も×です。

解　答

【問題19】…(3)

【問題21】

次のうち，消防用設備等の技術上の基準が改正された場合に，改正後の基準
に適合させなければならない防火対象物はどれか。

(1)　床面積が 1000 m² の図書館　　(2)　床面積が 600 m² の幼稚園

(3)　床面積が 1500 m² の倉庫　　(4)　床面積が 3000 m² の小学校

 解説

　消防用設備等の技術上の基準が改正された場合に，改正後の基準に適合させ
なければならない条件は，問題 19 の解説にある通りであり，そのうちの①の
条件が「**特定防火対象物の場合は，常に改正後の基準に適合させなければなら
ない**」となっています。従って，床面積に関係なく，特定防火対象物であれば
改正後の基準に適合させなければならないので，(2)の幼稚園が正解となります。

　なお，改正後の基準に適合させなければならないのは，あくまでも**増改築し
た床面積が 1000 m² 以上の場合**であって，(1)(3)(4)のように，単に床面積が 1000
m² 以上の防火対象物ではないので注意して下さい。

【問題22】

　消防用設備等の設置に関する基準が改正された場合，原則として既存の防火
対象物には適用されないが，消防法令上，すべての防火対象物に改正後の規定
が適用される消防用設備等は，次のうちどれか。

(1)　消防機関へ通報する火災報知設備　　(2)　非常コンセント設備

(3)　工場の動力消防ポンプ設備　　(4)　図書館に設置した非常警報設備

 解説

　問題 19 の解説の⑤より，常に現行の基準に適合させる必要がある消防用設
備等は次のとおりです。

・漏電火災警報器

・避難器具

・消火器および簡易消火用具

・自動火災報知設備（特定防火対象物と重要文化財等のみ）

・ガス漏れ火災警報設備（特定防火対象物と温泉採取設備のみ）

解　答

【問題20】…(2)

・誘導灯，誘導標識
・非常警報器具または**非常警報設備**

従って，⑷の非常警報設備が正解です。

類題　消防用設備等の技術上の基準に関する政令若しくはこれに基づく命令
の規定が改正されたとき，改正後の規定に適合させなくてもよい消防用設備等
として，消防法令上，次のうち正しいものはどれか。

　⑴　映画館に設置されている消火器
　⑵　図書館に設置されている避難器具
　⑶　小学校に設置されている簡易消火用具
　⑷　銀行に設置されている自動火災報知設備

解説

同じく問題 19 の解説より，自動火災報知設備は「特定防火対象物と重要文
化財等」が対象なので，銀行は特定防火対象物ではなく（15）項の防火対象物
であり（⇒P 347 参照），改正後の規定に適合させる必要はありません。

【問題23】

　防火対象物の用途が変更された場合の消防用設備等の技術上の基準の適用に
ついて，次のうち消防法令上正しいものはどれか。

　⑴　防火対象物の用途が変更された場合は，変更後の用途に適合する消防用
　　設備等を設置しなければならない。
　⑵　変更後の用途が特定防火対象物に該当しなければ，すべての消防用設備
　　等を変更しなくてよい。
　⑶　変更後の用途が特定防火対象物に該当する場合は，変更後の用途区分に
　　適合する消防用設備等を設置しなければならない。
　⑷　用途変更前に設置された消防用設備等が違反していた場合は，変更前の
　　基準に適合するよう措置しなければならない。

解説

用途変更の場合も，問題 19 の基準法令の適用除外と同様に考えます。つま

解　答

【問題21】…⑵

り，「法令の変更」を「用途の変更」に置き換えればよいだけです。

(1)　防火対象物の用途が変更されたからといって，常に変更後の用途に適合させる必要があるのではなく，変更後の用途に適合させる必要があるのは，あくまでも"例外"です。

　　つまり，原則は変更前の基準に適合していればよいのです。

(2)　変更後の用途が特定防火対象物に該当しなくても，問題19の解説にもあるように，たとえば，用途変更後に **1000 m² 以上の増改築**をすれば，消防用設備等を変更する必要があるので，誤りです。

(3)　問題19の解説の①より，正しい。

(4)　変更前の基準に違反していたら，変更<u>前</u>ではなく，変更<u>後</u>の基準に適合するよう措置しなければならないので，誤りです（問題19の解説の②参照）。

【問題24】

　消防用設備等を設置等技術基準に従って設置した場合，消防長又は消防署長に届け出て検査を受けなければならない防火対象物として，消防法令上，正しいものは次のうちどれか。

(1)　延べ面積が300 m² で非常警報器具が設置された公衆浴場（消防法施行令別表第1(9)項ロ）

(2)　延べ面積が250 m² で誘導灯が設置された老人短期入所施設（消防法施行令別表第1(6)項ロ）

(3)　延べ面積が280 m² で非常警報設備が設置された入院施設のない診療所（消防法施行令別表第1(6)項イ）

(4)　延べ面積が350 m² で手動式サイレンが設置された幼稚園（消防法施行令別表第1(6)項ニ）

 解説

　消防用設備等を設置した場合に届け出て検査を受けなければならない防火対象物は，次のようになっています。

| 解　答 |

(a)　特定防火対象物	延べ面積が 300 m² 以上のもの
(b)　非特定防火対象物	延べ面積が 300 m² 以上で，かつ，消防長または消防署長が指定したもの

| (c)　① 2 項ニ（<u>カラオケ</u>ボックス等）（注⇒下線部は覚え方に使う部分）
②　5 項イ（旅館，<u>ホテル</u>等）
③　6 項イ（<u>病院</u>，診療所等）で入院施設のあるもの
④　6 項ロ（要介護の<u>老人</u>ホーム，老人短期入所施設等）
⑤　6 項ハ（要介護除く老人ホーム，保育所等）で宿泊施設あるもの
⑥　上記の用途部分を含む**複合用途防火対象物**，地下街，準地下街
⑦　特定 1 階段等防火対象物 | **すべて** |

（ 覚え方 ⇒ <u>ホテル</u> から <u>病院</u> へ行く<u>老人</u>は**全て**届出が必要（特 1 省略））

⑴　(b) に該当しますが，**簡易消火用具**と**非常警報器具**を設置した場合は，届出義務はありません。

⑵　(c) の④に該当するので，延べ面積にかかわらず届出義務があります。

⑶　入院施設のない診療所は (c) に該当せず，一般の特定防火対象物となりますが，延べ面積が 300 m² 未満なので，届出義務はありません。
　　なお，**非常警報設備**は届出義務のない⑴の**非常警報器具**とは別のものなので，注意してください。

⑷　延べ面積が 350 m² の幼稚園は (a) の特定防火対象物ですが，手動式サイレンは**非常警報器具**なので，届出義務はありません（注：自動式サイレンの方は非常警報設備になる）。
　　なお，届出期間は設置工事完了後 4 日以内です。

【問題25】
　消防用設備等又は特殊消防用設備等の定期点検を消防設備士または消防設備点検資格者が行わなければならない防火対象物は，次のうちどれか。
　⑴　延べ面積が 900 m² の料理店
　⑵　延べ面積が 1100 m² の事務所で消防長が指定したもの
　⑶　延べ面積が 1500 m² の工場で消防長の指定がないもの
　⑷　延べ面積が 890 m² の病院

解　答

【問題23】…⑶　　　　　　　　　　　　【問題24】…⑵

解説

　消防用設備等又は特殊消防用設備等の定期点検を**消防設備士**又は**消防設備点検資格者**が行わなければならない防火対象物は，次のようになっています（前問の表と比べてみよう！）。

第2編 消防関係法令

(a)　特定防火対象物	延べ面積が **1000 m²以上**のもの
(b)　非特定防火対象物	延べ面積が **1000 m²以上**で，かつ消防長または消防署長が**指定**したもの
(c)　特定１階段等防火対象物	**すべて**

（上記以外の防火対象物は**防火対象物の関係者**が点検を行います）

　これから問題の防火対象物を考えると，(1)と(4)は特定防火対象物ですが，いずれも 1000 m²未満なので，**防火対象物の関係者**が点検を行います。

　(2)の事務所は，特定防火対象物以外で延べ面積が 1000 m²以上，かつ，消防長の指定があるので，消防設備士または消防設備点検資格者が行わなければならない防火対象物となります。従って，これが正解です。

　(3)の工場は，延べ面積は 1500 m²以上ですが，消防長の指定がないので，(1)，(4)と同じく，**防火対象物の関係者**が点検を行います。

　なお，点検結果の報告は次のようになっています。

① 　報告期間
　　・特定防火対象物　　：１年に１回
　　・非特定防火対象物：３年に１回
② 　報告先
　　消防長（消防本部のない市町村はその市町村長）または消防署長

類題

　消防用設備等又は特殊消防用設備等の定期点検を消防設備士または消防設備点検資格者にさせなければならない特定防火対象物の最小延べ面積として，次のうち消防法令上に定められているものはどれか。

　　(1)　300 m²　　　(2)　500 m²　　　(3)　1000 m²　　　(4)　2000 m²

解　答

【問題25】…(2)

解説

　問題 25 の表の（a）からわかるように，特定防火対象物の場合は，(3)の 1000 m² 以上となります。　　　　　　　　　　　　　　　　　　　　　（答)…(3)

【問題26】

　消防用設備等又は特殊消防用設備等を消防設備士又は消防設備点検資格者に定期点検させ，その結果を消防長又は消防署長に報告しなければならない防火対象物は，次のうちどれか。

(1)　すべての高層建築物

(2)　キャバレーで，延べ面積が 500 m² のもの

(3)　映画館で，延べ面積が 1000 m² のもの

(4)　すべてのホテル

解説

　(3)が前問の解説表（a）の「特定防火対象物で 1000 m² 以上」に当てはまるので，これが正解です。

(1)　高層建築物とは，高さが 31 m を超える建築物のことをいいますが，高層建築物でも前問の表の条件に当てはまらなければ**防火対象物の関係者**が点検を行います。

(2)(4)　キャバレーもホテルも特定防火対象物ですが，延べ面積が 1000 m² 以上でなければ，**防火対象物の関係者**が点検を行います。

【問題27】

　消防用設備等又は特殊消防用設備等は定期に点検し，その結果を一定の期間ごとに消防長又は消防署長に報告しなければならないが，その期間として，次のうち消防法令上正しいものはどれか。

(1)　地下街……………………… 1 年に 1 回

(2)　小学校……………………… 6 か月に 1 回

(3)　旅館………………………… 6 か月に 1 回

(4)　重要文化財建造物……… 1 年に 1 回

解　答

解答は次ページの下欄にあります。

解説

　定期点検の結果については，「特定防火対象物が1年に1回」，「非特定防火対象物が3年に1回」となっています。従って，(1)の地下街と(3)の旅館は特定防火対象物なので，1年に1回となり，よって，(1)が正しく(3)が誤りです。

　また，(2)の小学校と(4)の重要文化財建造物は，「非特定防火対象物」なので3年に1回となり，誤りです。

　なお，点検の<u>報告</u>期間については，解説の通りですが，点検の<u>時期</u>については「**機器点検が6か月に1回**」，「**総合点検が1年に1回**」なので間違わないように！

【問題28】

　消防用設備等又は特殊消防用設備等の定期点検を実施する者として，次のうち不適当なものはどれか。

　(1)　延べ面積が1200 m² のマーケット

　　　　　　　　　　　　……………消防設備士又は消防設備点検資格者

　(2)　特定1階段等防火対象物……………防火対象物の関係者

　(3)　延べ面積が1500 m² の倉庫で，かつ，消防長

　　　または消防署長が指定したもの………消防設備士又は消防設備点検資格者

　(4)　延べ面積が880 m² の図書館……… 防火対象物の管理を行っている者

解説

定期点検のおさらいとしての問題です。

　消防設備士又は消防設備点検資格者が点検しなければならないのは，問題25の表の通りなので，(1)は（a）より，(3)は（b）より正しい。(2)もその中に含まれているので，「消防設備士又は消防設備点検資格者が点検しなければならない防火対象物」ということになり，防火対象物の関係者というのは，誤りとなります。また，(4)の延べ面積が880 m² の図書館は，表に指定された防火対象物以外の防火対象物となるので，防火対象物の関係者が点検を行えばよいため，正しい。

解　答

【問題26】…(3)　　　　　　　　　　　【問題27】…(1)

第2編　消防関係法令

【問題29】

　消防用設備等又は特殊消防用設備等の定期点検を実施した際に報告を行う者，及びその報告先として，次のうち正しいものはどれか。

	（報告を行う者）	（報告先）
(1)	消防設備士又は消防設備点検資格者	都道府県知事
(2)	防火対象物の関係者	消防長又は消防署長
(3)	消防設備士又は消防設備点検資格者	消防長又は消防署長
(4)	防火対象物の関係者	都道府県知事

 解説

　これも，定期点検のおさらいとしての問題です。

　定期点検を実施した際に報告を行う者は，「防火対象物の関係者」であり，報告先は，「消防長又は消防署長」です。

【問題30】

　消防の用に供する機械器具等の検定について，消防法令上誤っているものは次のうちどれか。

　(1)　型式承認とは，検定対象機械器具等の型式に係る形状等が総務省令で定める検定対象機械器具等に係る技術上の規格に適合している旨の承認をいう。

　(2)　型式適合検定とは，検定対象機械器具等の形状等が型式承認を受けた検定対象機械器具等の型式に係る形状等に適合しているかどうかについて総務省令で定める方法により行う検定をいう。

　(3)　検定対象機械器具等のうち消防の用に供する機械器具等は，型式承認を受けた形状等と同じものであれば，設置や変更又は修理の請負に係る工事に使用できる。

　(4)　検定対象機械器具等には，消火器，消火器用消火薬剤，火災報知設備の感知器，中継器，受信機，発信機，閉鎖型スプリンクラーヘッド，金属製避難はしごなどがある。

解　答

【問題28】…(2)

解説

(3)　まず，原則として，型式承認を受けたあと，型式適合検定を受けて合格した旨の表示，つまり，下の図でいうと，⑥の表示がなければ，**販売し，又は販売の目的で陳列してはならない**となっています。

　　さらに，「消防の用に供する機械器具又は設備」については，合格した旨の表示がなければ，**検定対象機器具等を設置したり修理の請負に係る工事に使用したりすることはできない**となっています。

　　つまり，「消防の用に供する機械器具又は設備」については，**合格した旨の表示**がなければ「販売」のほか，「設置や変更又は修理の請負に係る工事」にも使用できない，ということになります。

　　なお，この内容については，法第21条の2にその規定があり，概要を記すと，「消防の用に供する検定対象機械器具等で，型式適合検定に合格したものである旨の表示が付されていないものは，販売し，又は販売の目的で陳列し，あるいはその設置，変更又は修理の請負に係る工事に使用してはならない。」となっています（下線部に関しては出題例があります）。

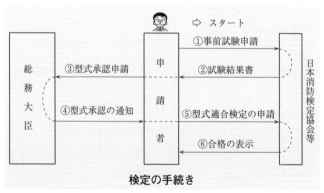

検定の手続き

【問題31】

型式承認及び型式適合検定について，次のうち正しいものはどれか。

(1)　型式承認に係る申請がなされた場合，その承認を行う者は消防庁長官である。

(2)　日本消防検定協会又は法人であって総務大臣の登録を受けたものは，型

解　答

【問題29】…(2)　　　　　　　　　　　【問題30】…(3)

式適合検定に合格した検定対象機械器具等にその旨の表示を付さなければ
ならない。

(3) 検定対象機械器具等の材質や成分及び性能等は，日本消防検定協会又は
登録検定機関が定める技術上の基準により定める。

(4) 検定対象機械器具等であっても，外国から輸入されたものについては，
型式承認のみで販売することができる。

 解説

(1) 型式承認の承認を行う者は**総務大臣**です。

(2) 正しい。なお，「法人であって総務大臣の登録を受けたもの」とは，**登録
検定機関**のことをいいます。

(3) 検定対象機械器具等の材質や成分及び性能等は，**総務省令**で定める技術上
の規格により定めます。

(4) 検定が不要なのは，外国から「輸入されたもの」ではなく，「**輸出するも
の**」です。従って，外国から輸入されたものについても，他の検定対象機械
器具等同様，検定が実施されるので，誤りです。

【問題32】

検定対象機械器具等の検定について，次のうち消防法令上誤っているものは
どれか。

(1) 総務大臣は，型式承認が失効したときは，その旨を公示するとともに，
当該型式承認を受けた者に通知しなければならない。

(2) 型式承認の効力が失われたときは，その型式承認に係る型式適合検定の
合格の効力も失われる。

(3) 型式適合検定を受けようとする者は，まず総務大臣に申請しなければな
らない。

(4) みだりに型式適合検定合格の表示を付したり，紛らわしい表示を付した
場合には罰則の適用がある。

 解説

(3) 型式適合検定を受けようとする者は，総務大臣ではなく，日本消防検定協

解 答

解答は次ページの下欄にあります。

会又は登録検定機関に申請する必要があります（問題 30 の図の⑤）。

【問題33】

消防設備士でなければ**工事又は整備**を行うことができないと定められている消防用設備等の組合せとして，次のうち消防法令上正しいものはどれか。

(1)　泡消火設備，不活性ガス消火設備，粉末消火設備
(2)　消火器，救助袋，すべり台
(3)　自動火災報知設備，漏電火災警報器，放送設備
(4)　屋内消火栓設備，スプリンクラー設備，動力消防ポンプ設備

 解説

消防設備士の業務独占の対象となるものは，次のようになっています。
（注：⒫はパッケージ型消火設備，パッケージ型自動消火設備を表す）

区　分	工事整備対象設備等の種類（色の部分は甲種，乙種とも）	
特　類	特殊消防用設備等　（注：着工届はこの特類と下の色部分が必要です）	
第 1 類	屋内及び屋外消火栓設備，水噴霧消火設備，スプリンクラー設備，⒫	
第 2 類	泡消火設備，⒫	
第 3 類	ハロゲン化物消火設備，粉末消火設備，不活性ガス消火設備，⒫	
第 4 類	自動火災報知設備，消防機関へ通報する火災報知設備，ガス漏れ火災警報設備	
第 5 類	金属製避難はしご（固定式に限る），救助袋，緩降機	
第 6 類	消火器	第 7 類　漏電火災警報器

（**甲種**消防設備士は特類及び第 1 類から第 5 類の**工事**と**整備**（点検含む。以下同じ）を，**乙種**消防設備士は第 1 類から第 7 類の**整備**のみを行うことができます。

　例えば，**甲種**第 2 類の消防設備士は，泡消火設備の**工事**と**整備**を，**乙種**第 7 類消防設備士は漏電火災警報器の**整備**のみを行えます。

　ただし，**消火器**や**漏電火災警報器**の設置のほか**軽微な整備**（**屋内消火栓設備の表示灯の交換**その他総務省令で定めるもの）や，**電源・水源**や**配管部分の工事や整備**は消防設備士でなくても行うことができます）。

　この表を見ながら(1)から順に確認すると，

解　答

⑴　泡消火設備は第２類，不活性ガス消火設備と粉末消火設備は第３類にその名称があり，すべて「消防設備士でなければ工事又は整備を行うことができない消防用設備等」となるので，これが正解です。

⑵　消火器は第６類，救助袋は第５類にありますが，<u>すべり台</u>はないので，誤りです。

⑶　自動火災報知設備は第４類，漏電火災警報器は第７類ですが，<u>放送設備</u>は記載がないので，誤りです。

⑷　屋内消火栓設備とスプリンクラー設備は第１類ですが，<u>動力消防ポンプ設備</u>は記載がないので，誤りです。

なお，下線の消防用設備等は，表にない消防用設備等ということで，**消防設備士でなくても工事または整備を行うことができます**（P 344，巻末の資料１の表参照）。また，**パッケージ型**も出題例があるので注意！（１〜３類のみ）

【問題34】

　消防設備士が行う工事又は整備について，次のうち，消防設備士でなくても行える工事の対象部分として，消防法令上，正しいものはどれか。
　　⑴　ハロゲン化物消火設備の配管部分
　　⑵　粉末消火設備の配管部分
　　⑶　スプリンクラー設備の配管部分
　　⑷　泡消火設備の配管部分。

解説

　前問の解説より，水源，配管部分で業務独占の対象外となるのは第１類のみなので，前項の表より，⑶のスプリンクラー設備が該当することになります。
　（⑴，⑵は第３類，⑷は第２類の消防用設備になります。）

【問題35】

工事整備対象設備等の工事又は整備に関する講習について，次のうち消防法令上誤っているものはどれか。

(1)　消防設備士は，その業務の従事，不従事にかかわらず受講する義務がある。

(2)　消防長又は消防署長の行う講習を受ければ，都道府県知事等の行う講習は免除される。

(3)　免状の交付を受けた日以後における最初の4月1日から2年以内に第1回目の講習を受けなければならない。

(4)　前回講習を受けた日以後における最初の4月1日から5年以内に受講しなければならない。

 解説

(2)　講習は**都道府県知事**が行うのであって，このような規定はないので誤りです。

(3)(4)　正しい（年数については，出題例が多いので要注意！）。なお，法令に定める期間以内に講習を受けなければ，**消防設備士免状の返納を命ぜられることがある**ので，注意が必要です。

類題

工事整備対象設備等の工事または整備に関する講習の実施者として，次のうち消防法令上正しいものはどれか。

(1)　都道府県知事　　　　(2)　総務大臣

(3)　消防長または消防署長　(4)　消防庁長官

解説

工事整備対象設備等の工事または整備に関する講習の実施者は，都道府県知事です。なお，この講習の実施者を問う問題は頻繁に出題されているので，要注意問題です。　　　　　　　　　　　　　　　　　　　　(答)　…(1)

解　答

【問題34】…(3)

【問題36】

　工事整備対象設備等の着工届について，次のうち消防法令上正しいものはどれか。

　(1)　市町村長に，工事着手の4日前までに届け出る。

　(2)　市町村長に，工事着手の10日前までに届け出る。

　(3)　消防長又は消防署長に，工事着手の4日前までに届け出る。

　(4)　消防長又は消防署長に，工事着手の10日前までに届け出る。

 解説

　消防用設備等又は特殊消防用設備等の着工届については，**甲種消防設備士**が消防長又は消防署長に，工事着手の10日前までに届け出ます。

　なお，4日というのは，消防用設備等または特殊消防用設備等の**設置工事**をしたときの届出期間なので，混同しないように！（⇒　工事完了後4日以内に届け出る）。

【問題37】

　工事整備対象設備等の着工届について，次のうち消防法令上正しいものはどれか。

　(1)　乙種第6類消防設備士が消火器の整備を行う場合，その10日前までに着工届を届け出なければならない。

　(2)　消防用設備等の工事に着手しようとする場合，消防用設備等の種類，工事場所，その他必要な事項を届け出る必要がある。

　(3)　着工届は，甲種又は乙種消防設備士に届出義務がある。

　(4)　すべての消防用設備等について，届け出る必要がある。

 解説

(1)　着工届が必要なのは「工事」を行う際であり，整備の場合は不要なので，誤りです。

(2)　正しい。

(3)　甲種又は乙種ではなく，**甲種消防設備士**に届出義務があります。

　解　答

【問題35】…(2)

(4)　すべてではなく，問題33（P 79）の表に掲げてある消防用設備等又は特殊消防用設備等だけです。

なお，着工届を怠った場合には，**罰金又は拘留に処せられる場合がある**ので，覚えておこう！

【問題38】

消防設備士免状に関して，次のうち消防法令上誤っているものはどれか。

(1)　消防設備士免状を汚損又は破損した者は，免状を交付した都道府県知事に免状の再交付を申請することができる。

(2)　消防設備士免状の返納命令に違反した者は，罰金又は拘留に処せられることがある。

(3)　消防設備士免状の交付を受けた都道府県以外で業務に従事するときは，業務地を管轄する都道府県知事に免状の書換えを申請しなければならない。

(4)　消防設備士免状の返納を命ぜられた日から1年を経過しない者については，新たに試験に合格しても免状が交付されないことがある。

(1)　再交付の申請先は，「免状を交付した都道府県知事」または「免状の**書換え**をした都道府県知事」なので，正しい。

(2)　正しい。

(3)　消防設備士免状は全国どこでも有効であり，交付を受けた都道府県以外でもそのまま業務に従事することができるので，誤りです。

(4)　正しい（**1年**という数値はよく覚えておこう！）。

【問題39】

消防設備士免状の返納について，次のうち消防法令上，誤っているものはどれか。

(1)　免状の返納命令により，消防設備士はその資格を喪失する。

(2)　返納を命ずるのは，消防長又は消防署長である。

(3)　返納命令に違反すると，罰則を適用される場合がある。

(4)　返納を命ずることができるのは，消防設備士が消防法令の規定に違反し

解　答

【問題36】…(4)　　　　　　　　　　　【問題37】…(2)

た行為を行った場合である。

解説

　消防設備士が消防法令の規定に違反した行為を行った場合，免状の返納を命ずることができますが，命ずるのは，免状を交付した**都道府県知事**です。（注：免状の返納先も<u>免状を交付した都道府県知事</u>です。）

　なお，免状の記載事項については，「**免状の交付年月日及び交付番号，氏名および生年月日，<u>本籍地の属する都道府県</u>，免状の種類**」であり，現住所はないので，注意してください。

【問題40】

　消防設備士の義務について，次のうち消防法令上誤っているものはどれか。

(1)　消防設備士は，その業務を誠実に行い，工事整備対象設備等の質の向上に努めなければならない。

(2)　消防設備士は，その業務に従事するとき，消防設備士免状を携帯していなければならない。ただし，整備のみを行う場合は，この限りでない。

(3)　指定講習機関が行う工事整備対象設備等の工事又は整備に関する講習を受けようとする者は，政令で定める額の手数料を当該指定講習機関に納めなければならない。

(4)　消防設備士は，都道府県知事（総務大臣が指定する市町村長その他の機関を含む。）が行う工事整備対象設備等の工事又は整備に関する講習を受けなければならない。

解説

(2)　法第17条の13より，「消防設備士は，その業務に従事するときは，消防設備士免状を携帯していなければならない。」となっているので，整備のみを行う場合でも携帯しなければなりません。よって，誤りです。

　なお，「消防用設備が法令に違反して設置されている場合は報告しなければならない。」という出題例もありますが，そのような義務はないので，注意してください。

━━ 解　答 ━━

【問題38】…(3)　　　　　　　　【問題39】…(2)　　　　　　　　【問題40】…(2)

第2編
消防関係法令

第2章　類別部分

まず，「自動火災報知設備の設置義務（防火対象物による制限）」については，**ほぼ毎回出題されている**ので，**特定防火対象物または非特定防火対象物の場合に設置が義務づけられる延べ面積**，及びそれぞれの**例外となる場合の延べ面積**…などをメインにしてまとめておく必要があります。

　また，同じ「自動火災報知設備の設置義務」でも「階数による制限」は，おおむね**50% 程度の割合**で出題されているので，設置が義務づけられる階数と床面積などを，確実に覚えておく必要があります。

　「警戒区域」に関しては，これもほぼ，というよりは，**毎回確実と言っていい**くらい出題されているので，設定基準の原則，たとえば，**一の警戒区域の面積や一辺の長さ，上下の階にわたらないこと**などを中心にして確実に理解し，その次に例外規定を覚えていけばよいかと思います。

　「感知器」については，「構造，機能及び工事又は整備の方法」の電気に関する部分と重なる内容のものが多いですが，法令では主に，**感知器を設置しなければならない部分，または感知器を設置しなくてもよい部分**がよく出題されているので（**50% 程度の割合**），それぞれの場合についてよく把握しておく必要があります。また，**感知器を天井等に取り付ける際の取り付け面の高さ**については，**ほぼ毎回出題されている**ので，本書に記載されているゴロ合わせなどを利用するなどして，確実に把握する必要があります。

　「煙感知器」については，階段や傾斜路などの**煙感知器を設置しなければならない場所**についての出題がたまにあります。

　「受信機」については，Ｐ型１級，Ｐ型２級とも，**設置が可能な最大個数**についてよく出題されているので，１回線（接続できる回線の数が一）の場合も含めて確実に覚えておく必要があります。

　「地区音響装置」については，区分鳴動に関してよく出題されているので，**出火階と鳴動させる階**についてよく理解しておく必要があります。

　「ガス漏れ火災警報設備」と「消防機関へ通報する火災報知設備」については，どちらかが，**ほぼ毎回出題されています**が，出題率は圧倒的に「ガス漏れ火災警報設備」の方が多くなっています。出題内容については，両者とも**設置しなければならない防火対象物**，または**設置しなくてもよい防火対象物**がほとんどです。

【問題 1 】

　消防法令上，自動火災報知設備を設置しなければならない防火対象物は，次のうちどれか。

　⑴　店舗で，延べ面積が 250 m² のもの

　⑵　飲食店で，延べ面積が 250 m² のもの

　⑶　映画館で，延べ面積が 300 m² のもの

　⑷　寄宿舎で，延べ面積が 300 m² のもの

第 2 編

消防関係法令

 解説

　自動火災報知設備を設置しなければならない防火対象物については，次ページにまとめてありますが，主なものは次のようになっています（カッコ内の数値は令別表第 1 での数値です）。

⑴　防火対象物による場合

　①　特定防火対象物の場合　…………………………300 m² 以上の場合に設置。

　　＜例外＞

　　・カラオケボックス等（2 項ニ），ホテル等（5 項イ），病院等（6 項イ）で**入院施設のあるもの**，要介護の老人ホーム等（6 項ロ），要介護を除く老人ホーム等（6 項ハ）で**宿泊施設のあるもの** ……………………**全て**に設置。

　　・蒸気浴場，熱気浴場等（9 項イ）　…………200 m² 以上の場合に設置。

　　・特定用途を含む複合用途防火対象物（16 項イ）

　　　　　　　　　…………延べ面積が 300 m² 以上の場合に設置。

　②　特定防火対象物以外の場合　…………………500 m² 以上の場合に設置。

　　＜例外＞

　　・格納庫，重要文化財等（13 項ロ，17 項）……………**全て**に設置。

　　・教会，神社及び事務所等（11 項，15 項）…1000 m² 以上の場合に設置。

⑵　階数による場合

　①　地階，無窓階又は 3 階以上 10 階以下の階 …300 m² 以上の場合に設置。

　　＜例外＞

　解　答

解答は次ページの下欄にあります。

・地階，無窓階にあるキャバレー，遊技場，料理店，飲食店等
（2項(ニを除く)，3項，16項イ）…………100 m² 以上の場合に設置。
②　11階以上の階　………………（延べ面積に関係なく）**全て**に設置。

以上より，問題を考えると，(1)の店舗は4項，(2)の飲食店は3項ロ，(3)の映画館は1項イの，いずれも**特定防火対象物**なので，延べ面積が300 m² 以上の場合に設置義務が生じます。

従って，(3)の映画館は300 m² なので，これが正解となります。

なお，(4)の寄宿舎は5項ロで，**非特定防火対象物**なので，500 m² 以上の場合に設置義務が生じます。以上，面積を小さい順に並べると次のようになります。

自動火災報知設備を設置しなければならない防火対象物（面積の小さい順）

面積(原則)	防火対象物	令別表1
全て設置	・カラオケボックス，マンガ喫茶など	(2)項ニ
	・旅館，ホテルなど	(5)項イ
	・病院，診療所など（入院施設あり）	(6)項イ
	・(特別) 養護老人ホームなど	(6)項ロ
	・要介護を除く老人ホームなど(宿泊施設あり)	(6)項ハ
	・11階以上の階	
	・格納庫，重要文化財など	(13)項ロ，(17)項
	・特定1階段等防火対象物	
100 m² 以上	・地階，無窓階のキャバレー，遊技場，料理店など	(2)項(ニを除く)，(3)項
200 m² 以上	・蒸気，熱気浴場（サウナ）	(9)項イ
	・地階又は2階以上にある車庫，駐車場	
300 m² 以上	・特定防火対象物（入院施設のない(6)項イ，宿泊施設のない(6)項ハを含む）	
	・特定用途を含む複合用途防火対象物	
	・地階，無窓階，3階以上10階以下	
400 m² 以上	・防火対象物内の道路（屋上は 600 m² 以上）	
500 m² 以上	・特定防火対象物以外	
	・通信機器室	
	・準地下街（但し特定用途が 300 m² 以上）	
1000 m² 以上	・教会，神社および事務所など	(11)項，(15)項

解　答

【問題1】…(3)

<自動火災報知設備の設置義務>

300 m² 以上はよく出てくるので，次のゴロ合わせを利用するなどして，確実に覚えるようにして下さい。

【300 m² 以上で設置する防火対象物】

ミレー　（の絵）は特に無　知な
300 m² 以上　　　　　　　　特防　無窓階　地階

父　さんが拭く
10 階　3 階　複合（特定含む）

【問題２】

消防法令上，自動火災報知設備を設置しなければならない防火対象物は，次のうちどれか。

(1)　倉庫で，延べ面積が 400 m² のもの
(2)　図書館で，延べ面積が 350 m² のもの
(3)　幼稚園で，延べ面積が 300 m² のもの
(4)　キャバレーで，延べ面積が 250 m² のもの

前問と同様に考えると，(1)の倉庫（14 項）と(2)の図書館（8 項）は，**非特定防火対象物**なので，延べ面積が 500 m² **以上**でないと設置義務が生じません。

(3)の幼稚園（6 項ニ）と(4)のキャバレー（2 項イ）は**特定防火対象物**であるため，延べ面積が 300 m² **以上**で設置義務が生じるので，(3)の幼稚園に設置する必要があります。

【問題３】

工場又は作業場に，自動火災報知設備を設置しなければならない，消防法令上の延べ面積の基準として，次のうち正しいものはどれか。

解　答

解答は次ページの下欄にあります。

(1)　1000 m² 以上のもの　　(2)　500 m² 以上のもの

(3)　300 m² 以上のもの　　(4)　200 m² 以上のもの

解説

工場又は作業場は**非特定防火対象物**なので、延べ面積が **500 m² 以上**で設置義務が生じます。

【問題4】

総務省令で定める閉鎖型スプリンクラーヘッド（標示温度75℃）を備えているスプリンクラー設備を技術上の基準に従って設置しても、消防法令上その設備の有効範囲内の部分について、自動火災報知設備の設置を省略することのできない防火対象物は、次のうちいくつあるか。

(A)　幼稚園　　(B)　事務所ビル　　(C)　映画スタジオ

(D)　博物館　　(E)　病院　　　　　(F)　工場の通路

(1)　1つ　(2)　2つ　(3)　3つ　(4)　4つ

解説

消防法令上、総務省令で定める**閉鎖型のスプリンクラーヘッド**を備えた**スプリンクラー設備**、又は**泡消火設備**、若しくは**水噴霧消火設備**のいずれかを設置した場合は、その有効範囲内の部分について、<u>自動火災報知設備の設置を省略</u>することができる、となっていますが、ただし、「＊**特定防火対象物**や**煙感知器の設置義務があるところ**など（その他、**地階**、**無窓階**、**11階以上の階**）」は除くとなっています。

つまり、上記の<u>消防用設備等</u>が設置してあれば、自動火災報知設備を設置しなくてもよいが、**特定防火対象物**などの場合は、それらの<u>消防用設備等</u>が設置してあっても自動火災報知設備を設置する必要があるということです。

従って、(A)、(E)の特定防火対象物と(F)の工場の通路（煙感知器設置義務のある場所⇒P 97 の表）の3つになります。

なお、「小学校の廊下」、「倉庫の荷卸し場」、「図書館の書棚」などは、上記の＊に含まれていないので、自動火災報知設備を省略することができます。

解　答

【問題2】…(3)

【問題 5 】

　次の複合用途防火対象物において，自動火災報知設備を設置する必要がない
ものはどれか。

⑴　延べ面積が 290 m² の複合用途防火対象物の 1 階（無窓階）にある床面
　　積が 120 m² の遊技場。

⑵　特定用途部分を含む延べ面積が 280 m² の複合用途防火対象物の全階。

⑶　特定用途部分を含まない複合用途防火対象物の 12 階にある床面積が
　　280 m² の倉庫。

⑷　特定用途部分を含まない複合用途防火対象物の地階にある床面積が 450
　　m² の駐車場。

 解説

P 87　問題 1 の解説の⑵　階数による場合より

　①　地階，無窓階，又は 3 階以上 10 階以下の階…300 m² **以上**の場合に設置。

> ＜例外＞
> ・地階，無窓階にあるキャバレー，遊技場，料理店，飲食店等（ 2 項（ニ
> 　を除く），3 項，16 項イ） ……………………100 m² **以上**の場合に設置。

　②　11 階以上の階…………全てに設置。

以上より，各選択肢を判断すると，

⑴⑵　**特定用途部分を含む複合用途防火対象物**の場合，延べ面積が 300 m² **以
上**なら全階に設置する必要があります（下図参照）。

　従って，⑴⑵とも 300 m² 未満なので，
両者とも設置する必要がない，ということ
になりますが，ただ，⑴の場合「1 階（無
窓階）にある床面積が 120 m² の遊技場」
は，①の＜例外＞の 100 m² 以上という条
件に当てはまるので，ここにだけ設置義務
が生じます。

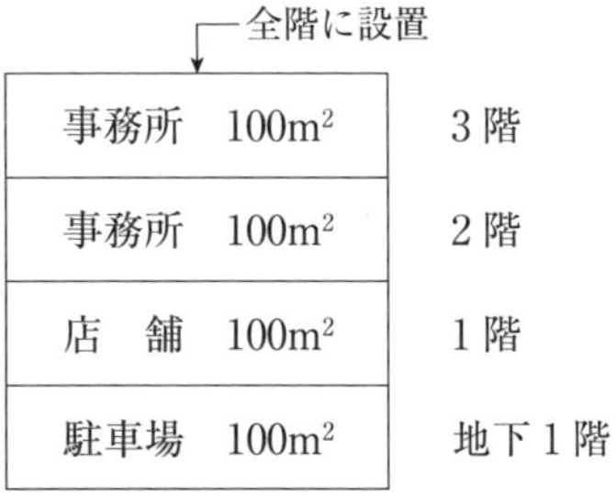

　よって，設置する必要がないのは⑵の
み，となります。

	┌全階に設置	
事務所　100m²	3 階
事務所　100m²	2 階
店　舗　100m²	1 階
駐車場　100m²	地下 1 階

（店舗が特定用途）

　解　答

（縦書き）第 2 編　消防関係法令

　　なお，(1)の遊技場ですが，仮に地階にあったとしても①の＜例外＞の「地階」の条件に当てはまり，設置義務が生じるので，念のため。

(3)(4)　特定用途部分を含まない複合用途防火対象物の場合，延べ面積ではなく「各用途部分の床面積」で判断します。それでいくと，(3)の倉庫は12階にあるので，上の②の条件に当てはまり，延べ面積に関わらず，設置する必要があります。

　　(4)の地階に設けられた駐車場については，200 m² 以上の場合に設置義務が生じるので，設置する必要があります（P 88の表参照）。

【問題6】

　地階を除く階数が 11 以上である防火対象物に自動火災報知設備を設置する場合について，次のうち消防法令上正しいものはどれか。

(1)　複合用途防火対象物の11階以上の階にある共同住宅に対しては，当該部分の床面積の合計が500 m² 以上ある場合に限って，自動火災報知設備の設置が必要である。

(2)　複合用途防火対象物の11階以上の階にあるホテルに対しては，当該部分の床面積の合計が300 m² 以上ある場合に限って，自動火災報知設備の設置が必要である。

(3)　11階以上の階を有する防火対象物の用途が事務所で，延べ面積が1000 m² 未満の場合には，11階以上の階に自動火災報知設備の設置義務はない。

(4)　11階以上の階には，その用途，床面積の大小にかかわらず，自動火災報知設備の設置が必要である。

　解説

　前問の解説の②からわかるように，11階以上の階には，その用途，床面積の大小にかかわらず，自動火災報知設備の設置が義務づけられています。

解　答

【問題5】…(2)

【問題 7 】

　消防法施行令別表第 1 に掲げる防火対象物の部分のうち，自動火災報知設備を設置しなければならない消防法令上の基準として，次のうち誤っているものはどれか。

(1)　通信機器室で，床面積が 500 m² 以上のもの

(2)　駐車場の用に供する部分の床面積が 200 m² 以上で地階又は 2 階以上にあるもの

(3)　特定 1 階段等防火対象物

(4)　地階，無窓階又は 3 階以上の階で，床面積が 500 m² 以上のもの

 解説

　もうすでに何回も解説はしていますが，問題 1 （P 87）の解説の(2)階数による場合の①より，「地階，無窓階，又は 3 階以上 10 階以下の階」は 300 m² 以上の場合に設置義務が生じるので，(4)が誤りです（その他は P 88 の表より正しい）。

【問題 8 】

　次の文中の（　）内に当てはまる数値として，消防法令上正しいのはどれか。

　「指定数量の倍数が（　）以上の危険物製造所で総務省令で定めるものは，総務省令で定めるところにより，火災が発生した場合に自動的に作動する火災報知設備その他の警報設備を設置しなければならない。」

(1)　5

(2)　10

(3)　30

(4)　100

 解説

　危政令第 21 条の条文を問題にしたものです。

　条文の内容は，「指定数量の <u>10 倍以上</u> の危険物を貯蔵し，または取り扱う製造所等で総務省令で定めるものは…」となっているので，(2)が正解です。

解　答

【問題 6 】…(4)

【問題9】

　自動火災報知設備における**警戒区域**の説明で，次のうち正しいものはどれか。

　⑴　警戒区域とは，1個の感知器が火災を識別することができる最大の区域をいう。

　⑵　警戒区域とは，1個の感知器が火災の発生を覚知することができる最小の区域をいう。

　⑶　警戒区域とは，すべての感知器が火災を識別することができる最大の区域をいう。

　⑷　警戒区域とは，火災の発生した区域を他の区域と区別して識別することができる最小単位の区域をいう。

　警戒区域については，⑷の通りですが，この警戒区域と紛らわしいものに**感知区域**があります。**感知区域**というのは，1つの警戒区域の中にある，壁などによって囲まれた部屋のことで，その定義は『壁，または取り付け面から**0.4 m以上**（差動式分布型と煙感知器は**0.6 m以上**）突き出したはりなどによって区画された部分』となっています。

　つまり，**警戒区域**が区域を（他の区域と）区別するために設けるのに対して，**感知区域**は，感知が有効と思われる範囲を区切るために設けるものなので，この両者の違いをよく把握しておく必要があります。

【問題10】

　自動火災報知設備（光電式分離型感知器を除く）における**警戒区域**について，次のうち消防法令上誤っているものはどれか。

　⑴　一の警戒区域は，原則として防火対象物の2以上の階にわたらないこと。

　⑵　階段や傾斜路に煙感知器を設ける場合の警戒区域は，2以上の階にわたることができる。

　⑶　一の警戒区域の面積は，原則として $500 \, \text{m}^2$ 以下とすること。

　⑷　一の警戒区域の一辺の長さは，原則として50 m以下とすること。

解　答

【問題7】…⑷　　　　　　　　　　　　　【問題8】…⑵

解説

　警戒区域を設定する際の基準は，次のようになっています。

⑴　2以上の階にわたらないこと。

　　ただし，次の場合にはわたることができます。

　　①　一つの警戒区域の面積が500 m² **以下**なら2の階にわたることができる。

　　②　**煙感知器**を「階段，傾斜路，エレベーターの昇降路，リネンシュート，パイプダクト」などに設ける場合（これらの警戒区域は縦方向に設定する「たて穴区画」のため）

⑵　一つの警戒区域の面積は600 m² **以下**とすること。

　　ただし，主要な出入り口から内部を見通せる場合は，1000 m² **以下**とすることができる。

⑶　警戒区域の一辺の長さは50 m **以下**とすること。

　　ただし，**光電式分離型感知器**（煙感知器）を設置する場合は100 m **以下**とすることができる。

　以上が原則ですが，次のような例外もあります。

＜例外＞

⑴　たて穴区画の例外

　　「階段，傾斜路，エレベーターの昇降路，リネンシュート，パイプダクトなど」が水平距離で**50 m 以下**の範囲内にあれば同一警戒区域とすることができる。

⑵　階段（注：エスカレーターも含む）等の例外

　　たて穴区画の中でも階段や傾斜路は人が通行するので，次のようにまた別の例外規定が設けられています。

　　①　地階の階数が1のみの場合

　　　　地上部分と同一警戒区域とする。

　　②　地階の階数が2以上の場合

　　　　地階部分と地上部分は別の警戒区域とする。

⑶　防火対象物が高層で階数が多い場合

　　垂直距離**45 m 以下**ごとに区切って警戒区域を設定する。

　以上から問題を判断すると，

⑴⑵　基準の⑴より正しい。

解　答

【問題9】…⑷　　　　　　　　　　　【問題10】…⑶

(3)　基準の(2)より，一の警戒区域の面積は，原則として 600 m² 以下とすることになっているので，誤りです（500 m² 以下というのは(1)の①の数値です）。

(4)　基準の(3)より正しい。

【問題11】

　消防法令上，感知器を設置しなくてもよい場所として，次のうち不適当なものはどれか。

(1)　主要構造部を耐火構造とした建築物の天井裏部分

(2)　上屋その他外部の気流が流通する場所で，感知器によっては当該場所における火災の発生を有効に感知することができない場所

(3)　感知器の取付け面の高さが床面から 15 m の場所

(4)　木造建築物の天井裏で天井と上階の床との間の距離が 0.5 m 未満の場所

感知器を設置しなくてよい場所は次の通りです（規則第 23 条ほか）。

①　感知器の取り付け面の高さが **20 m 以上**の場合（炎感知器は除く）

②　上屋その他外部の気流が流通する場所で，感知器によっては火災の発生を有効に感知することが出来ない場所（炎感知器は除く）

③　主要構造部を**耐火構造**とした建築物の**天井裏**の部分

④　天井裏において，その天井と上階の床との間が **0.5 m 未満**の場所

⑤　**閉鎖型のスプリンクラーヘッドを用いたスプリンクラー設備**か**水噴霧消火設備**または**泡消火設備**のいずれかを設置した場合における，その有効範囲内の部分（**特定防火対象物**や**煙感知器の設置義務がある部分**は除く）

　従って，(3)は①より，20 m 以上ではないので，設置する必要があります。

　なお，天井裏ですが，**耐火構造**であれば天井と上階の床との間の距離に関係なく設置が省略できますが，(4)のように，耐火以外（木造建築物など）の場合は，天井と上階の床との間の距離が 0.5 m 未満でないと設置を省略できません。

【問題12】

　煙感知器の設置について，次のうち消防法令上誤っているものはどれか。

解　答

解答は次ページの下欄にあります。

A　共同住宅及び地下駐車場の階段及び傾斜路には，煙感知器を設けなければならない。

B　小学校及び図書館の 2 階の廊下及び通路部分には，煙感知器を設けなければならない。

C　エレベーターやパイプダクト，リネンシュートなどには，防火対象物の用途に関係なく煙感知器を設けなければならない。

D　百貨店の地階の食品売場には煙感知器，熱煙複合式スポット型感知器または炎感知器のいずれかを設置しなければならない。

E　カラオケボックス，インターネットカフェにはその床面積にかかわらず煙感知器を設置しなければならない。

(1)　A　　　(2)　B　　　(3)　B，D　　　(4)　C，D，E

 解説

次に掲げる場所には，**必ず煙感知器を設置しなければならないことになって**います。（注：「熱煙」は熱煙複合式スポット型感知器，「炎」は炎感知器）

	設置場所	感知器の種別		
		煙	熱煙	炎
①	たて穴区画（階段，傾斜路，エレベーターの昇降路，リネンシュート，パイプダクトなど）	○		
②	**地階，無窓階および 11 階以上の階**（ただし，**特定防火対象物**および**事務所**などの 15 項の防火対象物に限る）	○	○	○
③	廊下および通路（下記＊に限る）	○	○	
④	カラオケボックスの個室等（2 項ニ⇒16 項イ，（準）地下街に存するもの含む）	○	○	
⑤	感知器の取り付け面の高さが 15 m 以上 20 m 未満の場所	○		○

（煙感知器の代わりに設置することができる）

＊1．特定防火対象物
　2．寄宿舎，下宿，共同住宅（(5)項ロ）
　3．公衆浴場（(9)項ロ）
　4．工場，作業場，映画スタジオなど（(12)項）
　5．事務所など（(15)項）
（注：(7)項の学校や(8)項の図書館などの廊下，通路には設置義務はないので，注意！）

解　答

【問題11】…(3)

こうして覚えよう 　　　<煙感知器の設置が必要な場合>

　まずは，階段やエレベーターなどの「たて穴区画」と「地階，無窓階および11階以上の階」「廊下や通路」には煙感知器が必要ナンダ，と覚えておき，その他の細かい所は一つ一つ付け足して覚えていくか，または問題を何回も解く過程において覚えていけばよいでしょう。

煙感の部屋には，いい　ム　チになるからんだ　ツ　タがある
（煙感知器が必要な場合）11階　無窓階　地階　　　　カラオケ　　　通路　たて穴

以上から問題を判断すると，

A　正しい。階段及び傾斜路には，防火対象物の用途に関係なく煙感知器を設けなければなりません。

B　誤り。廊下，通路に設けなければならないのは③の場合であり，その③の1〜5に小学校も図書館も含まれていないので，煙感知器の設置義務はありません。

C〜E　Cは①より，Dは②より，Eは④より，正しい。

類題　次の文章の正誤を答えなさい。

　「自動火災報知設備を設ける場合の感知器を煙感知器，熱煙複合式スポット型感知器又は炎感知器としなければならないのは，「感知器の取り付け面の高さが15m以上20m未満の場所」である」。

解説

　前頁の表から，煙感知器，熱煙複合式スポット型感知器，炎感知器としなければならないのは，②の「地階，無窓階および11階以上の階」なので，誤りです。

（答）…誤り

解　答

【問題12】…(2)

【問題13】

　感知器は，設置場所の環境に適応したものを選択しなければならないが，天井等の取付け面の高さと，これに適応する感知器の組合せとして，次のうち消防法令上正しいものはどれか。

第2編
消防関係法令

	取付け面の高さ	適応感知器
(1)	6 m	定温式スポット型感知器（2種）
(2)	12 m	補償式スポット型感知器
(3)	18 m	光電式スポット型感知器（2種）
(4)	22 m	炎感知器

　感知器の種別と天井等の取付け面の高さをまとめると次のようになります。

（Sはスポット型です。なお，波線部は次の「こうして覚えよう」に使う部分です。）

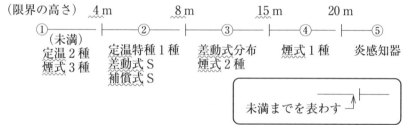

　この取付け面の高さと感知器の種別については，高さの数値を変えてよく出題されているので，次のゴロ合わせを利用するなどして，よく覚えておく必要があります。なお，ゴロの中に「け」が3回も出てきてどれが1種でどれが3種かわからないかもしれませんが，早く出てきた方（すなわち限界の高さが低い方）から3種，2種，1種となりますのでそのように理解しておいて下さい。また，「さ」も2回出てきますが，これは差動式を表し，最初の「さ」がスポット型，あとの「さ」が分布型となります。

　「け」（煙感知器）⇒　早く出てきた方から3種，2種，1種

　「さ」（差動式）⇒　　最初がスポット型，あとが分布型

　解　答
解答は次ページの下欄にあります。

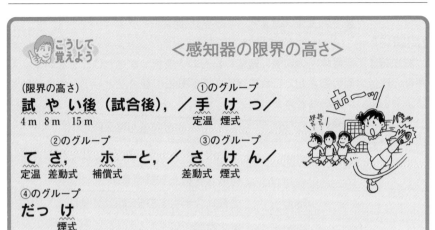

以上から問題を判断すると

(1)　定温式スポット型感知器（２種）は「消火設備と連動する場合」に限り使用することができます。従って，問題にそのような条件は書かれていないので，設置することはできません。

(2)　補償式スポット型は②のグループなので，８ｍ未満までしか設置することができないため，誤りです。

(3)　光電式スポット型の２種は③のグループ（煙式２種）なので，15ｍ未満までしか設置することができないため，誤りです。

(4)　20ｍ以上に設置することができるのは炎感知器だけなので，正しい。

【問題14】

　消防法令上，取り付け面の高さが 10 ｍ となる天井面に設置することができない感知器は，次のうちどれか。

　　(1)　イオン化式スポット型感知器（２種）

　　(2)　定温式スポット型感知器（１種）

　　(3)　光電式スポット型感知器（２種）

　　(4)　差動式分布型感知器（２種）

解　答

【問題13】…(4)

解説

　前問の解説の図（P 99）より，③か④及び⑤のグループの感知器であれば，取り付け面の高さが 10 m でも設置することができます。

　従って，(1)と(3)は煙式の 2 種なので③の感知器となり，設置することができます。

　また，(4)の差動式分布型感知器も③の感知器なので，設置することができます。しかし，(2)の定温式スポット型感知器の 1 種は，②のグループの感知器なので，8 m **未満**までしか設置することができず，よって，これが正解です。

【問題15】

　消防法令上，取付け面の高さが 16 m の天井面に設置することのできない感知器は，次のうちどれか。

(1)　炎感知器（赤外線式）
(2)　イオン化式スポット型感知器（1 種）
(3)　光電式分離型感知器（1 種）
(4)　差動式分布型感知器（1 種）

解説

　前問同様，問題 13（P 99）の図で確認すると，16 m なので，④か⑤のグループの感知器であればよいことになります。

　従って，(1)の炎感知器は赤外線式，紫外線式とも⑤の感知器，(2)と(3)は煙式の 1 種なので，④の感知器となり，いずれも設置することができます。

　しかし，(4)の差動式分布型感知器（1 種）は，③のグループの感知器なので，15 m 未満までしか設置できず，よって，これが正解です。

【問題16】

　自動火災報知設備の P 型 1 級 1 回線用受信機は，消防法令上，一の防火対象物につき何台まで設けることができるか。

(1)　1 台　　　　(2)　2 台　　　　(3)　3 台　　　　(4)　4 台

解　答

【問題14】…(2)

受信機の設置基準については，規則の第21条に規定があり，概要を記すと，次のようになります。

① 受信機は防災センターなどに設けること。

② 受信機は感知器や中継器，または発信機が作動した場合，それらの警戒区域を連動して表示できること。

③ 受信機の操作スイッチは，床面から0.8 m以上（いすに座って操作する場合は0.6 m以上）1.5 m以下の高さに設けること。

④ 主音響装置（または副音響装置）の音圧や音色は，他の警報音や騒音と明らかに区別して聞き取ることができること。

⑤ 1つの防火対象物に2以上の受信機が設けられている時は，これらの受信機のある場所相互の間で同時に通話できる装置を設けること。

⑥ 1つの防火対象物に設置可能な受信機数（注：GP型も同じ。）

（ア）	P型1級受信機（多回線）	3台以上設けることができる
（イ）	P型1級受信機（1回線） P型2級受信機 P型3級受信機	2台以下しか設置出来ない

つまり，**3台以上設置できるのはP型1級受信機（多回線）のみ**で，それ以外は2台以下しか設置できない，ということです。

⑦ 設置に関する面積制限（注：GP型も同じ）

次の受信機は，表の右欄に掲げた延べ面積以下の防火対象物にしか設置できません。

（ア）	P型2級受信機（1回線）	350 m² 以下
（イ）	P型3級受信機	150 m² 以下

⑧ 原則として，受信機の付近に警戒区域一覧図を備えておくこと。

また，アナログ式受信機（または中継器）の場合は，表示温度等設定一覧図（注意表示や火災表示の際に設定した温度）を付近に備えること。

従って，⑥より，P型1級1回線用受信機には，2台以下しか設置出来ないということになります。

解　答

【問題17】

　自動火災報知設備の地区音響装置を区分鳴動させる場合の説明として，次のうち消防法令上誤っているものはどれか。ただし，この防火対象物は地下 2 階地上 7 階建てで，延べ面積が 7000 m² のものである。

(1)　出火階が地階の場合にあっては，出火階，その直上階及びその他の地階に限って警報を発することができるものであること。

(2)　出火階が 1 階の場合にあっては，出火階，その直上階及び地階に限って警報を発することができるものであること。

(3)　出火階が 2 階の場合にあっては，出火階，及び直上階に限って警報を発することができるものであること。

(4)　出火階が 7 階の場合にあっては，出火階及び直下階に限って警報を発することができるものであること。

解説

　地区音響装置の鳴動については，全館一斉鳴動が原則です。ただし，次の（ア）のような大規模な防火対象物では，最初は（イ）のように区分鳴動とし，「**①一定の時間が経過した場合**」，または「**②新たな火災信号を受信した場合**」は，自動的に全館一斉鳴動へと移行するよう措置されている必要があります（⇒ 区分鳴動から一斉鳴動（全区域鳴動）に移行した際の理由を 2 つ答えよ，という出題例があるので，①②は暗記事項です！）

（ア）　鳴動制限のある大規模防火対象物

地階を除く階数	5 以上
延べ面積	3000 m² を超えるもの

（イ）　区分鳴動

①　原則	出火階とその直上階のみ鳴動すること
②　出火階が 1 階または地階の場合	原則＋**地階全部**（出火階以外も）も鳴動すること

解　答

解答は次ページの下欄にあります。

＜出火階と鳴動させる部分＞

3 F	○				
2 F	●	○			
1 F		●	○		
B 1 F		○	●	○	○
B 2 F		○	○	●	○
B 3 F		○	○	○	●

＜出火階＞		＜鳴動させる部分＞
2 F	⇨	2 F＋3 F（出火階＋その直上階）
1 F	⇨	1 F＋2 F 　　　　＋地階全部
B 1 F	⇨	1 F 　　＋地階全部
B 2 F	⇨	地階全部
B 3 F	⇨	地階全部

●出火階　○鳴動させる階

区分鳴動

（注：地上5階建てのビルとし，4Fと5Fは省略）

　まず，この防火対象物は（ア）の条件（5階以上で3000 m² を超える）に当てはまるので，区分鳴動させる必要があります。従って，（イ）の条件をそれぞれ確認すると，

(1)(2)　出火階が地階または1階なので，②の条件です。②の条件をすべて記すと，「出火階＋その直上階＋地階すべて」となるので，正しい。

(3)　出火階が2階の場合は，①の原則だけでよいので，正しい。

(4)　出火階が2階以上の場合は，①の原則となるので，**出火階とその直上階**でよく，この場合，直上階はないので，7階のみでよいということになります。従って，直下階が誤りです。

類題　次の文の（A），（B）に当てはまる数値を答えなさい。

　「地階を除く階数が（A）以上，延べ面積が（B）m² を超える防火対象物は区分鳴動方式としなければならない。」

【問題18】

　消防法令上，ガス漏れ火災警報設備を設置しなくてもよい防火対象物又はその部分は，次のうちどれか。

解　答

【問題17】…(4)　〔問題17の類題〕（A）：5，（B）：3000（⇒前頁の（ア））

⑴　特定防火対象物の地階で，床面積の合計が 1000 m² 以上のもの。

⑵　地下街で，延べ面積が 1000 m² 以上のもの。

⑶　複合用途防火対象物の地階（駐車場）のうち，床面積の合計が 1000 m² 以上のもの。

⑷　複合用途防火対象物の地階のうち，床面積の合計が 1000 m² 以上で，かつ，特定用途に供される部分の床面積の合計が 500 m² 以上のもの。

解説

　ガス漏れ火災警報設備の設置が義務づけられている防火対象物は，基本的に次のとおり地下に限られています（地下はガスが滞留しやすいため）。

①　特定防火対象物の**地階**で，床面積が 1000 m² **以上**のもの。

②　延べ面積が 1000 m² **以上の地下街**。

③　特定用途部分を有する複合用途防火対象物の**地階**のうち，床面積が 1000 m² **以上**あって，かつ特定用途に供する部分の床面積の合計が 500 m² **以上**のもの。

④　延べ面積が 1000 m² 以上の準地下街で，特定用途に供する部分の床面積の合計が 500 m² 以上のもの。

⑤　内部に温泉採取のための設備が設置されている建築物その他の工作物で総務省令で定めるもの。

　以上をまとめると，

ガス漏れ火災警報設備の設置義務

防火対象物	設置義務が生じる面積
・地下街 ・特定防火対象物の地階	**床面積 1000 m² 以上** （地下街は延べ面積）
・準地下街 ・特定用途部分を有する複合用途防火対象物の地階	1000 m² 以上かつ特定用途が 500 m² 以上のもの
温泉採取設備が設置されているもの	すべて

⑴　①より設置する必要があります。

⑵　②より設置する必要があります。

解　答

解答は次ページの下欄にあります。

(3)　③より「特定用途が 500 m² 以上」という条件を満たしていないので，設置義務はなく，これが正解です。

(4)　③より，正しい。

【問題19】

　消防法令上，ガス漏れ火災警報設備を設置しなければならない防火対象物又はその部分は，次のうちどれか。

(1)　飲食店の地階で，床面積の合計が 1000 m² のもの

(2)　準地下街で，延べ面積が 400 m² のもの

(3)　地下街で，延べ面積が 880 m² のもの

(4)　複合用途防火対象物の地階で，床面積の合計が 300 m² のもの

前問の解説より，確認すると，

(1)　飲食店は特定防火対象物なので，①の条件となり，1000 m² は 1000 m² 以上に含まれるので設置する必要があります。よって，これが正解です。

(2)　準地下街の場合，④より**延べ面積**が 1000 m² **以上**で，かつ特定用途部分が 500 m² 以上でないと設置義務は生じません。

(3)　地下街の場合，②より 1000 m² **以上**でないと設置義務は生じません。

(4)　特定用途を有するか否かがわかりませんが，仮に特定用途を有していても 1000 m² **以上**でないと設置義務は生じません。

【問題20】

　消防法令上，ガス漏れ火災警報設備を設置しなくてはならない防火対象物又はその部分は，次のうちどれか。

(1)　ホテルの地階で，床面積の合計が 500 m² のもの

(2)　地下街で，延べ面積が 500 m² のもの

(3)　複合用途防火対象物の地階のうち，床面積の合計が 1000 m² で，かつ，映画館の用途に供される部分の床面積の合計が 500 m² のもの

(4)　工場の地階で，床面積の合計が 1000 m² のもの

解　答

【問題18】…(3)

解説

本問も問題 18 の解説より確認すると，

(1)　ホテルの地階は①となるので，**1000 m² 以上**でないと設置義務は生じません。

(2)　②より，**1000 m² 以上**でないと設置義務は生じません。

(3)　③より，映画館は**特定用途部分**なので，**500 m² 以上**あれば設置義務が生じ，よって，これが正解です。

(4)　工場は**非特定防火対象物**なので，設置義務は生じません。

【問題21】

　消防機関へ通報する火災報知設備の設置基準について，次のうち消防法令上**誤っているもの**はどれか。

(1)　消防機関へ常時通報することができる電話が設置されているマーケットには，設置しないことができる。

(2)　消防機関へ常時通報することができる電話が設置されている養護老人ホームや老人福祉センターには，設置しないことができる。

(3)　消防機関からの歩行距離が 500 m 以下にある映画館には，設置しないことができる。

(4)　消防機関からの歩行距離が 500 m 以下にある図書館には，設置しないことができる。

解説

　まず，消防機関へ通報する火災報知設備とは，火災が発生した場合において，**押しボタン**を操作することにより，又は**自動火災報知設備からの火災信号**等を受けることにより，電話回線を使用して消防機関を呼び出し，**蓄積音声情報**を消防機関に通報するとともに**通話も行える設備**のことをいいます。

　さて，この消防機関へ通報する火災報知設備ですが，次の防火対象物の場合に設置する必要があります。

| 解　答 |

【問題19】…(1)

第 2 編

消防関係法令

(a) 全て設置	●病院(6項イ), 診療所等(6項イ)で入院施設のあるもの ●要介護の老人福祉施設等(6項ロ) ・地下街, 準地下街
(b) 500 m² 以上で設置	●旅館, ホテル等(5項イ) ●無床診療所等(6項イで入院施設のないもの) ●要介護除く老人福祉施設, 保育所等(6項ハ) ・幼稚園, 特別支援学校(6項ニ) ・(その他, 1項, 2項, 4項, 12項, 17項)
(c) 1000 m² 以上で設置	上記以外の防火対象物

(●のあるものは下記③の電話があっても設置を省略できない防火対象物)

　また, 上記防火対象物であっても, 次の場合には設置を省略することができます。

　①　消防機関から<u>著しく離れた場所</u>(約 10 km 以上)

　②　消防機関からの歩行距離が **500 m 以下**の場所

　③　消防機関へ<u>常時通報できる電話</u>*を設けた場合。

　　(*⇒119番通報できる電話のことで, いわゆる一般的な電話が該当する)

　ただし, ③の消防機関へ常時通報できる**電話**を設けた場合でも, 上記の表の●のある施設では, 通報の遅れが重大な事故を生じるおそれがあるので, 同表の延べ面積に応じて**火災通報装置**を設ける必要があります。

　以上から問題を判断すると,

(1)　③より正しい。(マーケットは, 上記の表の●印がある防火対象物に含まれていないので, ③の電話があれば設置しないことができる)

(2)　③の但し書きより, 養護老人ホームは6項ロなので(a), 老人福祉センターは6項ハなので(b)となり, ●印があるので, 全てまたは 500 m² 以上で設置義務があります。

(3)(4)　②より正しい。

解　答

【問題20】…(3)

　なお，火災通報装置は，**構内交換機**（PBX：内線相互や内線と外線をつなぐ装置）の**一次側**に設置する必要があるので（つまり，交換機－火災通報装置―電話会社からの外線……と接続する），注意してください（出題例あり）。

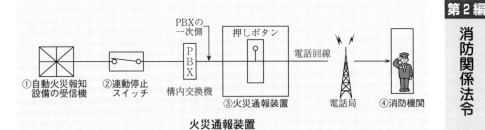

火災通報装置

①「**自動火災報知設備の受信機**」⇒②「**連動停止スイッチ**」⇒③「**火災通報装置**」⇒④「**消防機関**」…の順は要暗記です。

＜6項ロに関する特別規定＞

　令別表第1⑹項ロ（要介護の老人ホーム等自力避難困難者入所施設など）については，次のような特別規定があります。

　○　令別表第1⑹項ロ＊に設ける消防機関へ通報する火災報知設備にあっては，<u>自動火災報知設備の感知器</u>の作動と連動して起動すること。

　　ただし，**自動火災報知設備の受信機**及び**消防機関へ通報する火災報知設備**が**防災センター**（常時人がいるものに限る。）に設置<u>されるもの</u>にあっては，この限りでない（⇒自動火災報知設備の感知器の作動と連動して起動しなくてもよい。）

（＊⑹項ロの用途部分が存する（16）項イ（⇒特定用途が存する複合用途防火対象物），（16の2）項（⇒地下街）及び（16の3）項（⇒準地下街）を含む）

解　答

【問題21】…⑵

第3編

構造・機能及び工事又は整備の方法

第1章　電気に関する部分

この分野は，法令の第４類に関する部分と一部重なりますが，その出題傾向を分析すると，おおむね次のようになります。

　まず，「電圧計及び電流計を負荷回路に接続する方法」については，頻繁に出題されているので，実際に回路図を描くなどして（目で覚えるようにして）確実に覚えておく必要があります。

　次に，「接地工事」ですが，**接地工事の目的や抵抗値**についての出題が**ほぼ毎回**あり，特に**Ｄ種接地工事**についての出題がよくあります。

　「耐火，耐熱配線」については，**ほぼ毎回出題**されています。従って，**耐火，耐熱配線として使用できる電線の種類や非常電源の耐火配線の工事方法**などをよく理解しておく必要があります。

　「受信機」については，Ｐ型１級，Ｐ型２級ともに出題され，たとえば，電圧計が０Ｖを指示している原因でないものは？などのような，**正常でない状態の原因を問う出題**が頻繁にあります。また，受信機の**構造・機能そのものを問う問題**は，たまに出題されていますが，**規格とも重なる部分が多い**ので，こちらもよく把握しておく必要があります。

　「定温式スポット型感知器」については，**設置方法や取り付け位置**についての出題が，よくあります。

　「煙感知器」については，その設置基準についての出題が約７割程度の確率であり，残りの約３割は炎感知器についての出題がほとんどです。従って，先ほどの定温式スポット型感知器も含めて，**感知器の設置基準**については，よく把握しておく必要があります。

　「発信機」については，その**設置基準や取り付け工事**についての出題が，頻繁にあります。

　「地区音響装置」については，**ほぼ毎回出題されており**，「Ｐ型１級受信機に接続する地区音響装置」として出題される場合がほとんどで，その**設置基準や音圧**に関する出題がよくあります。

　「ガス漏れ火災警報設備」については，**ほぼ毎回出題されており**，そのほとんどは**検知器**についての出題で，**検知方式や検知器の取り付け場所**，及び**遅延時間**についての問題が出題されています。

　「差動式分布型感知器」については，空気管式の試験についての出題がよくあ

ります。従って，**各試験の内容やマノメーターの水位**（100 mm）などをよく整理しておく必要があります。

　以上，よく出題される項目について説明しましたが，その他，差動式スポット型感知器のリーク孔にほこりが詰まった場合の作動状態や自動火災報知設備の機能試験……などの単発またはそれに近い出題がこれらのよく出題される問題に混ざって出題される，というのが本試験の現状です。

　従って，これらのより多く出題されている項目を中心にして学習を進めていく，ということが「合格への近道」となります。

がんばろう！

【問題1】

一般に電圧計や電流計を，負荷回路に接続する方法として，次のうち正しいものはどれか。

(1) 電流計は，負荷に並列に接続する。

(2) 電流計は，電圧計と直列にして，負荷に直列に接続する。

(3) 電圧計は，負荷に並列に接続する。

(4) 電圧計は，負荷に直列に接続する。

 解説

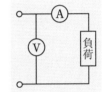

図のように，電流計は負荷と直列に，電圧計は負荷と並列に接続します。

なお，「電流計は**内部抵抗**が小さく，電圧計は**大きい**」というのも重要な出題ポイントなので，注意が必要です。

 【問題2】

下表は単相100 V，三相200 V及び三相400 V回路を有する4つの工場で絶縁抵抗を測定し，記録したものである。このとき，絶縁不良が発見された工場は，次のうちどれか。

		100 V回路	200 V回路	400 V回路
(1)	第1工場	0.1 MΩ	0.3 MΩ	0.4 MΩ
(2)	第2工場	0.3 MΩ	0.2 MΩ	0.5 MΩ
(3)	第3工場	0.2 MΩ	0.5 MΩ	0.3 MΩ
(4)	第4工場	0.4 MΩ	0.3 MΩ	0.4 MΩ

 解説

絶縁抵抗の測定に際しては，直流250 Vの絶縁抵抗計を用いて，「電源回路の電路と大地間」及び「配線相互間」の絶縁抵抗を測定します。その際，規定では，対地電圧の大きさによって，次のようにその値が定められています。

| 解 答 |

解答は次ページの下欄にあります。

① 対地電圧が 150 V 以下の場合

　⇒　0.1 MΩ 以上

② 対地電圧が 150 V を超え 300 V 以下の場合

　⇒　0.2 MΩ 以上

③ 対地電圧が 300 V を超える場合

　⇒　0.4 MΩ 以上

　従って，100 V 回路は①の条件となるので，すべて 0.1 MΩ 以上となっているので○，200 V 回路では，すべて 0.2 MΩ 以上となっているので，こちらも○。

　しかし，400 V 回路では，③の条件となるので，0.4 MΩ 以上必要です。よって，(3)の 0.3 MΩ が，誤りとなります。

【問題 3】

　10 Ω から 10^3 Ω 程度の抵抗を測定する方法として，次のうち不適当なものはどれか。

(1) ホイートストンブリッジ法

(2) 回路計（電圧計及び電流計）を使用する方法

(3) 電位差計法

(4) 抵抗法

 解説

電位差計法は低抵抗（おおむね 1 Ω 程度以下）の測定に使用されます。

【問題 4】

　10^6 Ω 以上の抵抗を測定する方法として，次のうち最も適切なものはどれか。

(1) 接地抵抗計を用いる方法

(2) 絶縁抵抗計を用いる方法

(3) ホイートストンブリッジを用いる方法

(4) 電位差計を用いる方法

 解説

絶縁抵抗計（メガー）は，10^6 Ω 程度以上の高抵抗の測定に使用されます。

解　答

【問題 1】…(3)　　　　　　　　　　　　　　　【問題 2】…(3)

【問題5】

接地工事を施す主な目的として，次のうち誤っているものはどれか。

(1)　機器の絶縁性を良くして，損傷するのを防止するため

(2)　避雷器などの雷害防止装置の効果を上げるため

(3)　電力用変圧器が高低圧混触した際の異常電圧を抑制するため

(4)　人畜への危険や漏電火災を防止するため

解説

　接地工事を施す主な目的は，漏電が生じている電気機器に人体が触れた場合，漏洩電流を大地に流して人体が損傷するのを防ぐためです。

　従って，(4)は正しい。また，接地工事を施すその他の目的として，(2)や(3)のような効果もありますが，(1)のように機器の絶縁性を良くしてしまうと，先ほど説明した漏洩電流を大地に流す，ということができないので，誤りです。(正しくは「機器の導通を良くして損傷するのを防止する」)

【問題6】

D種接地工事における接地抵抗値として，次のうち正しいものはどれか。

(1)　10Ω以下とすること

(2)　50Ω以下とすること

(3)　100Ω以下とすること

(4)　600Ω以下とすること

解説

　D種の接地抵抗値は頻出事項なので，注意して下さい。なお，地絡を生じた場合に0.5秒以内に電路を自動的に遮断する装置を施設すれば500Ω以下でよいことになっています（出題例あり）。

　ちなみに，参考までに，A種とC種は10Ω以下，B種は，原則として$\frac{150}{I}$Ω以下（Iは，変圧器の高圧側または特別高圧側電路の1線地絡電流）となっています。

解　答

【問題3】…(3)　　　　　　　　　　　【問題4】…(2)

【問題7】

　電気機器の鉄台等の接地抵抗を測定する場合，電気機器の電源を遮断してから測定しなければならないが，その理由として，次のうち最も適当なものはどれか。

　(1)　絶縁物の劣化等により感電する場合があるから

　(2)　測定器が故障するから

　(3)　測定値が大きくなるから

　(4)　測定値が小さくなるから

 解説

　電源を遮断せずに測定すると，他の負荷から大地への漏れ電流などが影響し，結果的に測定しようとする接地抵抗と並列となってしまうので，測定値が小さくなるからです。

【問題8】

　電線の接続法について，次のうち誤っているものはどれか。

　(1)　電線の引張り強さを 20% 以上減少させないこと。

　(2)　スリーブなどの接続管を用いる方法がある。

　(3)　接続部分をろう付けしてから，電線の絶縁物と同等以上の絶縁効力のあるもので被覆をすること。

　(4)　ワイヤーコネクターで接続する場合には，必ずろう付けをすること。

解説

　電線を接続する場合は，原則として接続部分を**ろう付け**する必要がありますが，(2)や(4)のように，スリーブやワイヤーコネクターなどを用いる場合はその必要はありません（ワイヤーコネクターというのは，電線の端末接続に用いられる接続器具のことです）。なお，接続に際しては，「接続点の**電気抵抗を増加させないこと。**」というのも重要ポイントなので注意しよう！

解　答

【問題5】…(1)　　　　　　　　　　　【問題6】…(3)

【問題9】

　非常電源の耐火配線の工事方法として，次のうち誤っているものはどれか。

(1)　シリコンゴム絶縁電線を金属管に収め，露出配管とした。

(2)　MIケーブルを使用し，その末端と接続点とを除く部分を居室に面した壁体に露出配線した。

(3)　600V2種ビニル絶縁電線を金属管に収め，耐火構造で造った主要構造部の深さ20mmのところに埋設した。

(4)　消防庁長官が定める基準に適合する耐火電線を使用した。

　配線の耐火・耐熱保護の範囲については，**耐火配線**とする場合と**耐熱配線**とする場合がありますが，ここでは**耐火配線**のみを説明します。

　下図の（ア）の部分，すなわち，「非常電源から受信機まで」，および「中継器の**非常電源回路**」は**耐火配線**とする必要があります。

　その内容は次のようになっています。

耐火配線	使用する電線	工事の方法
	① 600V2種ビニル絶縁電線（HIV），またはこれと同等以上の耐熱性を有する電線（⇒次ページ「重要」にある電線）	金属管等*に収めて埋設工事を行う（埋設深さは壁体等の表面から10mm以上）。
	② 耐火電線（FP）またはMIケーブル	露出配線とすることができる。

　　　　　　　　　　　　　＊金属管等（金属管，2種金属製可とう電線管，合成樹脂管など）

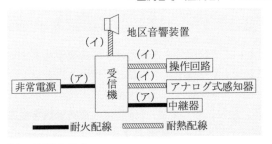

（注：図以外の配線については，原則として一般配線です。なお，受信機，中継器に予備電源が内蔵されている場合は，（ア）は一般配線で良いことになっています。）

順に確認すると，

(1)　シリコンゴム絶縁電線は，①の電線となるので，金属管に収めた場合は露出ではなく，埋設工事をしなければならないので，誤りです。

(2)　MI ケーブルは②より，露出配線とすることができるので，正しい。

(3)　①より，600 V 2 種ビニル絶縁電線は金属管等（＝金属管，2 種可とう管，合成樹脂管）に収め，埋設する必要があるので，正しい。

なお，埋設の深さは壁体等の表面から**10 mm 以上**とする必要があります。

(4)　正しい。

【問題10】

配線の耐火耐熱保護範囲に使用することが認められていない電線は，次のうちどれか。

(1)　600 V ビニル絶縁電線　　(2)　EP ゴム絶縁電線

(3)　シリコンゴム絶縁電線　　(4)　CD ケーブル

配線の耐火耐熱保護範囲に使用することが認められている電線は，前問の解説の①と②の電線です。本問は②の MI ケーブルは省かれているので，①の電線であるかどうかを確認すればよいだけです。

その①の電線ですが，**600 V 2 種ビニル絶縁電線**（HIV），<u>またはこれと同等以上の耐熱性を有する電線</u>，となっており，その同等以上の耐熱性を有する主な電線は，次の通りです。

（VV や VVF ケーブルはこのグループに入っておらず使用不可なので注意！）

600 V 2 種ビニル絶縁電線と同等以上の耐熱性を有する主な電線
- EP ゴム絶縁電線　⇒(2)
- シリコンゴム絶縁電線　⇒(3)
- CD ケーブル　⇒(4)
- クロロプレン外装ケーブル
- 架橋ポリエチレン絶縁ビニルシースケーブル
- 架橋ポリエチレン絶縁電線　・ポリエチレン絶縁電線
- 鉛被ケーブル　　　　　　　・アルミ被ケーブル

解　答

【問題 9 】…(1)

従って，⑴の 600 V ビニル絶縁電線が誤りで，正しくは，600 V 2 種ビニル絶縁電線です。

【問題11】

受信機から地区音響装置までの**配線工事について**，次のうち正しいものはどれか。

⑴　600 V ビニル絶縁電線を用いる場合は，金属管に収めて埋設工事とする必要がある。

⑵　MIケーブルを用いる場合は，金属管に収めて埋設工事とする必要がある。

⑶　600 V 2 種ビニル絶縁電線を用いる場合は，金属管に収めるだけでよく，埋設工事までする必要はない。

⑷　CD ケーブルを用いる場合は，露出配線とすることができる。

解説

【問題9】の解説の図（P 118）において，（イ）の部分，つまり「受信機から地区音響装置までの回路」，及び「消防用設備等の操作回路までの回路」については，**耐熱配線**とする必要があります（耐火配線と混同しないように！）。

耐熱配線とするためには，問題9の解説の①②とほぼ同じですが，ただし，①の場合は**埋設工事が不要**で，②の場合は**耐熱電線も使用が可能**，となります。

従って，順に確認すると，

⑴　600 V ビニル絶縁電線は耐熱配線には使用できないので，誤りです。

⑵　MI ケーブルを用いる場合は，問題9の解説の②より，露出配線とすることができるので，誤りです。

⑶　600 V 2 種ビニル絶縁電線（HIV 電線）を用いる場合は，上記の解説より，埋設工事が不要で金属管に収めるだけでよいので，正しい。

⑷　CD ケーブルは，①に示した電線となるので金属管に収める必要があり，誤りです（埋設工事は上記の解説より不要です）。

解　答

【問題10】…⑴

【問題12】

　自動火災報知設備の配線で，耐熱配線としなければならない範囲は，次のうちどれか。

　(1)　常用電源から受信機までの間

　(2)　受信機から地区音響装置までの間

　(3)　受信機から発信機までの間

　(4)　受信機から感知器（アナログ式を除く。）までの間

 解説

　【問題9】の解説の図より，**耐熱配線としなければならないのは，受信機から地区音響装置までの間**と，**受信機から消防用設備等の操作回路までの間**です。

　従って，(2)が正解です。

　なお，(3)の受信機から発信機までの間や，(4)の受信機から感知器（アナログ式を除く。）までの間は，一般の配線で構わないのですが，ただ，受信機から**アナログ式の感知器**までの間は**耐熱配線**とする必要があります。

【問題13】

　金属管に収め，耐火構造の壁に埋め込まなくても耐火配線工事と同等であると認められるものは，次のうちどれか。

　(1)　600 V 2種ビニル絶縁電線を使用したもの

　(2)　クロロプレン外装ケーブルを使用したもの

　(3)　シリコンゴム絶縁電線を使用したもの

　(4)　MIケーブルを使用したもの

 解説

　【問題9】の解説の表の②より，MIケーブルは金属管に収めて埋め込まない工事，つまり，露出配線としたものでも耐火配線と認められるので，(4)が正解です。

<hr>

　解　答

【問題11】…(3)

第3編

構造・機能及び工事又は整備の方法

【問題14】

自動火災報知設備の配線について，次のうち誤っているものはどれか。

(1)　接地電極に常時直流電流を流す回路方式を用いないこと。

(2)　R 型受信機に固有の信号を有する感知器が接続されている感知器回路の共通線は，1 本につき 7 警戒区域以下とすること。

(3)　GP 型受信機の感知器回路の電路の抵抗は，50 Ω以下となるように設けること。

(4)　火災により一の階のスピーカー又はスピーカーの配線が短絡又は断線した場合にあっても，他の階への火災の報知に支障のないように設けること。

配線の設置基準については，次のようになっています。

①　容易に導通試験ができるよう，次のように設けること。

(ア)　配線を送り配線とすること。

(イ)　(警戒区域ごとの) 回路の末端に，

発信機，押しボタンまたは終端器 (終端抵抗) を設けること。

ただし，配線が感知器や発信機から外れたり断線した場合に自動的に警報を発する機能を有する受信機の場合は配線を送り配線としたり終端器を設けるなどの措置は不要。

②　絶縁抵抗について

直流 250 V の絶縁抵抗計を用いて次の部分を測定すること。

(ア)　電源回路の電路と大地間，および配線相互間の絶縁抵抗値

・対地電圧が 150 V 以下の場合　　　　　　⇒　**0.1 MΩ以上**

・対地電圧が 150 V を超え 300 V 以下の場合　⇒　**0.2 MΩ以上**

・対地電圧が 300 V を超える場合　　　　　⇒　**0.4 MΩ以上**

(イ)　感知器回路または付属装置回路 (いずれも電源回路は除く) の電路と大地間，および配線相互間の絶縁抵抗値

・1 警戒区域ごとに **0.1 MΩ以上**であること。

(注：参考までに**発信機は 20 MΩ以上，感知器**(回路ではなく本体自身)**は 50 MΩ以上，受信機は 5 MΩ以上です**)…いずれも**直流 500 V の絶縁抵抗計を用いて測定する。**

解　答

【問題12】…(2)　　　　　　　　　　　　　【問題13】…(4)

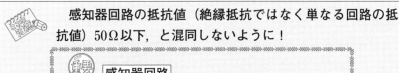

> 感知器回路の抵抗値（絶縁抵抗ではなく単なる回路の抵抗値）50Ω以下，と混同しないように！
>
> ┌─────────────────────────────┐
> **重要** 🔍 **感知器回路**
>
> 回路抵抗値 　⇒　 **50Ω以下**
>
> 絶縁抵抗値 　⇒　 **0.1MΩ以上**
> └─────────────────────────────┘

③　誘導障害の防止

　　他の回路からの誘導障害を防止するため，自火報の配線と他の回路の電線とは同一の管やダクト，線ぴ，プルボックスなどの中に設けないこと。

　　ただし，**60V以下の弱電流回路**なら一緒に設けても構いません。

④　感知器回路の共通線について

　　感知器回路の共通線は，**1本につき7警戒区域以下**とすること。

　　ただし，**R型受信機，GR型受信機**に接続される固有の信号を有する感知器または中継器が接続される感知器回路にあっては，この限りでない。

⑤　回路抵抗について

　　P型（またはGP型）受信機の感知器回路の電路の抵抗は，**50Ω以下**となるように設けること。

　　従って，④のただし書きにあるように，感知器回路の共通線は，原則として1本につき7警戒区域以下とする必要がありますが，R型受信機，GR型受信機の場合は除外されるので，(2)が誤りです。

　　なお，参考までに，②の絶縁抵抗の測定方法の概略は次のとおりです。

①　**分岐開閉器を開く**（⇒　電源をOFFの状態にする）

②　**電路と大地間**は，負荷は**接続したまま**，**配線相互間**は負荷を取り外して測定

─────────────────────────────

解　答

【問題14】…(2)

【問題15】

　自動火災報知設備の配線基準について，次のうち誤っているものはどれか。

(1)　Ｐ型受信機の感知器回路の電路の抵抗は，50Ω以下とすること。

(2)　Ｐ型受信機の感知器回路の共通線は，１本につき７警戒区域以下とすること。

(3)　回路の末端に発信機か押しボタンまたは終端器を設けること。

(4)　他の用途の電線であっても，100 V 未満の弱電流回路の電線は，自動火災報知設備の配線と同一の管の中に設けることができる。

(1)　前問の解説の⑤より，正しい。

(2)　前問の解説の④より，正しい。

(3)　前問の解説の①より，正しい。

(4)　前問の解説の③より，100 V 未満ではなく，**60 V 以下の弱電流回路**の電線の場合は，自動火災報知設備の配線と同一の管の中に設けることができるので，これが誤りです。

【問題16】

　自動火災報知設備の屋内配線工事として金属管工事を行う場合，その技術上の基準として次のうち誤っているものはどれか。

(1)　金属管の屈曲部の曲げ半径は，管の内径の６倍以上とすること。

(2)　金属管内に接続点を設ける場合は，スリーブ等を用いるなどして，強度が低下しないよう設けること。

(3)　金属管の厚さは1.2 mm 以上とすること。

(4)　原則として，電灯や動力などの強電流回路の電線と電話線などの弱電流回路の電線は，同一金属管内に収めないこと。

(2)　金属管内に接続点を設けてはいけないので，誤りです。

　解　答

解答は次ページの下欄にあります。

【問題17】

差動式分布型（空気管式）の取り付け工事を行った。次のうち誤っているのはどれか。

⑴ 空気管の屈曲部を止める際，屈曲部から 5 cm のところにステップルで止めた。

⑵ ステップルの間隔を 45 cm にして空気管を止めた。

⑶ 空気管を壁体等に貫通させる場合は，貫通部分に保護管等を取り付けて貫通させた。

⑷ 屈曲部の半径が 0.5 cm 以上になるように設けた。

 解説

第3編
構造・機能及び工事又は整備の方法

空気管の取り付け工事は図のように施工します。すなわち，屈曲部を止める場合は，屈曲部から 5 cm 以内に止め金具（ステップル）で止め，屈曲部の半径 R は 0.5 cm 以上にする必要があります。

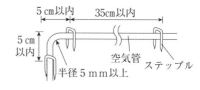

また，ステップルの間隔は **35 cm 以内** とする必要があります。

従って，⑵の 45 cm が誤りです。

なお，空気管を接続する場合は，銅スリーブを用いて確実に接続を行う必要があります。（⇒スリーブをステップルで固定してはいけないので注意！）

【問題18】

非火災報（誤報）の原因として関係がないと思われるものは，次のうちどれか。

⑴ 受信機の故障 　　⑵ 終端器（終端抵抗）の断線

⑶ 感知器種別の選定の誤り　　⑷ 感知器回路の短絡

 解説

⑴ たとえば，受信機の音響回路で何らかの故障が生ずれば警報が鳴る可能性があるので，正しい。

⑵⑷ 一般的に感知器が作動したというのは，次図の a の端子と b の端子が接続された状態，つまり，短絡されたのと同じ状態となります。よって，

解 答

【問題15】…⑷　　　　　　　　　　　　　【問題16】…⑵

結露等により，短絡されると，当然，電流が流れるので誤報，となるわけ
です。

　従って，図の終端抵抗が（汚れ等により）**短絡**すれば，それと同じ状態
になるので，誤報が生じるおそれがありますが，**断線**した場合は，電流が
流れないので，誤報は生じません。よって，(2)が正解です（P351の巻末
資料7参照）。

(3)　感知器種別の選定の誤りによって，
　　本来の設定の状況とは異なる状況で警
　　報を発するおそれがあるので，非火災
　　報の原因となります。

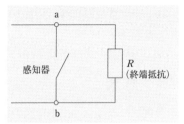

【問題19】

　自動火災報知設備において，非火災報が生じた場合の措置として，次のうち
不適当なものはどれか。

(1)　感知器回路の絶縁抵抗を測定する。

(2)　受信機の電圧計の指示値を確認する。

(3)　感知器回路の導通を確認する。

(4)　煙感知器の周囲に煙が滞留していないかを確認する。

　受信機の電圧計の指示値は，非火災報とは直接，関係がありません。

　なお，鑑別で，「地区表示灯が点灯したが火災ではなかった。感知器以外の
原因を答えよ。」という出題例もありますが，**発信機が押されている**，**配線の
故障**（短絡など）…などが該当し，また，原因を判別する試験方法については，
(1)の配線の**絶縁抵抗試験**や(3)の回路の**導通試験**などが該当します（⇒P351の
の巻末資料7参照）。

【問題20】

　P型2級受信機（予備電源のないもの）の電圧計が0Vを指示した場合，そ
の原因でないものは，次のうちどれか。

解　答

(1) 電源回路の自動遮断器が作動した場合
(2) 電源回路が断線した場合
(3) 感知器回路が断線した場合
(4) 電圧計のコイルが断線した場合

 解説

(1) 電源回路の自動遮断器が作動すれば電源が OFF となるので，当然，電圧は0Vとなります。
(2) 電源回路が断線した場合も(1)と同じ状態になります。
(3) 一般的に，感知器回路が断線したからといって電源が OFF になるわけではないので，0Vとはなりません。
　なお，その他，電圧計の0Vと関係がない断線は，「終端器（終端抵抗）の断線」や「音響装置の断線」，「表示灯回路の断線」などが，問題の作成者の意図として考えられますが，いずれにしても，その断線によって電源やあるいは電圧計の指針の駆動トルクが OFF になるかどうかを考えれば，そう難しくはないはずです。
(4) 電圧計のコイルが断線すれば，電圧計の針を駆動させるトルクが発生しなくなるので，0Vとなります。

【問題21】
　自動火災報知設備の受信機にある導通試験用スイッチにより，導通試験を行っても導通表示をしないものは，次のうちどれか。
(1) 感知器の接点が接触不良である場合
(2) 終端器の接続端子が接触不良である場合
(3) 差動式分布型感知器（空気管式）の空気管が，部分的に切断されている場合
(4) 煙感知器の半導体が破損していた場合

解説

(1)(2) 感知器と終端器をわかりやすく表示すると，図のようになります。
　この図でもわかるように，感知器の接点が接触不良であっても，導通試験

解　答

【問題19】…(2)

の電流 i が終端抵抗 R を通じて流れるので，導通表示をします。

　しかし，(2)のように，終端抵抗の接続端子が接触不良であると，終端抵抗に i が流れず，導通表示をしないので，これが正解です。

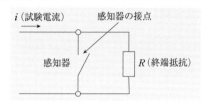

(3)　空気管式であっても，原理的には図と同じで，空気管からの信号を検出する検出部がスイッチの役割を果たします。

　従って，試験電流 i が空気管を流れるわけではないので，空気管が部分的に切断されていても試験電流 i は流れ，導通表示をします。

(4)　煙感知器の半導体が破損しているということは，煙感知器が作動しない，つまり，図のスイッチが OFF になっているということになります。

　しかし，試験電流 i は終端抵抗を通じて流れるので，導通表示はするということになります。

【問題22】

　差動式スポット型感知器のリーク孔にほこり等がつまったときの作動状況として，次のうち最も適切なものはどれか。

(1)　周囲温度の上昇率に関係なく作動する。

(2)　周囲温度の上昇率に関係なく作動しない。

(3)　周囲温度の上昇率が規定値より小さくても作動する。

(4)　周囲温度の上昇率が規定値より大きくないと作動しない。

　差動式スポット型の構造は，次ページの図のようになっています。

　その機能を要約すると，火災の熱によって感熱室（空気室）内の空気が暖められて膨張し，ダイヤフラムが押し上げられることによって接点が接触し，火災信号を受信機に送る，という流れになっています。

解　答

【問題20】…(3)　　　　　　　　　　　　　　　　【問題21】…(2)

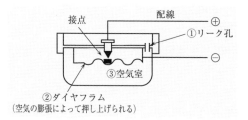

接点　　　　配線

①リーク孔

③空気室

②ダイヤフラム
（空気の膨張によって押し上げられる）

> 注：感知器の写真があり，リーク孔を示して，どんな時，どんな働
> きをするか，という出題例が鑑別であります。
> 　　答は下記の下線部(a)，(b)です。なお，①〜③の名称を記述さ
> せる出題例があるので注意！

　さて，問題のリーク孔ですが，この穴は(a)火災ではない通常の緩やかな温度
上昇，たとえば暖房の熱などによる温度上昇などがあった場合に，(b)その空気
の膨張分を逃がすための穴です。こうしておくと，日常的な温度上昇があって
も「接点を閉じて誤った信号を送る」というような誤作動を防ぐことができます。

　逆に，火災時には温度の上昇が急激なため，空気の膨張分をリーク孔から逃
がしきれずにダイヤフラムを押し上げ，接点を閉じて火災信号を発報する，と
いう仕組みになっています。

　このリーク孔にほこり等がつまったときの作動状況ということですが，リー
ク孔にほこり等がつまると，**リーク抵抗**が大きくなり，温度上昇時の空気の漏
れが当然，少なくなります。

　少なくなると，規定より少しの温度上昇でダイヤフラムが押し上げられて接
点を閉じます（空気室に凹みがあっても同じ状況になる）。

　従って，(3)の，周囲温度の上昇率が規定値より小さくても作動する（⇒**非火
災報**），が正解となります。

解　答

【問題22】…(3)

【問題23】

差動式分布型感知器（空気管式）の作動原理として，次のうち正しいものはどれか。

(1)　空気管の熱膨張の差を利用したものである。

(2)　空気管内の空気が温められ，この温度により熱電対の起電力が発生するのを利用したものである。

(3)　熱せられることによってリークする空気を検知するものである。

(4)　熱せられることによって膨張する空気により，ダイヤフラムが作動するものである。

 解説

差動式分布型感知器（空気管式）の作動原理は，前問の差動式スポット型感知器の空気室を長いパイプに置き換えたものと考えればわかりやすいでしょう。

要するに，作動原理そのものは基本的に同じで，火災の熱によって空気管内の空気が暖められるとダイヤフラムが押されて接点が接触し，火災信号を発信するという流れになっています。

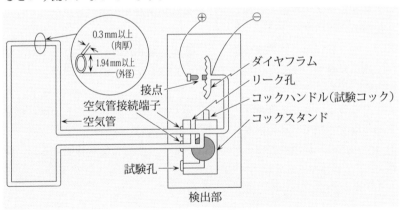

┌─ **解　答** ─┐

解答は次ページの下欄にあります。

類題

前ページの空気管が切断した場合における感知器，受信機の動作を答えよ。

解説

空気管が切断すると，空気管内の空気が膨張しないので，接点が閉じず，火災信号が発信できないので，感知器の不作動ということになります。

一方，受信機自体には信号が来ないので，「異常は起こらず，正常な状態を持続する」となります。

【類題の解答】　感知器は不作動，受信機は正常な状態を保持

【問題24】

差動式分布型感知器（空気管式）の機能試験で，リーク抵抗が，わずかであるが規定値以下であることが判明した。このための機能的な障害として考えられるものは，次のうちどれか。

(1)　作動しない。
(2)　作動が遅れる。
(3)　非火災報の原因となる。
(4)　ダイヤフラムが障害を受ける。

解説

リーク抵抗というのは，要するに，リーク孔を空気が通過する際の抵抗ということであり，その抵抗が規定値以下ということは，**空気抵抗が小さい**，つまり，前問とは逆にリーク孔からの**空気の漏れが多くなる**ということになります。

空気の漏れが多くなると

⇒　空気管内の空気の膨張速度が**遅くなる**

⇒　ダイヤフラムの**動きが遅くなる**（鈍感になる）

⇒　作動が**遅れる**

となるわけです。

解答

【問題23】…(4)

【問題25】

　定温式スポット型感知器の取り付け位置について，次の（　　）内の数値として正しいものはどれか。

　「感知器の下端が取り付け面の下方（　　）m 以内となる位置」

　(1)　0.3　　(2)　0.4　　(3)　0.6　　(4)　0.9

解説

　感知器の設置上の原則は，次の通りです（次ページ下のイラスト参照）。

① 　感知器は取り付け面の下方 0.3 m（煙感知器は 0.6 m）以内に設けること

　　（下方 0.3 m 以内というのは，感知器の**下端**が取り付け面の下方 0.3 m 以**内**，という意味です）。従って，(1)が正解です。

　…設置基準の数値と感知区域の「はり」の数値とを混同しないように！…

　感知区域とは，感知器が有効に火災の発生を感知できる区域で，「壁または取り付け面から 0.4 m 以上（差動式分布型と煙感知器は 0.6 m 以上）突き出したはりなどによって区画された部分」となっています。

　つまり，感知区域の場合，0.6 m になっているのは煙感知器だけではなく差動式分布型も 0.6 m になっています。この「0.3 と 0.6」，「0.4 と 0.6」の組合せは何かと間違いやすい部分なので，注意が必要です。

　●設置基準　　⇨取り付け面の下方 0.3 m 以内

　　　　　　　　　（煙感知器は 0.6 m）

　●感知区域の「はり」⇨0.4 m 以上

　　　　　　　　　（差動式分布型と煙感知器は 0.6 m）

---

② 　壁や，はりからは煙感知器のみ 0.6 m 以上離すこと。

③ 　換気口などの空気吹き出し口について

　　光電式分離型，差動式分布型，炎感知器以外は吹き出し口（の端）から 1.5 m 以上離して設けること。

解　答

【問題24】…(2)

なお，天井付近に吸気口がある場合は「煙感知器のみ，その吸気口付近に設けること」となっています。

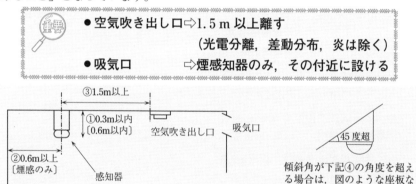

- ●空気吹き出し口 ⇨1.5 m 以上離す
    （光電分離，差動分布，炎は除く）
- ●吸気口 ⇨煙感知器のみ，その付近に設ける

③1.5m以上

①0.3m以内
〔0.6m以内〕
空気吹き出し口　吸気口

②0.6m以上
〔煙感のみ〕
感知器

45 度超

傾斜角が下記④の角度を超える場合は，図のような座板などを用いて感知器を設置する。（図はスポット型の場合）

感知器の設置上の原則

（定温式スポット型を例にして，壁やハリからの距離などを図示して正誤を
問う出題例が鑑別であるので，この図でシュミレーションしておこう！）

④ 感知器の機能に異常を生じない傾斜角度の最大値
- **・差動式分布型感知器の検出部**　⇒　5 度
- ・スポット型の感知器（炎感知器は除く）⇒　45 度
- ・光電式分離型感知器と炎感知器　⇒　90 度

解　答

【問題25】…(1)

【問題26】

煙感知器（熱煙複合式スポット型を含む）の代わりに定温式スポット型感知器（1種）を設置する場合の設置場所として，次のうち不適当な場所はどれか。

(1) 湯沸室，消毒室　　　　(2) 駐車場，自家発電室

(3) 厨房室，溶接作業所　　(4) ボイラ室，乾燥室

 解説

表1　煙感知器設置禁止場所および熱感知器設置可能場所

煙感設置禁止場所 ＼ 熱感知器	具体例	定温式	差動式分布型	補償式S型	差動式S型	炎感知器
① じんあい等が多量に滞留する場所	ごみ集積所, 塗装室, 石材加工場	○	○	○	○	○
② 煙が多量に流入する場所	配膳室, 食堂, 厨房前室	○	○	○	○	×
③ 腐食性ガスが発生する場所	バッテリー室, 汚水処理場	○ (耐酸)	○	○ (耐酸)	×	×
④ 水蒸気が多量に滞留する場所	湯沸室, 脱衣室, 消毒室	○ (防水)	○ (2種のみ)	○ (2種のみ) (防水)	○ (防水)	×
⑤ 結露が発生する場所	工場, 冷凍室周辺, 地下倉庫	○ (防水)		○ (防水)	○ (防水)	×
⑥ 排気ガスが多量に滞留する場所	駐車場, 荷物取扱所, 自家発電室	×	○	○	○	○
⑦ 著しく高温となる場所	ボイラ室, 乾燥室, 殺菌室, スタジオ	○	×	×	×	×
⑧ 厨房その他煙が滞留する場所	厨房室, 調理室, 溶接所	○ (防水)	×	×	×	×

(耐酸)　耐酸型または耐アルカリ型のものとする　　　　　　　　（S型：スポット型）

(防水)　防水型のものとする

(防水)　高湿度となる恐れのある場合のみ防水型とする

| 解　答 |

解答は次ページの下欄にあります。

　感知器が共通に設置できない場所には，取り付け面の高さが 20 m 以上となる場合（炎感知器を除く）などがありますが，煙感知器（**熱煙複合式スポット型も含むので注意！**）のみ設置できない場所には，表1の8箇所があります。

　これら，煙感知器の設置禁止場所には，それぞれの環境に適応する熱感知器（または炎感知器）を設置しますが，設置が可能な熱感知器をひとつひとつ覚えるより，設置できない場所を覚えた方が効率的です（炎感知器は設置できる場所の方を覚えます）。それをまとめたのが次の表です。

表2　熱（または炎）感知器の設置できない場所

	設置できない場所
（ア）定温式	⑥排気ガス
（イ）差動式分布型，補償式スポット型	⑦高温，⑧厨房
（ウ）差動式スポット型	③腐食性ガス，⑦高温，⑧厨房
（エ）炎感知器（①と⑥のみ設置可能）	「①じんあい多量と⑥排気ガス多量」以外の場所

　従って，定温式は⑥の「排気ガスが多量に滞留する場所」，すなわち，駐車場や自家発電室などには設置できないので，(2)が正解です。

　（**熱煙複合式スポット型**または**炎感知器**の設置不可の場所を問う出題例があるので注意！⇒炎感知器の場合，鑑別で写真を示しての出題がある。）

【問題27】

　定温式スポット型感知器を設置する場合の留意事項として，次のうち誤っているものはどれか。

(1)　感知器は一の感知区域内に極端に偏在しないように設けること。

(2)　感知器は5度以上傾斜させないように設けること。

(3)　感知器は，正常時における最高周囲温度が感知器の公称作動温度より20℃ 以上低い場所に設けること。

(4)　感知器のリード線の接続は，圧着又はろう付けで確実に結線すること。

 解説

　スポット型の感知器（炎感知器を除く。）は，**45度以上傾斜させないように**設けること，とされているので，(2)が誤りです。

　解　答

【問題26】…(2)

【問題28】

　煙感知器に関する説明で，次のうち誤っているものはどれか。

(1)　煙感知器は，イオン化式，光電式，紫外線式及び赤外線式に区分され，さらに蓄積型と非蓄積型とがある。

(2)　イオン化式スポット型のものは，感知器に入った煙によるイオン室の電圧の変化を検出し，火災信号を発信するものである。

(3)　光電式スポット型のものは，感知器に入った煙による受光素子の受光量の変化を検出し，火災信号を発信するものである。

(4)　光電式分離型のものは，光を発する送光部と発せられた光を受ける受光部があり，それらを離れた位置（5〜100 m）に設け，煙による受光量の変化を検出して，火災信号を発信するものである。

解説

(1)　紫外線式と赤外線式に区分されているのは，炎感知器です。煙感知器には，イオン化式，光電式，煙複合式，イオン化アナログ式，光電アナログ式があり，また，蓄積型と非蓄積型とに区分されているので，この点に関しては正しい。

【問題29】

　煙感知器（光電式分離型感知器を除く。）を特定1階段等防火対象物以外の防火対象物に設置する場合の技術上の基準について，次のうち誤っているものはどれか。

(1)　感知器の下端を，取付け面の下方0.6 m以内の位置となるように設けること。

(2)　天井が低い居室の場合は，感知器を入り口付近に設けること。

(3)　1種又は2種の感知器を階段及び傾斜路に設ける場合，垂直距離15 mにつき1個以上となるように設けること。

(4)　3種の感知器を廊下及び通路に設ける場合，歩行距離30 mにつき1個以上設けること。

解　答

【問題27】…(2)

解説

　煙感知器（光電式分離型を除く）の設置基準の概要は，次のとおりです。

①　天井が低い居室または狭い居室の場合は**入り口付近**に設けること。

②　天井付近に吸気口がある場合は，その**吸気口付近**に設けること。

　【関連】　空気吹き出し口からは **1.5 m 以上**離すこと。

③　廊下および通路に設ける場合（下線部の数値は製図での出題例あり！）

　　歩行距離 <u>30 m</u>（3種は 20 m）につき 1 個以上設けること。

　　感知器が廊下の端にある場合は，壁面から歩行距離で 15 m（3種は 10 m）以下の位置に設けること。

　　ただし，次の場合は，感知器が省略できます。

　（ア）　階段に接続していない廊下や通路が <u>10 m 以下</u>の場合

　（イ）　廊下や通路から階段までの歩行距離が **10 m 以下**の場合

④　階段（エスカレーター含む）および傾斜路に設ける場合

　　垂直距離 <u>15 m</u>（3種は 10 m，特定1階段等防火対象物は 7.5 m）につき 1 個以上設けること。

　　なお，地階が1階のみの場合と2階以上の場合では，次のように設置の仕方が異なってきます。

　（ア）　地階が1階のみの場合

　　　地上階と同一警戒区域とする（地階を地上階に含めて垂直距離をとる）。

　（イ）　地階が2階以上の場合

　　　地上階と地下階は別の警戒区域とする（地階と地上階を分けて垂直距離をとる）。

　　（製図においてビルの断面の階段に煙感知器を記入させる出題例があるので，「15 m」と（ア），（イ）の条件には注意して下さい。）

⑤　エレベーターの昇降路，リネンシュート，パイプダクトなどに設ける場合

　　（ただし，断面積が 1 m² 以上の場合に限る。1 m² 未満の場合は省略可）

　　原則として，その**最頂部**に設ける。

　以上より，問題を考えると

(1)　感知器の下端は，一般的には取付け面の下方 0.3 m 以内ですが，煙感知器の場合は 0.6 m 以内でよいことになっているので，正しい。

解　答

【問題28】…(1)　　　　　　　　　　　　【問題29】…(4)

(2)(3)　正しい。

(4)　3種の場合は，歩行距離が30 mではなく，**20 mにつき1個以上設ける**必要があります。

なお，問題文にある**特定1階段等防火対象物**というのは，特定用途部分が避難階（普通は1階）以外の階にあり，その階から避難階又は地上に直通する階段が1つのものをいいます（注：屋外に階段があれば，屋内に階段が1箇所しかなくても特定1階段等防火対象物とはなりません）。

【問題30】

炎感知器の取り付け場所について，次のうち誤っているものはどれか。

(1)　炎感知器は，ライター等の小さな炎でも近距離の場合は作動するおそれがあるので，炎感知器をライター等の使用場所の近傍に設けないこと。

(2)　炎感知器は，ゴミ集積所等のじんあい，微粉等が多量に滞留する場所に設けないこと。

(3)　紫外線式の炎感知器は，ハロゲンランプ，殺菌灯，電撃殺虫灯等が使用されている場所に設けないこと。

(4)　赤外線式の炎感知器は，自動車等のヘッドライトがあたる場所又は，太陽の直射日光が直接感知器にあたる場所に設けないこと。

解説

問題26の解説の表2（P 135）より，炎感知器は①の「**じんあい等が多量に滞留する場所**（ごみ集積所など）」と，⑥の「排気ガスが多量に滞留する場所（駐車場など）」には設置することができます。従って，(2)の「ゴミ集積所等のじんあい，微粉等が多量に滞留する場所に設けないこと。」が誤りです。

なお，炎感知器は，火災によって生じた炎のゆらめきによって生じる明暗を赤外線または紫外線の変化として感知し，火災信号を発報するので，(1)(3)(4)のような措置が必要となるわけです。

なお，この炎感知器の設置できない場所を選ぶ問題ですが，炎感知器の写真を示して，語群から不適切な場所を選ばせる問題が鑑別で出題されているので，本問も鑑別問題だと仮定して解答すれば，鑑別の"予行演習"になります。

解答

解答は次ページの下欄にあります。

類題　次の文の（　）内に当てはまる数値を答えよ。

「炎感知器における監視空間とは，当該区域の床面から（　）mまでの空間をいう。」

【問題31】

防火対象物の道路の用に供される部分に設ける炎感知器の設置方法について，次のうち誤っているものはどれか。

(1)　感知器は，道路の側壁部又は路端の上方に設けること。

(2)　感知器は，道路面からの高さが1.5m以上，2.5m以下の部分に設けること。

(3)　感知器は，日光を受けない位置に設けること。ただし，感知障害が生じないように遮光板等を設けた場合にあってはこの限りでない。

(4)　感知器は，監視距離が公称監視距離の範囲内となるように設けること。ただし，設置個数が1となる場合にあっては，2個設けること。

 解説

炎感知器には，前問でも説明した紫外線式や赤外線式などがありますが，その他に，屋内型，屋外型，そして道路型という分類の仕方もあります。

その道路型には，(1)(2)(4)のような規定があるのですが，(2)の道路面からの高さは，**1.0m以上1.5m以下**となっています。

なお，(3)は，道路型以外にも共通する基準で，遮光板等を設けることによって，直射日光による誤報を防止することができることから，このような例外が認められているのです。

> (4)の監視距離について
> ①　「道路」に設ける場合の監視距離は
> 　⇒　感知器から道路の各部分までの距離。
> ②　「道路以外」に設ける場合の監視距離は
> 　⇒　感知器から監視空間（当該区域の床面から1.2mまでの空間）の各部分までの距離。
> となっています。

解　答

【問題30】…(2)　　　　　　　〔問題30の類題〕…1.2

第3編　構造・機能及び工事又は整備の方法

【問題32】

　定温式スポット型感知器（1種）を主要構造部が耐火構造以外の建築物で，取り付け面の高さが 6 m のところに取り付ける場合，その感知面積として，次のうち正しいものはどれか。

　(1)　15 m²

　(2)　30 m²

　(3)　60 m²

　(4)　75 m²

 解説

　定温式スポット型（1種）の場合，感知面積の基準は次のようになります。

（取り付け面の高さ）

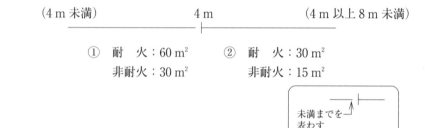

（4 m 未満）　　　　　　　4 m　　　　　　（4 m 以上 8 m 未満）

①　耐　火：60 m²　　　②　耐　火：30 m²
　　非耐火：30 m²　　　　　　非耐火：15 m²

未満までを
表わす

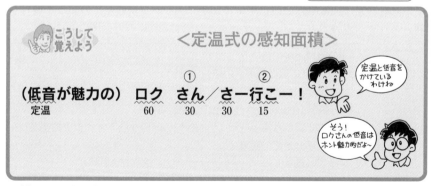

こうして
覚えよう　　　　　　　＜定温式の感知面積＞

（低音が魅力の）　ロク　さん／さー行こー！
定温　　　　　　　　　60　　30　　30　　15

定温と低音を
かけている
わけね

そう！
ロクさんの低音は
ホント魅力的だよ～

　従って，主要構造部が耐火構造以外の場合は，4 m 未満が 30 m²，4 m 以上が 15 m² となるので，(1)が正解です。

解　答

【問題31】…(2)

【問題33】

　イオン化式スポット型感知器（2種）を，主要構造部が耐火構造以外の建築物で，取り付け面の高さが 12 m のところに取り付ける場合，その感知面積として，次のうち正しいものはどれか。

(1)　15 m²

(2)　30 m²

(3)　60 m²

(4)　75 m²

 解説

　前問でもそうですが，消防設備士試験においては感知面積に関する出題というのは少ない傾向にありますが，感知面積は実技試験では重要な要素となるので，筆記試験で完全にマスターしておかないと，実技試験で難儀することになります。

　さて，煙感知器の場合，耐火と耐火構造以外の区別はなく，1種と2種の感知面積は，4 m 未満が 150 m²，4 m 以上 20 m 未満（2種は 15 m 未満）が **75 m²** となっています。従って，12 m の場合は 75 m² となるので，(4)が正解です。

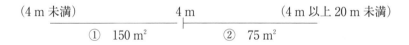

(4 m 未満)　　　　　　　　　4 m　　　　　　(4 m 以上 20 m 未満)

①　150 m²　　　　　　　②　75 m²

こうして覚えよう　　　＜煙式の感知面積＞

煙式以後は　なごやか
　　150　　　　75

解　答

【問題32】…(1)

【問題34】

感知区域についての説明で，次のうち正しいのはどれか。

(1)　感知器が有効に火災を感知できる面積のことをいう。

(2)　壁，または取り付け面から0.3 m以上（煙感知器のみ0.6 m以上）突き出したはりなどによって区画された部分をいう。

(3)　壁，または取り付け面から0.4 m以上（差動式分布型と煙感知器は0.6 m以上）突き出したはりなどによって区画された部分をいう。

(4)　火災の発生した区域を他の区域と区別することが出来る最小単位の区域のことをいう。

 解説

　(1)は感知面積の説明です。(2)は感知器の設置上の原則である「取り付け面の下方0.3 m（煙感知器は0.6 m）以内に設けること」の数値となっているので誤りです（P132の問題25の解説参照）。また，(4)は**警戒区域**の説明となっています。

【問題35】

P型1級発信機の設置方法について，次のうち誤っているものはどれか。

(1)　接続する受信機を，P型2級のものとした。

(2)　発信機を屋内消火栓の表示灯の直近に設けたので，自動火災報知設備の発信機の表示灯は省略した。

(3)　子供によるいたずらが多いので，子供の手が容易に届かない床面より，1.5 mの高さに押しボタンを設けた。

(4)　各階ごとにその階の各部分から一の発信機までの歩行距離が，50 m以下となるように設けた。

 解説

　発信機の設置基準については，ほぼ毎回と言っていいくらい出題されているので，次の設置基準はぜひ頭に入れておく必要があります。

解　答

【問題33】…(4)

① 発信機の押しボタンは，床面から 0.8 m 以上 1.5 m 以下の高さに設けること。（受信機の操作スイッチと同じです）

② 各階ごとに，その階の各部分から 1 の発信機までの歩行距離が 50 m 以下となるように設けること。

③ 受信機との接続は次によること。

（ア）　P 型 1 級発信機と接続する受信機

　・P 型（または GP 型）1 級受信機

　・R 型（または GR 型）受信機

（イ）　P 型 2 級発信機と接続する受信機

　・P 型（または GP 型）2 級受信機

つまり，発信機が 1 級なら受信機も 1 級か，または R 型（または GR 型），発信機が 2 級なら受信機も 2 級に接続する必要がある，というわけです。

④ 発信機の近くに赤色の表示灯を設けること。

これは位置を表示するためのもので，取り付け面と 15 度以上の角度となる方向に沿って，10 m 離れた位置から点灯していることが容易に識別できるように設置すること，となっています。

なお，発信機の直近に屋内消火栓用表示灯がある場合は，この発信機の表示灯は省略できます。

⑤ P 型（または GP 型）2 級受信機で 1 回線のものおよび P 型（または GP 型）3 級受信機には，発信機を接続しなくてもよいことになっています。

また，接続した場合でも，①〜④の規定による必要はありません。

以上から問題を考えると，

(1) ③の（ア）より，P 型 1 級発信機と接続する受信機は，P 型受信機なら 1 級のみなので，P 型 2 級受信機では誤りです。

(2) ④の下線部より，正しい。

(3) ①より，押しボタンは床面から 0.8 m 以上 1.5 m 以下の高さに設ければよいので，1.5 m はかろうじてその範囲内に入っており，正しい。

(4) ②より，正しい。なお，距離は水平距離ではなく，歩行距離なので間違えないように！

なお，「保護板は 20 N の静荷重で押し破られず，80 N の静荷重を加えたときに押し破られ，押し外されること。」という規格にも要注意！（⇒出題例あり）

| 解　答 |

【問題34】…(3)　　　　　　　　　　　【問題35】…(1)

第3編

構造・機能及び工事又は整備の方法

【問題36】

自動火災報知設備の発信機の設置方法として，次のうち適当なものはどれか。

(1) 人目につく場所に設置すると，いたずらをされるおそれがあるので，人目につきにくい場所に設置した。

(2) 受信機がR型であったので，P型2級発信機を設置した。

(3) 子供によるいたずらが多いので，子供の手が容易に届かない高さ（床面より2.0mの高さ）に押しボタンがくるように設置した。

(4) 設置する直近に屋内消火栓用表示灯があったので，発信機の表示灯は省略した。

(1) 発信機は，<u>人目につきやすい場所</u>に設置する必要があります。

(2) 前問の③の（ア）より，受信機がR型の場合は，P型<u>1級</u>発信機しか接続できないので，誤りです。

(3) 同じく前問の①より，発信機の押しボタンは床面から<u>0.8m以上1.5m以下</u>の高さに設ける必要があるので，床面より2.0mの高さでは誤りです。

(4) 同じく前問の④の下線部より正しいので，これが正解です。

【問題37】

自動火災報知設備の受信機の設置に関して，次のうち正しいものはどれか。

(1) P型2級受信機で2回線以上のものは，1の防火対象物に3台設置することができる。

(2) P型3級受信機は，1の防火対象物に1台しか設置することができない。

(3) P型1級受信機で2回線以上のものは，1の防火対象物に3台以上設置することができる。

(4) P型2級受信機で1回線のものは，延べ面積が150m²以下の防火対象物にのみ設置することができる。

受信機の設置に関しては，P101の問題16でも出題しましたが，このよう

解 答

解答は次ページの下欄にあります。

に，法令の類別部分と電気に関する部分は内容が重なる部分があり，どちらの分野からも出題される可能性があります。

さて，その受信機の設置基準に関しては，その問題16の解説を参照しながら話を前に進めると，

(1)　問題16の解説の⑥の（イ）より，P型2級受信機は，1の防火対象物に2台以下しか設置することができないので，誤りです。

(2)　同じく⑥の（イ）より，P型3級受信機は，1の防火対象物に2台までは設置することができるので，誤りです。

(3)　同じく⑥の（ア）より正しい。

(4)　同じく⑦の（ア）より，P型2級受信機で1回線のものは，延べ面積が150 m² ではなく，350 m² 以下の防火対象物にのみ設置することができるので誤りです。

【問題38】

自動火災報知設備の受信機で，いすに座って操作するものの操作スイッチの位置として，次のうち消防法令に定められているものはどれか。

　(1)　床面からの高さが 0.5 m 以上，1.0 m 以下

　(2)　床面からの高さが 0.6 m 以上，1.5 m 以下

　(3)　床面からの高さが 0.8 m 以上，1.5 m 以下

　(4)　床面からの高さが 1.0 m 以上，1.8 m 以下

解説

受信機の操作スイッチは，床面から 0.8 m 以上（いすに座って操作する場合は 0.6 m 以上）1.5 m 以下の高さに設けること，となっているので，(2)が正解です。

【問題39】

P型1級受信機に接続する地区音響装置について，次のうち正しいものはどれか。

解　答

⑴ 各階ごとに，その階の各部分から，一の地区音響装置までの歩行距離が25 m 以下になるように設けること。

⑵ 音響により警報を発するものの音圧は，取り付けられた音響装置の中心から3 m 離れた位置で 90 dB 以上であること。

⑶ 音声により警報を発するものの音圧は，取り付けられた音響装置の中心から1 m 離れた位置で 92 dB 以上であること。

⑷ 感知器作動警報に係る音声は，男声によるものとすること。

解説

地区音響装置(非常ベル)についての設置基準は，次のようになっています。

① 1の防火対象物に2台以上の受信機が設けられている時は，いずれの受信機からも鳴動させることができること。

② 各階ごとに，その階の各部分から1の地区音響装置までの**水平距離**が，**25 m 以下**となるように設けること。

③ 地区音響装置の音圧

音響装置の中心から1 m 離れた位置で **90 dB 以上**（デシベル）（音声によって警報を発するものは **92 dB 以上**）あること。

④ 地区音響装置の省略

音声警報音を発する非常放送設備が設けられている場合は，その有効範囲内において地区音響装置に換えることができます。

（音響装置の鳴動に関しては，法令の類別部分で説明しましたので，ここでは省略します）

以上より，問題を検討すると，

⑴ 距離は②より，歩行距離ではなく**水平距離**です。

⑵ ③より，3 m ではなく，1 m 離れた位置で 90 dB 以上であること，となっています。

⑶ ③より正しい。

⑷ 工事基準書（日本火災報知機工業会編）によると，「**感知器作動警報に係る音声は，女声によるものとし，火災警報に係る音声は，男声によるもの**であること」となっているので，誤りです。

解 答

【問題38】…⑵

【問題40】

　P型1級受信機に接続する地区音響装置（音声による警報を発するものを除く。）について，次のうち誤っているものはどれか。

　(1)　地階を除く階数が5以上で，延べ面積が $1,000\,\mathrm{m}^2$ を超える防火対象物にあっては，一斉鳴動のほかに区分鳴動もできるものであること。

　(2)　一斉鳴動方式の場合，感知器又は発信機の作動と連動して鳴動するもので，当該設備を設置した防火対象物又はその部分の全区域に火災の発生を有効に報知できるように設けること。

　(3)　一の防火対象物に2以上の受信機が設置されている場合は，いずれの受信機からも鳴動させることができるものであること。

　(4)　主要部の外箱の材料は，不燃性または難燃性のものとすること。

　(1)は，P 103 の問題 17 の解説の（ア）より「$3,000\,\mathrm{m}^2$ を超える」なので，誤りです。

【問題41】

　自動火災報知設備の蓄電池設備による非常電源について，次のうち誤っているものはどれか。

　(1)　他の消防用設備等と共用するときは，その設備の電気回路の開閉器により遮断されないものであること。

　(2)　蓄電池設備の容量は，自動火災報知設備を有効に 10 分間作動できる容量以上であること。

　(3)　常用電源の停電が復旧したときは，自動的に非常電源から常用電源に切り替えられるものであること。

　(4)　非常電源の容量が十分である場合は，予備電源の設置を省略することができる。

━━ 解　答 ━━

【問題39】…(3)

解説

電源には，**常用電源**，**非常電源**，**予備電源**の3種類があります。

常用電源は通常用いる電源であり，**非常電源**は常用電源が停電した時のために備えるものですが，**予備電源**は常用電源や非常電源が遮断されても自火報のみで必要最小限度の機能を保持できるように備えるためのものです。

さて，問題の非常電源についてですが，まず，非常電源には**非常電源専用受電設備**または**蓄電池設備**を用います。（一般的には蓄電池設備を用いています）

ただし，**特定防火対象物で延べ面積が** $1000\ \mathrm{m}^2$ **以上の場合は蓄電池設備**しか設置できません。

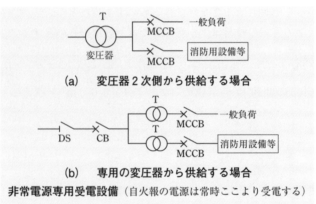

(a)　変圧器2次側から供給する場合

(b)　専用の変圧器から供給する場合

非常電源専用受電設備（自火報の電源は常時ここより受電する）

その設置基準は次のとおりです。

① 他の電気回路の開閉器（配線用遮断器＝MCCB）または遮断器（CB）によって遮断されないようにすること。

つまり，他の MCCB より後ろで分岐しない，ということです。

② 蓄電池設備について（⇒P 189【問題 32】の解説参照）

（ア）　容量

その設備（自動火災報知設備）を**10分間**有効に作動できる容量以上であること。

（イ）　停電時には自動的に**非常電源**に切り替わり，停電復旧時には自動的に**常用電源**に切り替わること。

解　答

【問題40】…(1)　　　　　　　　　　　　　　　　　【問題41】…(4)

③　非常電源を省略できる場合

　　予備電源の容量が非常電源の容量以上である場合，非常電源を省略することができます。

 予備電源 ≧ 非常電源　⇒　非常電源省略可

　一般的には，非常電源の容量以上の予備電源を用いることによって，非常電源を省略しています。

★　この逆の場合，つまり非常電源の容量が予備電源の容量以上であっても予備電源は省略できません。

　以上より，問題を検討すると，

(1)　他の消防用設備等と共用ということは，前ページ図の (a) の「一般負荷」が「他の消防用設備等」ということになり，その設備の電気回路の開閉器（MCCB）により遮断されないよう設置する必要があるので，正しい。

(2)　②の（ア）より，正しい。

(3)　②の（イ）より，正しい。

(4)　問題文は逆で，③より，**予備電源**の容量が十分（非常電源の容量以上）である場合に，**非常電源を省略することができる**のであり，注意書きにも記したように，この逆の場合，つまり非常電源の容量が十分（予備電源の容量以上）であっても**予備電源**は省略できないので，誤りです。

　　ちなみに，**常用電源**の規定に関しては，次のようになっています。

1．電源は，蓄電池または交流低圧屋内幹線から他の配線を分岐させずにとること（一般には交流電源が用いられています）。

2．電源の開閉器には，自動火災報知設備用のものである旨を表示すること。

【問題42】

ガス漏れ火災警報設備の検知器の検知方式には使用されていないものは，次のうちどれか。

(1)　気体熱伝導度式

(2)　熱電対式

(3)　接触燃焼式

(4)　半導体式

ガス漏れ火災警報設備の検知器の検知方式には，**半導体式，接触燃焼式**及び**気体熱伝導度式**がありますが，熱電対式というものは，ありません。

熱電対式というのは，熱電対を一定面積ごとに天井面に分布させた，差動式分布型感知器のことをいいます。なお，半導体式は，**酸化鉄**や**酸化スズ**などの半導体を用い，「可燃性ガスの吸着による半導体の電気伝導度の変化（上昇）を利用して検知する方式」です。（鑑別で出題例あり。）

【問題43】

ガス漏れ火災警報設備の検知器の標準遅延時間及び受信機の標準遅延時間の合計として，次のうち消防法令に定められているものはどれか。

(1)　30 秒以内　　(2)　60 秒以内

(3)　90 秒以内　　(4)　120 秒以内

検知器の標準遅延時間とは，「**検知器**がガス漏れ信号を発する濃度のガスを検知してから，ガス漏れ信号を発するまでの標準的な時間」のことで，受信機の標準遅延時間とは，「**受信機**がガス漏れ信号を受信してから，ガス漏れが発生した旨の表示をするまでの標準的な時間」のことをいいます。両者の標準遅延時間の合計，すなわち，「**検知器**がガス漏れ信号を発する濃度のガスを検知してから，受信機がガス漏れ表示をするまでの**合計**」は **60 秒以内**（中継器を介する場合は **65 秒以内**）とする必要があります。

| 解　答 |

解答は次ページの下欄にあります。

【問題44】

　ガス漏れ火災警報設備の検知器の取り付け場所として，次のうち正しいものはどれか。

　ただし，**検知対象ガスの空気に対する比重は，1未満とする。**

(1)　ガス燃焼機器から水平距離8m以内で，検知器の上端は床面の上方0.3m以内の位置

(2)　ガス燃焼機器から水平距離12m以内で，検知器の上端は床面の上方0.3m以内の位置

(3)　ガス燃焼機器から水平距離8m以内で，検知器の下端は天井面等の下方0.3m以内の位置

(4)　ガス燃焼機器から水平距離12m以内で，検知器の下端は天井面等の下方0.3m以内の位置

第3編
構造・機能及び工事又は整備の方法

　ガス漏れ検知器の設置に際しては，まず対象となるガスの空気に対する比重が大きく関係してきます。

　というのは，空気より軽いガスの場合，漏れると上昇するので天井付近に設置する必要があり，また空気より重いガスの場合は床面付近に設置する必要があるからです。

　それぞれの設置基準については，次のようになっています。

(1)　空気に対する比重が**1未満**のガスの場合

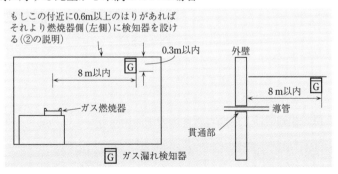

<hr>

解　答

【問題42】…(2)　　　　　　　　　　　　　【問題43】…(2)

① ガス燃焼器（または導管の貫通部分）から水平距離で**8 m 以内**，および天井から**0.3 m 以内**に設けること。

② 天井面に**0.6 m 以上**突き出したはりなどがある場合は，そのはりなどから内側（燃焼器または貫通部のある側）に設けること。

　⇒ ガス漏れを検知しやすくするためです。

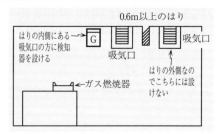

③ 天井付近に吸気口がある場合は，その吸気口付近に設けること。

(2) 空気に対する比重が**1を超える**ガスの場合（空気より**重い**ガスの場合）

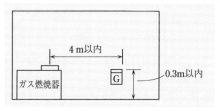

・ガス燃焼機器（または導管の貫通部分）から水平距離で**4 m 以内**，および床面から上方**0.3 m 以内**の壁などに設けること。

　⇒ 軽いガスが8 mなのに対して重いガスが4 mと強化されているのは，重いガスの方が拡散しにくいからです。

　従って，(1)の①より，(3)が正解です。

〔類題……○×で答える〕

「全ガス用の検知器は，床面と天井面の中間に設置しなければならない。」

 解説

　全ガス用の検知器は，対象となるガスが空気より軽いガスか重いガスかによ

　解　答

【問題44】…(3)

って，それぞれの基準に従って設置する必要があります（⇒床面と天井面の中間に設置するのではない）。

【問題45】

　ガス漏れ火災警報設備の警報装置の設置について，次のうち誤っているものはどれか。

(1)　音声警報装置のスピーカーは，各階ごとに，その階の各部分から一のスピーカーまでの水平距離が 15 m 以下となるように設けること。

(2)　音声警報装置の音圧又は音色は，他の警報音又は騒音と明らかに区別して聞き取ることができること。

(3)　検知区域警報装置の音圧は，それぞれの検知区域警報装置から 1 m 離れた位置で 70 dB 以上となるものであること。

(4)　警報機能を有する検知器を設置する場合及び機械室その他常時人がいない場所には，検知区域警報装置を設けないことができる。

解説

警報装置には音声警報装置，ガス漏れ表示灯及び検知区域警報装置の 3 種類があります。そのうち，音声警報装置の設置基準は次のようになっています。（■印の部分は自火報の地区音響装置と同じ内容です）

①　スピーカー

　　各階ごとにその階の各部分から一つのスピーカーまでの水平距離が **25 m 以下**となるように設けること。

②　1 の防火対象物に 2 以上の受信機を設ける時は，これらの受信機があるいずれの場所からも作動させることができること。

■③　音声警報装置の省略

　　適法な非常放送設備がある場合は，その有効範囲内の部分について設けないことができる。

　従って，(1)のスピーカーまでの水平距離は 15 m 以下ではなく，**25 m 以下**なので，これが誤りです。

解　答

〔問題 44 の類題〕…×

【問題46】

　ガス漏れ火災警報設備のガス漏れ表示灯の設置について，次のうち誤っているものはどれか。

　(1)　検知器を設ける室が通路に面している場合には，ガス漏れ表示等をこの通路に面する部分の出入り口付近に設けること。

　(2)　ガス漏れ表示灯は，前方3m離れた地点で点灯していることを明確に識別することができるように設けること。

　(3)　一の警戒区域が一の室からなる場合には，ガス漏れ表示灯を設けないことができること。

　(4)　ガス漏れ表示灯は，各階ごとに，その階の各部分から一のガス漏れ表示灯までの水平距離が，25m以下になるように設けること。

(1)　通路にいる関係者にガス漏れの発生した室（＝検知器の作動した室）が判別できるようにするための規定であり，正しい。

(2)　正しい。なお，「3m」は鑑別で出題例があるので注意！

(3)　どの室の検知器が作動したか受信機側で分かるから，ガス漏れ表示灯を省略することができるのです（P193 ⚠ の店舗Aのガス漏れ表示灯a参照）。

(4)　前問の音声警報装置のスピーカーに関する規定であり，ガス漏れ表示灯にはそのような規定はないので，誤りです。

【問題47】

　自動火災報知設備の整備を行った後の機能の確認方法として，次のうち適当でないものはどれか。

　(1)　感知器が故障していたので，新しい感知器と交換した後，作動試験を実施した。

　(2)　感知器回路に断線があったので，補修を行った後，回路導通試験を実施した。

────────────────

解　答

【問題45】…(1)

(3)　受信機の地区表示リレーに故障があったので，リレーを交換した後，火災表示試験を実施した。

(4)　感知器のリーク孔にほこりが付着していたので，清掃を行った後，同時作動試験を実施した。

 解説

整備後の機能確認方法としては，一般的に感知器の場合は**作動試験**を行い，受信機の場合は，**火災表示試験**，**回路導通試験**，**同時作動試験**及び**予備電源試験**などを行います。

(1)　感知器自身の動作を確認すればよいので，**作動試験**で正しい。

(2)　感知器自身ではなく，感知器回路の機能を確認する必要があるので，受信機による**回路導通試験**を実施する必要があり，正しい。

(3)　リレーを交換すれば，受信機の**火災表示試験**を実施して，地区表示灯が点灯するかを確認する必要があるので，正しい。

(4)　同時作動試験は受信機における試験であり，感知器の場合は，(1)同様，**作動試験**を実施しなければならないので，誤りです。

 【問題48】

差動式分布型感知器（空気管式）の機能試験のうち，流通試験で良否を確認できるものは，次のうちどれか。

(1)　空気管に空気漏れやつまり等があるかどうかの確認

(2)　接点水高値が適正であるかどうかの確認

(3)　作動時間が適正であるかどうかの確認

(4)　空気管のリーク抵抗が適正であるかどうかの確認

 解説

差動式分布型感知器（空気管式）の機能試験には，火災作動試験，作動継続試験，流通試験及び接点水高試験がありますが，そのうち，流通試験は，空気管に空気を注入し，**空気管の漏れや詰まりなどの有無**，および**空気管の長さ**を確認する試験なので，(1)が正解です。

<u>解　答</u>

【問題46】…(4)

【問題49】

　差動式分布型感知器（空気管式）において，検出部が作動するのに必要な空気圧を測定し，その圧力が正常であるかどうかを確認する試験方法として，次のうち正しいものはどれか。

　(1)　流通試験

　(2)　接点水高試験

　(3)　火災作動試験

　(4)　作動継続試験

　接点水高試験では，図のようにテストポンプで空気を注入して，ダイヤフラムの接点が閉じた時のマノメーターの水高値から，接点間隔の良否，すなわち，作動空気圧が正常であるかどうかを確認します。

（⇒　本試験では，P 211【問題 15】のような図で出題される場合があります。）

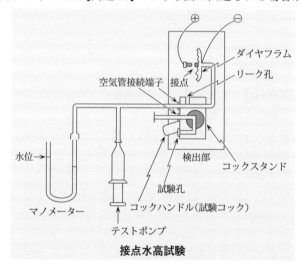

接点水高試験

【問題50】

　差動式分布型感知器（空気管式）の機能試験について説明した次の記述のうち，誤っているものはどれか。

(1)　火災作動試験

　感知器の作動空気圧に相当する空気量を注入し，作動時間が検出部に示されている時間内であるかどうかを確認する。

(2)　作動継続試験

　感知器が作動してから接点が開くまでの時間が検出部に示されている時間内であるかどうかを確認する。

(3)　流通試験

　空気管に空気を注入し，空気管の漏れや詰まりなどの有無，および空気管の長さなどを確認する。

(4)　接点水高試験

　空気を注入して，接点が閉じた時のマノメーターの水高値からリーク抵抗の良否を判定する。

　前問の解説より，接点水高試験は，検出部が作動するのに必要な空気圧を測定し，その圧力が正常であるかどうかを確認する試験方法であり，リーク抵抗（⇒　リーク孔から空気が徐々に漏れる際の抵抗のこと）は関係がないので，誤りです。((1)，(3)，(4)の試験については P 162 で図を要確認。)

【問題51】

　差動式分布型感知器（空気管式）の火災作動試験を実施したところ，作動時間が検出部に示されている時間より早かった。その原因として次のうち正しいものはどれか。

(1)　空気管に小さな穴（ピンホール）が空いている。

(2)　リーク抵抗が規定値より大きい。

(3)　ダイヤフラムに漏れがある。

(4)　接点水高値が規定値より高い。

解　答

【問題49】…(2)

第3編

構造・機能及び工事又は整備の方法

解説

(1)　空気管に小さな穴が空いていると，接点を閉じるための空気量がより多く必要となるので，その分，接点を閉じる時間もより多く必要となります。

(2)　リーク抵抗が大きいということは空気の漏れが少ないということなので，ダイヤフラムの動きが**速く**なり接点が速く閉じるため，作動時間は早くなります。よって，これが正解です。

(3)　ダイヤフラムに漏れがある，つまり，穴が開いているとダイヤフラムの動きが鈍くなるので，接点が(1)同様，閉じにくくなり，作動時間は**遅く**なります。

(4)　接点水高値が高いということは，より圧力が高くないと接点が閉じないということなので，作動時間は**遅く**なります。

　なお，試験の結果，全く作動しなかった場合は，空気管の**流通試験**を行って空気管に漏れや詰まりがないか，また検出部との接続状態に異常はないか，あるいは**接点水高試験**を実施して接点間隔に異常はないかなどを確認します。

【問題52】

　差動式分布型感知器（空気管式）の機能試験を行ったところ，リーク抵抗が規定値より大きかった。この場合に生ずる現象として，次のうち適当でないものはどれか。

(1)　非火災報が生ずる原因となる。

(2)　作動開始時間が早くなる。

(3)　規定より温度上昇が大きくないと作動しない。

(4)　作動継続試験においては，作動継続時間が長くなる。

解説

　リーク抵抗が規定値より大きかったということは，**ダイヤフラム内の空気が漏れにくい**ということです。ダイヤフラム内の空気が漏れにくいと，少しの温度上昇でダイヤフラムが押し上げられ，接点が閉じるのが早くなります。

　従って，(2)は正しい。

　また，**少しの温度上昇**で接点が閉じてしまうので，誤報，つまり，非火災報が生ずる原因となるので，(1)は正しいですが，(3)は誤りとなります。

解　答

【問題50】…(4)　　　　　　　　　　　　【問題51】…(2)

(4)については，リーク抵抗が大きいと，接点が閉じてから開くまでの時間が長くなるので，正しい。

なお，リーク抵抗がわずかに小さい場合は<u>作動が遅れ</u>，極端に小さいと<u>不作動</u>になります。

第3編

構造・機能及び工事又は整備の方法

【問題53】

P 型受信機（多回線）の機能試験について，次のうち適当でないのはどれか。

(1)　火災表示試験では，火災灯，地区表示灯の点灯，および音響装置の鳴動が正常かを確認することができる。

(2)　2 級の受信機の場合，導通試験装置を省略することができるが，回路導通試験そのものは省略することはできない。

(3)　火災表示試験を実施したところ，定温式感知器に異常が見つかったので新しいものと交換した。

(4)　2 級の受信機の場合，発信機を押すことによって感知器回路の導通を点検する。

 解説

(1)　正しい。

なお，火災灯などの点灯や音響装置の鳴動を確認した後は，火災復旧スイッチで**自己保持機能を** OFF にして元の状態に復帰させ（⇒　点灯や鳴動を停止させる），順次回線選択スイッチを回して同様の試験を行います。

従って，この試験は火災灯や音響装置の**自己保持機能の確認試験**でもあります。なお，**火災復旧スイッチ**は，**はね返りスイッチ**ですが，感知器の作動試験の際に使用する**試験復旧スイッチは定位置に自動的に復旧しないスイッチ**なので，注意して下さい。

(2)　正しい。(4)の解説のようにして回路導通試験を行います。なお，P 型 2 級受信機（多回線）の場合，P 型 1 級受信機（多回線）に比べて次の機能が無くてもよいことになっています。

①　導通試験装置
②　電話連絡装置（確認応答装置含）
③　火災灯

解　答

【問題52】…(3)

＜2級に不要な機能＞

ド　　で　　かい2級品なんか要らない
導通　電話　火災　　　　　　　　　　不要

(3)　火災表示試験は<u>受信機</u>自体の試験であり，感知器の機能の確認はできないので，誤りです。

(4)　回路の導通を点検する場合，P型1級は導通試験装置を用いますが，P型2級には導通試験装置が不要なので，発信機を押すことによって感知器回路の導通を点検します。

　　なお，参考までに，受信機の試験には，

①　**火災表示試験**

　（火災灯，地区表示灯の点灯，および音響装置の鳴動及び自己保持機能の確認），

②　**回路導通試験**

　（感知器回路の断線の有無を確認），

③　**同時作動試験**

　（別々の回線から火災信号が入ってきても受信機が正常に作動するかを確認），

④　**予備電源試験**

　（予備電源への切替や復旧が正常か，予備電源の端子電圧が正常かを確認）

などがあります。

【問題54】

　ガス漏れ火災警報設備の表示試験について，次のうち誤っているものはどれか。

(1)　自己保持機能が正常であること。

(2)　遅延時間を有するものにあっては，30秒以内であることを確認する。

(3)　主音響装置の音圧は，70 dB 以上であること。

(4)　ガス漏れ灯，警戒区域の表示装置の点灯が正常であること。

解　答

【問題53】…(3)

解説

　ガス漏れ火災警報設備の表示試験については，自動火災報知設備の表示試験に準じて，次のように行います。

1．ガス漏れ表示試験スイッチを入れ，1回線ごとに，ガス漏れ表示，地区表示，音響装置（主音響装置は **70 dB 以上**）の作動が正常であるかを確認する。

2．遅延時間を有するものにあっては，1回線ごとにガス漏れ表示灯により **60秒以内**であることを確認する。

3．自己保持機能を有するものについては，自動火災報知設備同様，1回線ずつ確認してから，復旧スイッチで復旧し，次の回線へと移行する。

　　（注：回線選択スイッチのないものは，1回線ごとに表示試験スイッチを入れ，以上の操作を同様に行う）

　従って，遅延時間は，60秒以内なので，⑵が誤りです。

　なお，鑑別で，下のような図を示して，問題43（P 150）のような出題や「ガス漏れ表示灯を省略できるもの*」を答えさせる出題例があるので注意して下さい（*店舗 A は1室で1警戒区域になっているので，ガス漏れ表示灯の a を省略できる）。

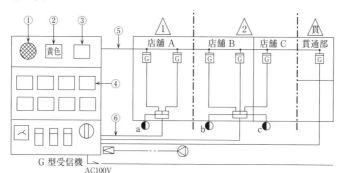

記号	内容	記号	内容
◁▷	:G 型受信機	G	：ガス漏れ検知器
◁▷	：音声警報装置用増幅器	□	：中　継　器
◁	：スピーカー	No.	：警戒区域番号
◗	：ガス漏れ表示灯		：警戒区域境界線

①主音響装置　②ガス漏れ灯　③故障灯　④地区表示灯　⑤**検知器電源回路**　⑥信号回路

ガス漏れ火災警報設備の構成例

第3編
構造・機能及び工事又は整備の方法

解　答

【問題54】…⑵

　本試験では，空気管式の作動試験，流通試験，接点水高試験の図を示して，どれが○○試験に該当するか答えさせる問題がたまに鑑別で出題されているので，次の3つの図をよく見比べて，図を見ただけで○○試験と答えられるようにしておくんだよ（答は下にあります）。

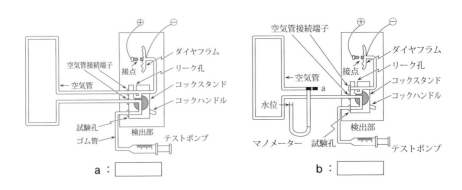

a：⬜

b：⬜

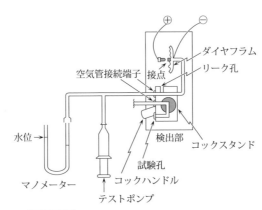

c：⬜　（P 211，問題 15 に別パターンの図有り。）

解　答

a：作動試験　　　　　　　b：流通試験　　　　　　c：接点水高試験

第３編

構造・機能及び工事又は整備の方法

第２章　規格に関する部分

出題の傾向と対策

　まず，最も多く出題されているのが，**受信機**と**感知器**に関する問題です。
受信機については，「その主な機能」や「信号を受信したときの状態」，及び「表示灯」に関する出題が多く，また，**感知器**では**定温式**についての出題が圧倒的に多く，その次に見られるのが，**差動式分布型**，**差動式スポット型**などの熱感知器についての出題です。
　また，**発信機**については，規格全体の約 15 % を占めているほどよく出題されているので，こちらの方も気を抜けない部分です。
　以上の，**受信機**，**感知器**，**発信機**は最重点項目となるので十分にマークするとともに，その他，**電源**，**中継器**，**受信機の付属装置**，**ガス漏れ火災警報設備**なども，おおむね 2 回に 1 回程度の割合で出題されているので，これらにも十分注意をする必要があります。

【追加情報】

　最近，たまに感知器や発信機に表示すべき事項に関する出題情報が届くようになりましたので，ここで両者の表示事項をまとめておきます（注：主なものです）

感知器	発信機
型式及び型式番号	
取扱方法の概要	
製造事業者の氏名又は名称	
製造年（⇒月日は不要！）	
感知器という文字	P 型 1 級, P 型 2 級, T 型 又 は M 型 の 別及び**発信機という文字**
公称作動温度（<u>定温式感知器のみ</u>）	火災報知機という表示

（**定格電圧**や**定格電流**はないので，注意！）

【問題1】

火災報知設備又はガス漏れ火災警報設備の受信機の構造について，次のうち規格省令上誤っているものはどれか。

(1)　水滴が浸入しにくいこと。

(2)　主電源を監視する装置を受信機の前面に設けること。

(3)　主音響停止スイッチは，定位置に自動的に復旧するものであること。

(4)　復旧スイッチを設けるものにあっては，これを専用のものとすること。

解説

(3)　受信機において定位置に自動的に復旧するスイッチは，火災復旧スイッチや予備電源スイッチなど，ごく一部のものであり，主音響停止スイッチをはじめその他のスイッチは倒れ切りスイッチ（自動的に復旧しないタイプのスイッチ）なので，誤りです。

なお，(1)(2)(4)以外の受信機の主な構造，機能は次の通りです。

①　定格電圧が60Vを超える受信機の金属製外箱には，**接地端子**を設けること。

②　受信機は，電源の電圧が次に示す範囲内で変動した場合でも，その機能に異常を生じないこと。

・主電源では定格電圧の **90% 以上110% 以下**

・予備電源では定格電圧の **85% 以上110% 以下**

③　受信機の試験装置は，受信機の**前面**において容易に操作できること。

④　蓄積時間を調整する装置を設けるものは，受信機の「**内部**」に設けること。

など（①と②は重要。また，④の「内部」は「前面」とした出題があるが，当然×）

【問題2】

受信機の火災表示及び蓄積機能について，次のうち誤っているのはどれか。

(1)　感知器からの火災信号を受信しても，一定時間経過しないと火災表示を行わないタイプの受信機を蓄積式受信機という。

(2)　P型及びR型受信機にあっては，火災信号を受信してから火災表示又は注意表示（アナログ式の場合）が10秒以内に行われること。

(3)　蓄積式受信機の蓄積時間は，5秒を超え60秒以内であること。

(4)　蓄積式受信機にあっては，発信機からの火災信号を検出したときは，蓄

| 解　答 |

解答は次ページの下欄にあります。

積機能を自動的に解除すること。

　解説

受信機の火災信号（または注意表示）までの所要時間は，**5秒以内**です。

【問題3】

次のように規定されている受信機はどれか。

「火災信号，火災表示信号若しくは火災情報信号を固有の信号として，または設備作動信号を共通，若しくは固有の信号として受信し，火災の発生を防火対象物の関係者に報知するもの」

(1)　P型受信機　　　(2)　R型受信機
(3)　M型受信機　　　(4)　G型受信機

　解説

火災信号を**固有**の信号として受信するのはR型受信機で，**共通**の信号として受信するのはP型受信機です。

なお，**P型受信機**の定義は，「火災信号，火災表示信号を**共通**の信号として，または設備作動信号を共通，若しくは固有の信号として受信し，火災の発生を防火対象物の関係者に報知するもの」となっていて，下線部は**R型受信機**と同じです。また，**G型受信機**の場合は「ガス漏れ信号を受信し，ガス漏れの発生を防火対象物の関係者に報知するもの」となっています。((3)のM型受信機は，消防機関へ通報する火災報知設備に用いる受信機です)。

【問題4】

自動火災報知設備又はガス漏れ火災警報設備の受信機における音響装置の構造及び機能として，次のうち規格省令上誤っているものはどれか。

(1)　定格電圧の80%の電圧で音響を発すること。
(2)　定格電圧で連続8時間鳴動した場合，構造又は機能に異常を生じないこと。
(3)　充電部と非充電部との間の絶縁抵抗は，直流500Vの絶縁抵抗計で測定した値が5MΩ以上であること。

解　答

【問題1】…(3)

(4)　定格電圧における音圧は，無響室で音響装置の中心から前方1m離れた地点で測定した値が，火災報知設備の主音響装置にあっては85dB以上（3級の受信機に設けるものにあっては70dB以上）であること。

解説

(1)　定格電圧の90%の電圧で音響を発すること，となっているので，誤りです。

(3)　受信機の場合は5MΩ以上必要なので，正しい。なお，感知器及び発信機の場合も，直流500Vの絶縁抵抗計を用いて次のように測ります。

（ア）　発信機の場合

　　発信機の端子間および充電部と金属製外箱間の絶縁抵抗値

　　⇒　20MΩ以上であること。

（イ）　感知器の場合（注：感知器回路の抵抗50Ωと混同しないように！）

　　感知器の端子間および充電部と金属製外箱間の絶縁抵抗値

　　⇒　50MΩ以上であること。

(4)　正しい。なお，70dB以上必要なのは，3級のほか**ガス漏れ火災警報設備**の受信機も同様に70dB以上の音圧が必要です。

【問題5】

　火災報知設備の受信機内に用いる地区表示灯について，次のうち規格省令上誤っているものはどれか。

(1)　表示灯に白熱電球を使用する場合は，2個以上並列に接続して使用しなければならない。

(2)　表示灯にハロゲン電球を使用する場合は，2個以上並列に接続して使用しなければならない。

(3)　表示灯に発光ダイオードを使用する場合は，2個以上並列に接続して使用しなければならない。

(4)　表示灯に放電灯を使用する場合は，2個以上並列に接続して使用しなくてもよい。

| 解　答 |

【問題2】…(2)　　　　　　　　　【問題3】…(2)

第3編

構造・機能及び工事又は整備の方法

解説

　この受信機の部品に関する問題は，毎回のように出題されていますが，この表示灯に関する問題も比較的よく出題されています。

　さて，表示灯に**白熱電球**や**ハロゲン電球**を使用する場合は，2個以上**並列**に接続しなければなりませんが，**放電灯**または**発光ダイオード**を使用する場合は，**1個でも可能**です。つまり，2個以上並列に接続しなくてもよいので，(3)が誤りとなります。（この表示灯と発信機の位置を表示する表示灯を混同しないように！）

【問題6】

　P型1級受信機に用いる部品の構造及び機能について，次のうち規格省令上誤っているものはどれか。

　(1)　音響装置は，その定格電圧の90%（予備電源がある場合はその85%）で音響を発すること。

　(2)　表示灯は，周囲の明るさが300ルクスの状態で，前方3m離れた地点で点灯していることを明確に識別できること。

　(3)　主電源が停止したときは主電源から予備電源に，主電源が復旧したときは予備電源から主電源に自動的に切り替える装置を設けること。

　(4)　予備電源は，密閉型蓄電池以外のものであること。

解説

(4)　予備電源は，密閉型蓄電池<u>以外</u>ではなく，密閉型蓄電池であること，となっているので誤りです。

　なお，予備電源については，次のような機能も必要とされています。

①　停電時には**自動的に**予備電源に切り替わり，停電復旧時には**自動的に**常用電源に切り替わること。

②　予備電源は，監視状態を**60分間**継続したあと，2回線の火災表示と接続されているすべての音響装置を同時に鳴動させることのできる消費電流を<u>10分間流せる容量以上</u>であること。（P 148，②の非常電源に用いる蓄電池設備と混同しないように！「60分間」と「10分間」は鑑別で出題例あり）。

解　答

【問題4】…(1)　　　　　　　　　　　　【問題5】…(3)

【問題7】

受信機に設ける火災表示及びガス漏れ表示について，次のうち規格省令上誤っているものはどれか。

(1) P型1級受信機が火災信号を受信したときは，赤色の火災灯に自動的に表示すること。

(2) G型受信機，GP型受信機，GR型受信機がガス漏れ信号を受信したときは，黄色のガス漏れ灯を自動的に表示すること。

(3) P型3級受信機が火災信号を受信したときの火災表示は，手動で復旧しない限り，表示状態を保持するものでなければならない。

(4) GP型受信機の地区表示装置は，火災の発生した警戒区域とガス漏れの発生した警戒区域とを明確に識別することができるよう表示するものでなければならない。

解説

(1)(2)　火災灯はP型1級受信機の多回線のみに設ける必要がありますが，その色は赤色となっており，また，G型受信機（またはGP型，GR型受信機）のガス漏れ灯の色は黄色となっています。

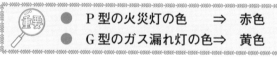

● P型の火災灯の色　　⇒　赤色
● G型のガス漏れ灯の色⇒　黄色

(3)　これは，火災表示の保持装置に関する出題で，火災表示の保持装置は原則としてP型受信機には設けなければなりませんが，P型3級には不要です。

【問題8】

アナログ式受信機が火災情報信号のうち注意表示する程度に達したものを受信したときの表示項目として，次のうち規格省令に定められていないものはどれか。

(1) 注意灯の点灯　　　　(2) 地区表示装置の点灯

(3) 注意音響装置の鳴動　(4) 地区音響装置の鳴動

解　答

【問題6】…(4)

解説

　アナログ式の機能はR型とほぼ同様ですが，従来のR型が温度や煙濃度が
一定の値になった時に火災表示のみをするものであったのに対し，アナログ式
は，火災表示のみならず**注意表示**までも行えるようにしたもので，その主な機
能は次のようになっています。

① 注意表示試験装置

　　R型には火災表示試験装置が必要ですが，アナログ式には更にこの装置
　が必要となります。

② 注意表示と火災表示

　（ア）　火災情報信号のうち，注意表示をする程度に達したものを受信した時
　　　にあっては，

　　　・**注意灯**および**注意音響装置**により異常の発生を，

　　　・**地区表示装置**により当該異常の発生した警戒区域をそれぞれ自動的に表
　　　　示する。

　（イ）　火災信号，火災表示信号または火災情報信号のうち火災表示をする程
　　　度に達したものを受信した時にあっては，

　　　・赤色の**火災灯**および**主音響装置**により火災の発生を，

　　　・**地区表示装置**により当該火災の発生した警戒区域をそれぞれ自動的に表
　　　　示し，かつ**地区音響装置**を自動的に鳴動させなければならない。

　　整理すると次のようになります。

受信信号の種類	動　　　　作
（ア）　注意表示信号を受信したとき	・注意灯が点灯 ・注意音響装置が鳴動 ・地区表示装置が異常発生場所を表示
（イ）　火災表示信号を受信したとき	・火災灯が点灯 ・主音響装置が鳴動 ・地区表示装置が火災発生場所を表示し 　**地区音響装置**を鳴動

　この表からもわかるように，(4)の地区音響装置の鳴動は，（ア）の注意表示
信号を受信したときではなく，（イ）の火災表示信号を受信したときに鳴動さ
せるので，誤りです。

解　答

【問題7】…(3)　　　　　　　　　　　　　【問題8】…(4)

【問題9】

　自動火災報知設備の受信機の機能について，次のうち規格省令上誤っているものはどれか。

(1)　P型1級発信機を接続するP型1級受信機（接続することができる回線の数が1のものを除く。）にあっては，火災信号の伝達に支障なく発信機との間で電話連絡をすることができること。

(2)　T型発信機を接続するP型1級受信機にあっては，2回線以上が同時に作動したとき，通話すべき発信機を任意に選択でき，かつ，遮断された回線におけるT型発信機に話中音が流れるものであること。

(3)　P型2級受信機の火災信号又は火災表示信号の受信開始から火災表示（地区音響装置の鳴動を除く。）までの所要時間は，3秒以内であること。

(4)　R型受信機（アナログ式を除く。）は，2回線から火災信号又は火災表示信号を同時に受信したとき，火災表示をすることができること。

第3編

構造・機能及び工事又は整備の方法

解説

(1)　この規定は当然といえば当然で，火災を通報してきた通報者と電話連絡をしていることによって火災信号の伝達に支障が生ずれば，火災報知設備として"役に立たない"ためです。

　なお，P型1級発信機が接続することができるのは，P型1級，GP型1級，R型，GR型の各受信機のみなので，念のため。

(2)　この規定も当然といえば当然で，たとえば，2階と3階のT型発信機（非常電話）から同時に通報があった場合，受信機サイドの人間は同時に2人と話せないので，当然，通話すべき発信機を任意に選択する必要があります（話していない発信機には話中音（ツーツーという音）が流れる）。

(3)　P型とR型受信機の火災表示（地区音響装置の鳴動を除く。）までの所要時間は**5秒以内**となっているので，誤りです。なお，G型受信機の場合は**60秒以内**となっています。

(4)　正しい。なお，この規定は，P型，R型に共通の規定です（ただし，G型の場合は「火災信号又は火災表示信号」ではなく，「<u>ガス漏れ信号</u>を受信し，同時に受信したとき，ガス漏れ表示をすることができること。」となっています）。

解　答

解答は次ページの下欄にあります。

【問題10】

　P型1級受信機（1回線用を除く）の機能について，次のうち規格省令に定められていないものはどれか。

　⑴　火災表示試験装置による試験機能を有すること。

　⑵　導通試験装置による試験機能を有すること。

　⑶　短絡表示試験装置による試験機能を有すること。

　⑷　主電源が停止した時は主電源から予備電源に切り替わり，主電源が復旧した時は予備電源から主電源に自動的に切り替わる装置を設けること。

　まず，各受信機の機能についてまとめた次の表を見てください。

P型受信機の機能比較表

	P型1級 多回線	P型1級 1回線	P型2級 多回線	P型2級 1回線	P型3級 1回線
火災表示試験装置	○	○	○	○	○
火災表示の保持装置	○	○	○	○	×
予備電源	○	○	○	×	×
地区表示灯	○	×	○	×	×
火災灯	○	×	×	×	×
確認，電話連絡装置	○	×	×	×	×
導通試験装置	○	×	×	×	×
地区音響装置(dB)	90以上	90以上	90以上	×	×
主音響装置（dB）	85以上	85以上	85以上	85以上	70以上

　（R型はP型1級受信機の多回線に同じです）　○：必要　×：不要

　この表からもわかるように，⑴⑵⑷については，P型1級受信機の多回線に必要な機能ですが，⑶の短絡表示試験装置という機能については設けられていないので，これが誤りです（⑷は，予備電源装置のことです）。

（注：表中の×印ですが，厳密に分けると色アミがかかっている7箇所は，<u>規</u>

解　答

【問題9】…⑶

格そのものがないので「**不要**」，その他の×印は，規格省令に「～しないことができる」等と表示してあるので「**省略してもよい**」という解釈になり，本試験では，厳密にこの両者を分けて，「必要」「不要」「省略することもできる」のうちから答えさせる出題がたまにあるので，要注意。

> ポイント ⇒正味の「**不要**」は「確認，電話連絡装置」と「導通試験装置（P型1級の1回線除く）」のみ）

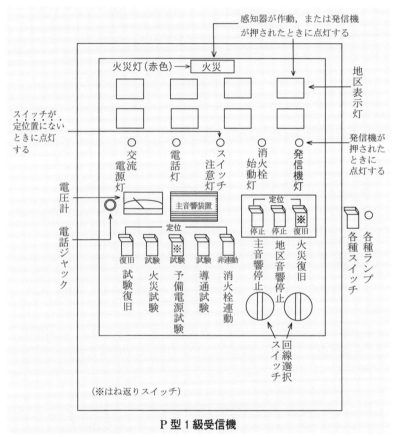

感知器が作動，または発信機が押されたときに点灯する

火災灯(赤色)→ 火災

地区表示灯

スイッチが定位置にないときに点灯する

発信機が押されたときに点灯する

電圧計　電話ジャック

○交流電源灯　○電話灯　○スイッチ注意灯　○消火栓始動灯　○発信機灯

主音響装置

復旧　試験　試験　試験　非連動
試験復旧　火災試験　予備電源試験　導通試験　消火栓連動

定位
停止　停止　復旧
主音響停止　地区音響停止　火災復旧

各種ランプ　各種スイッチ

回線選択スイッチ

（※はね返りスイッチ）

P型1級受信機

【問題11】

　P型1級受信機に必要な機能として，次のうち規格省令上正しいものはどれか。

（1）　接続することができる回線の数が2以上のものにあっては，回路導通試験ができること。

解　答

【問題10】…(3)

(2)　差動式分布型感知器（空気管式）の検出部の機能を試験できること。

(3)　差動式分布型感知器（空気管式を除く。）の回路合成抵抗試験ができること。

(4)　受信機に接続された感知器の感度の良否を試験することができること。

 解説

(1)　前問の表より，導通試験のところで○があるのはＰ型１級の多回線（＝接続することができる回線の数が２以上のもの）のみなので，正しい。

(2)(3)(4)　受信機サイドで(2)(3)(4)のような感知器の試験を行うことはできないので，誤りです。

【問題12】

　Ｒ型受信機の機能について，次のうち規格省令上誤っているものはどれか。

(1)　受信機から終端器に至る外部配線の断線を検出できること。

(2)　受信機から中継器に至る外部配線の短絡を検出できること。

(3)　外部配線の回路抵抗の測定ができる装置が設けてあること。

(4)　２回線から火災信号又は火災表示信号を同時に受信したとき，火災表示をすることができること。

解説

(1)(2)　Ｒ型受信機には，Ｐ型１級受信機が有する機能の他，**断線**や**短絡**を検出することができる装置が必要になります。

　(1)の**断線**については，「受信機から**終端器**に至る外部配線」，(2)の**短絡**については，「受信機から**中継器**（感知器からの火災信号を直接受信するものにあっては，感知器）に至る外部配線」のものを検出することができる必要があります。従って，(1)(2)とも正しい。

(3)　Ｐ型受信機と同様，Ｒ型受信機にも外部配線の導通試験装置を設ける必要がありますが，回路抵抗の測定装置については設ける必要がないので，誤りです。

(4)　正しい。なお，Ｒ型受信機には，このほかに，「断線を検出することができる装置の操作中，他の回線から火災信号を受信した時は，その火災表示を

することができること。」という規定もあります。

【問題13】

R型受信機（アナログ式を除く。）の機能について，次のうち規格省令に定められていないものはどれか。

(1) 火災表示試験ができること。

(2) 注意表示試験ができること。

(3) 受信機から中継器に至る外部配線の短絡を検出する試験ができること。

(4) 感知器から火災信号を直接受信するものにあっては，受信機から感知器に至る外部配線の短絡を検出する試験ができること。

解説

R型受信機，R型アナログ式受信機とも，(1)の「火災表示試験ができること。」という規定はありますが，(2)の「注意表示試験ができること。」という規定は，R型アナログ式の受信機にしかないので，これが正解です（(3)，(4)は前問の解説参照）。

【問題14】

受信機の電源電圧についての次の記述において，規格省令上，文中の（A）（B）に当てはまる数値の組合せとして，正しいものはどれか。

「受信機は主電源においては，定格電圧の（A）％以上110％以下，予備電源においては，定格電圧の（B）％以上110％以下の範囲内で変動した場合，その機能に異常を生じないものでなければならない。」

	A	B
(1)	80	90
(2)	90	85
(3)	80	85
(4)	90	75

解説

受信機に係る技術上の規格を定める省令第14条参照。

解　答

【問題11】…(1)　　　　　　　　　　【問題12】…(3)

【問題15】

P型1級受信機とP型2級受信機（いずれも多回線）を比較した場合，P型1級には必要であるがP型2級には**不必要**な機能の組合せで正しいのは次のうちどれか。

  (1)　導通試験装置，火災表示の保持装置，火災灯

  (2)　導通試験装置，確認応答及び電話連絡装置，火災灯

  (3)　火災表示試験，確認応答及び電話連絡装置，火災表示の保持装置

  (4)　火災表示の保持装置，確認応答及び電話連絡装置，予備電源

 解説

問題10（P172）の表より，P型1級に必要でもP型2級には不必要な機能は，**導通試験装置，電話連絡及び確認応答装置，火災灯**の3つです。

＜2級に不要な機能＞

ド　で　かい2級品なんか要らない
導通　電話　火災　　　　　　不要

なお，このP型1級とP型2級の機能比較のほか，P型2級（1回線）とP型3級の機能比較も鑑別で出題例があるので，問題10の表の○×部分を隠して各々の○×のほか，音圧のdBの数値もチェックしておいた方がよいでしょう。

【問題16】

受信機に自動試験機能を有する自動火災報知設備について，次のうち規格省令上**誤っている**ものはどれか。

  (1)　自動試験機能等に係わる制御機能の作動条件値は，設計範囲外は設定できないものであること。

  (2)　自動試験機能等に係わる制御機能の作動条件値を変更できるものにあっては，設定値を確認できるものであること。

  (3)　自動試験機能等に係わる制御機能の作動条件値は，周囲の環境変化に対応できるよう容易に変更できるものであること。

  (4)　自動試験機能等による試験中に，他の警戒区域の回線からの火災信号，火災表示信号又は火災情報信号を的確に受信できるものであること。

解　答

【問題13】…(2)　　　　　　　　　　【問題14】…(2)

解説

　自動試験機能とは，火災報知設備が適正に機能するかを自動的に試験をして確認する機能のことをいいます。

⑴　正しい。なお，作動条件値というのは，異常が有るか無いかの判定を行う際の基準となる数値や条件のことをいいます。

⑵⑷　正しい。

⑶　作動条件値は容易に変更できないこと，とされているので，誤りです。

【問題17】

受信機に関する用語の説明で，次のうち規格省令上正しいものはどれか。

⑴　P型受信機とは，感知器又は発信機から発せられた火災信号を直接固有の信号として受信するものをいう。

⑵　R型受信機とは，感知器又は発信機から発せられた火災信号を共通の信号として受信するものをいう。

⑶　G型受信機とは，ガス漏れ信号を受信し，ガス漏れの発生を防火対象物の関係者に報知するものをいう。

⑷　M型受信機とは，P型発信機から発せられた火災信号を受信し，火災の発生を消防機関に報知するものをいう。

 解説

⑴　P型受信機の場合，火災信号を<u>固有</u>ではなく，**共通**の信号として受信するものをいいます。

⑵　R型受信機の場合は，⑴とは逆に，<u>共通</u>ではなく**固有**の信号として受信するものをいいます。

⑶　正しい。

⑷　M型受信機の場合，P型発信機ではなく，**M型発信機**から発せられた火災信号を受信し，火災の発生を消防機関に報知するものをいいます。

【問題18】

　次の作動原理を有する感知器の型式として，規格省令上正しいものはどれか。

解　答

【問題15】…⑵

「周囲の温度の上昇率が一定の率以上になったときに火災信号を発信するもの
で，一局所の熱効果により作動するもの。」
　(1)　定温式スポット型感知器
　(2)　差動式スポット型感知器
　(3)　差動式分布型感知器
　(4)　熱アナログ式スポット型感知器

　感知器の用語の意義については，度々出題されているので，各感知器の用語
の意義をよく把握しておく必要があります。
　さて，問題の感知器ですが，まず，「周囲の温度」というキーワードから，
熱感知器というのはわかると思います。また，「周囲の温度の上昇率が一定の
率以上」というのは，熱感知器の差動式に共通の文言なので，従って，正解は
(2)か(3)ということになります。
　そこで，最後の「一局所の熱効果」という部分に注目するわけですが，たと
えば，照明用のライトにスポットライトというのがありますが，あれは要する
に「一局所」を照らすライト（＝部分照明）という意味です。つまり，一局所
＝スポット，ということで，(2)の差動式スポット型が正解となるわけです。

【問題19】
　差動式分布型感知器の説明で，次のうち規格省令上正しいものはどれか。
　(1)　周囲の温度の上昇率が一定の率になったときに火災信号を発信するもの
　　　で，一局所の熱効果により作動するものをいう。
　(2)　一局所の周囲の温度が一定の温度以上になったときに火災信号を発信す
　　　るもので，外観が電線状以外のものをいう。
　(3)　周囲の温度の上昇率が一定の率以上になったときに火災信号を発信する
　　　もので，広範囲の熱効果の累積により作動するものをいう。
　(4)　差動式スポット型感知器の性能及び定温式スポット型感知器の性能を併
　　　せもつもので，2以上の火災信号を発信するものをいう。

解　答

【問題16】…(3)　　　　　　　　　　　　【問題17】…(3)

解説

　前問同様に問題を検証すると，熱感知器の**差動式**に共通の文言「**周囲の温度の上昇率が一定の率以上**」があるのは，(3)のみなので，これが正解となります。

　なお，(1)は差動式スポット型感知器，(2)は定温式スポット型感知器，(4)は熱複合式スポット型感知器の用語の意義です（(4)の最後の部分，「2以上の火災信号を発信するものをいう。」を「1の火災信号を発信するものをいう。」に換えると，補償式スポット型感知器の説明になります）。

【問題20】

定温式スポット型感知器の説明で，次のうち規格省令上正しいものはどれか。
 (1)　周囲の温度の上昇率が一定の率以上になったときに火災信号を発信するもので，一局所の熱効果により作動するものをいう。
 (2)　周囲の温度の上昇率が一定の率以上になったときに火災信号を発信するもので，広範囲の熱効果の累積により作動するものをいう。
 (3)　一局所の周囲の温度が一定の温度以上になったときに火災信号を発信するもので，外観が電線状以外のものをいう。
 (4)　一局所の周囲の温度が一定の温度以上になったときに火災信号を発信するもので，外観が電線状のものをいう。

 解説

　前問の(2)より，(3)が正解というのは，すぐにわかったと思いますが，一応今までのように検証すると，スポット型ということで「**一局所**」があるものを探すと，(1)，(3)，(4)が該当します。

　本問は**定温式**なので，その「一局所」の周囲の温度が「**一定の温度以上になったときに火災信号を発信するもの**」なので，(3)と(4)が該当することになります。しかし，定温式で外観が電線状のものは，**定温式感知線型感知器**となるので，「**外観が電線状以外のもの**」という文言が含まれている(3)が定温式スポット型感知器の説明ということになります。なお，(1)は差動式スポット型，(2)は差動式分布型の各感知器で，火災信号を**火災情報信号**とした出題例があるので，注意してください（当然×）。

> **解答**
>
> 【問題18】…(2)　　　　　　　　　　　　　【問題19】…(3)

【問題21】

　発信機に関する用語の説明で,次のうち規格省令上誤っているものはどれか。

(1)　発信機とは,火災が発生した旨の信号を受信機に手動により発信するものをいう。

(2)　P型発信機とは,各発信機に共通又は固有の火災信号を受信機に手動により発信するもので,発信と同時に通話することができるものをいう。

(3)　T型発信機とは,各発信機に共通又は固有の火災信号を受信機に手動により発信するもので,発信と同時に通話することができるものをいう。

(4)　M型発信機とは,各発信機に固有の火災信号を受信機に手動により発信するものをいう。

解説

(2)　P型発信機の発信とは,要するに,火災報知器のボタンを押すことになりますが,ボタンを押すと同時に,非常電話（T型発信機）のように会話ができない構造となっているので誤りです。正しくは「……発信と同時に通話することができないものをいう。」となります。

【問題22】

　規格省令に定められている用語の説明で,次のうち誤っているものはどれか。

(1)　検知器とは,火災信号,火災表示信号,火災情報信号,ガス漏れ信号又は設備作動信号を受信し,これらを信号の種別に応じて受信機に発信するものをいう。

(2)　火災表示信号とは,火災情報信号の程度に応じて,火災表示を行う温度又は濃度を固定する装置により処理される火災表示をする程度に達した旨の信号をいう。

(3)　自動試験機能とは,火災報知設備に係る機能が適正に維持されていることを,自動的に確認することができる装置による火災報知設備に係る試験機能をいう。

(4)　遠隔試験機能とは,感知器に係る機能が適正に維持されていることを,当該感知器の設置場所から離れた位置において確認することができる装置による試験機能をいう。

解　答

【問題20】…(3)

解説

　検知器とは，「**ガス漏れ**を検知し，中継器若しくは受信機に**ガス漏れ信号**を発信するもの又は**ガス漏れ**を検知し，**ガス漏れ**の発生を音響により警報するとともに，中継器若しくは受信機に**ガス漏れ信号**を発信するものをいう。」となっています。従って，火災信号，火災表示信号，火災情報信号，ガス漏れ信号又は設備作動信号を受信するのではなく，**ガス漏れ信号**を発信するものなので，(1)が誤りです。

　なお，火災信号，火災表示信号，火災情報信号，ガス漏れ信号又は設備動作信号については何かと紛らわしいので，次に，これらの規格上での定義を示しておきます（一般の感知器が火災信号，アナログ式は火災情報信号を発信）。

1．**火災信号**

　　火災が発生した旨の信号をいう。

2．**火災表示信号**

　　火災情報信号の程度に応じて，火災表示を行う**温度**又は**濃度**を固定する装置（「感度固定装置」という）により処理される火災表示をする程度に達した旨の信号をいう。

3．**火災情報信号**

　　火災によって生ずる**熱**又は**煙**の程度その他火災の程度に係る信号をいう。

4．**ガス漏れ信号**

　　ガス漏れが発生した旨の信号をいう。

5．**設備作動信号**

　　消火設備等（防火シャッター等）が作動した旨の信号をいう。

【問題23】

　定温式感知器の公称作動温度の範囲として，次のうち規格省令に定められているものはどれか。

(1)　30℃ 以上，80℃ 以下　　(2)　30℃ 以上，150℃ 以下

(3)　60℃ 以上，80℃ 以下　　(4)　60℃ 以上，150℃ 以下

| 解　答 |

【問題21】…(2)　　　　　　　　　　　　　【問題22】…(1)

解説

　定温式感知器の公称作動温度(感知器が火災を感知する温度)は,60℃〜150℃までであり,60〜80℃までは5℃ごとに,80〜150℃までは10℃ごとに設定値があります。従って,62℃や78℃,あるいは85℃,95℃といった設定温度はないので,注意して下さい(設定値を表にして,正誤を問う出題例があるので注意！)。

【問題24】

　差動式分布型感知器（空気管式）の構造及び機能について，次のうち規格省令上誤っているものはどれか。

　(1)　リーク抵抗及び接点水高を容易に試験することができること。

　(2)　空気管の漏れ及びつまりを容易に試験することができ，かつ，試験後試験装置を定位置に復する操作を忘れないための措置を講ずること。

　(3)　空気管は，1本（継ぎ目ないものをいう。）の長さが20m以上で，内径及び肉厚が均一であり，その機能に有害な影響を及ぼすおそれのある傷，割れ，ねじれ，腐食等を生じないこと。

　(4)　空気管の外径は，1.5mm以上であること。

 解説

　(4)　空気管の構造は図のようになっており，この図からもわかるように，**外径は1.94mm以上**必要です。なお，「**内径は1.94mm以上であること**」という具合に外径を内径に置き換えて出題されることもあるので注意が必要です。
（もちろん誤りです）

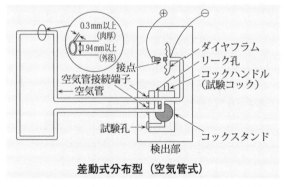

差動式分布型（空気管式）

【問題25】

感知器の機能に異常を生じない傾斜角度（水平面と感知器の基板面との間のなす角度）の最大値で，次のうち規格省令上正しいものはどれか。

ア　差動式分布型感知器の検出部にあっては 45 度

イ　定温式スポット型感知器にあっては 45 度

ウ　光電式分離型感知器にあっては 30 度

エ　炎感知器にあっては 90 度

(1)　アが正しい。

(2)　アとウが正しい。

(3)　イが正しい。

(4)　イとエが正しい。

解説

感知器の機能に異常を生じない傾斜角度の最大値については，次のように定められています。

・**差動式分布型感知器の検出部**　　　⇒　5 度

・**スポット型の感知器（炎感知器は除く）**⇒　45 度

・**光電式分離型感知器と炎感知器**　　⇒　90 度

従って，アの差動式分布型感知器の 45 度は 5 度の誤り，ウは 90 度の誤りです。

【問題26】

P型1級発信機の外箱の色について，次のうち規格省令上正しいものはどれか。

(1)　外箱の色は，赤色であること。

(2)　外箱の外面は，その 25% 以上を赤色仕上げとすること。

(3)　外箱の外面は，その 50% 以上を赤色仕上げとすること。

(4)　外箱の色の指定は，特に定められていない。

解説

P型発信機の外箱の色については，1級，2級とも「外箱の色は，**赤色**であること。」と定められています。

解　答

【問題24】…(4)

【問題27】

P型2級発信機の構造及び機能について，次のうち規格省令上誤っているものはどれか。

　⑴　押しボタンスイッチは，その前方に保護板を設け，その保護板を破壊し，又は押し外すことにより，容易に押すことができること。

　⑵　押しボタンスイッチを押した後，当該スイッチが自動的に元の位置にもどらない構造の発信機にあっては，そのスイッチを元の位置にもどす操作を忘れないための措置を講ずること。

　⑶　火災信号は，押しボタンスイッチが押されたときに伝達されること。

　⑷　保護板は透明の有機ガラス又は無機ガラスを用いること。

⑷　保護板に関しては，「透明の**有機ガラス**を用いること。」となっているので，無機ガラスの部分が誤りです。

【問題28】

P型1級発信機とP型2級発信機の構造及び機能として，次のうち共通しない規格省令上の基準はどれか。

　⑴　外箱の色は赤色であること。

　⑵　押しボタンスイッチは保護板を破壊し，又は押し外すことにより，容易に押すことができること。

　⑶　火災信号を伝達したとき，受信機がその信号を受信したことを確認できる装置を有すること。

　⑷　押しボタンスイッチを押した後，そのスイッチが自動的に元の位置にもどらない構造の発信機にあっては，そのスイッチを元の位置に戻す操作を忘れないための措置を講ずること。

　ここでP型発信機についての規格（感知器等規格第32条）を整理しておき

ます（●印のある①〜⑥は，1級2級に共通で，⑦と⑧は1級のみの基準です）。

●① 火災信号は，押しボタンスイッチを押したときに伝達されること。

●② 押しボタンスイッチを押した後，当該スイッチが自動的に元の位置に戻らない構造の発信機にあっては，当該スイッチを元の位置に戻す操作を忘れないための措置を講ずること。

●③ 押しボタンスイッチは，その前方に保護板を設け，その保護板を破壊し，又は押し外すことにより，容易に押すことができること。

●④ 保護板は透明の**有機ガラス**を用いること。

●⑤ 外箱の色は**赤色**であること。

●⑥ 保護板は，20 N（ニュートン）の静荷重を加えても押し破られ又は押し外されることなく，かつ，80 Nの静荷重を加えた場合に，押し破られ又は押し外されること。

⑦ **火災信号を伝達したとき，受信機が当該信号を受信したことを確認することができる装置を有すること。**

⑧ 火災信号の伝達に支障なく，受信機との間で，相互に電話連絡することができる装置を有すること。

従って，(3)は⑦より，1級のみの基準となるので，これが正解です。

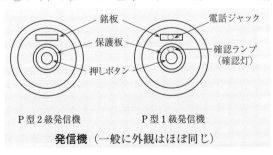

P型2級発信機　　　P型1級発信機

発信機（一般に外観はほぼ同じ）

解　答

【問題27】…(4)　　　　　　　　【問題28】…(3)

【問題29】

　自動火災報知設備に使用する中継器について，規格省令に定められている事項で，次のうち誤っているものはどれか。

　⑴　中継器の受信開始から発信開始までの所要時間は5秒以内でなければならない。

　⑵　地区音響装置を鳴動させる中継器は，受信機において操作しない限り，鳴動を継続させること。

　⑶　受信機から電力を供給される方式の中継器は，外部負荷に電力を供給する回路に，ヒューズ，ブレーカその他の保護装置を設けること。

　⑷　定格電圧が100Vを超える中継器の金属製外箱には，接地端子を設けること。

　中継器の規格については，要約すると次のようになります。

①　受信開始から発信開始までの所要時間は**5秒以内**であること。

②　地区音響装置を鳴動させる中継器の場合，受信機で操作しない限り鳴動を継続させること（つまり，中継器で音響を停止させることはできないということ）。

③　不燃性または難燃性の外箱で覆うこと。

④　定格電圧が**60Vを超える**中継器の外箱には，**接地端子**を設けること。

⑤　アナログ式中継器の感度設定装置は，**2以上の操作**によらなければ表示温度等の<u>変更ができない</u>ものであること。

⑥　中継器の電源について

　　中継器を働かせるためには電力が必要ですが，その電力を受信機や他の中継器などから供給している場合と独自のものを持っている場合があります。

　（ア）　電力を受信機や他の中継器から供給している場合

　　　受けたその電力をさらに他の外部負荷に供給する場合には，次の装置や機能が必要になります。

　　1．予備電源は不要（⇒　元の電源である受信機などに予備電源が備えてあるため）。

　　2．「外部負荷に電力を供給する回路」に**保護装置（ヒューズやブレーカ**

解　答

解答は次ページの下欄にあります。

など）を設けること。

　3．その保護装置が作動した場合は受信機に作動した旨の信号を自動的に
　　　送ること（⇒　外部負荷に電力が供給されていないということを受信機
　　　側で把握するためです）。

（イ）　電力を受信機など他から供給しない場合（中継器独自の電源を持って
　　　いる場合）

　1．予備電源を設けること。
　　　⇒　電源が停止すると中継できなくなるので設けておきます。
　　（ただし，**ガス漏れ警報に用いる中継器には予備電源は不要**です）
　2．「**主電源回路の両線**」，「**予備電源回路の１線**」に保護装置（**ヒューズ**
　　　や**ブレーカ**など）を設けること。
　3．「**主電源が停止した場合**」，「**保護装置が作動した場合**」は受信機に停
　　　止または作動した旨の信号を自動的に送ること。

　以上より，問題を検証すると，

⑴　①より正しい。
⑵　②より正しい。
⑶　⑥の（ア）の２より正しい。
⑷　④より，「100 V を超える」ではなく，「60 V を超える」が正解です。

【問題30】

　**火災報知設備又はガス漏れ火災警報設備に使用する中継器について，次のう
ち規格省令上誤っているものはどれか。**

⑴　アナログ式中継器の感度設定装置は，２以上の操作によらなければ表示
　　温度等の変更ができないものであること。
⑵　地区音響装置を鳴動させる中継器にあっては，中継器に当該地区音響装
　　置の鳴動を停止させる装置を設けること。
⑶　検知器，受信機又は他の中継器から電力を供給されない方式の中継器に
　　は，主電源回路の両線及び予備電源回路の一線に，ヒューズ，ブレーカそ
　　の他の保護装置を設けること。
⑷　蓄積時間を調整する装置を有するものにあっては，当該装置を中継器の
　　内部に設けること。

解　答

【問題29】…⑷

解説

(1) 前問の⑤より，正しい。従って，「アナログ式中継器で温度を変更する場合，1の動作で変更できる」は×になります。

(2) 前問の②より，「地区音響装置を鳴動させる中継器の場合，受信機で操作しない限り鳴動を継続させること」となっているので，中継器で音響を停止させることはできないため，誤りです。

(3) 同じく，（イ）の2より，正しい。

(4) 正しい。

なお，蓄積式の中継器の場合は，ほかに次のような基準もあります。

① 蓄積時間は，5秒を超え60秒以内であること。

② 発信機からの火災信号を検出したときは，(人による確実な信号として)蓄積機能を自動的に解除すること。

【問題31】

検知器，受信機又は他の中継器から電力を供給されない方式の中継器について，次のうち規格省令上誤っているものはどれか。

(1) 不燃性又は難燃性の外箱で覆うこと。

(2) 主電源が停止したときにあっては，主電源が停止した旨，その保護装置が作動したときにあっては，その保護装置が作動した旨の信号を受信機に自動的に送ること。

(3) 配線は，十分な電流容量を有し，接続が的確であること。

(4) ガス漏れ火災警報設備の中継器には，予備電源を設けること。

解説

(1) 問題29の解説③より正しい。

(2) 同じく，⑥の（イ）の3より正しい。

(3) 正しい。

(4) 同じく，⑥の（イ）の1より，電力を受信機など他から供給しない中継器には原則として予備電源を設ける必要がありますが，ガス漏れ火災警報設備の中継器には予備電源を設ける必要はないため，これが誤りです。

| 解　答 |

解答は次ページの下欄にあります。

【問題32】

非常電源としての蓄電池設備の構造及び機能について，次のうち消防庁告示に定められていないものはどれか。

(1)　鉛蓄電池は自動車用以外のものを用いること。

(2)　充電電源電圧が定格電圧の±10％の範囲内で変動しても機能に異常なく充電できること。

(3)　自動火災報知設備に用いる蓄電池設備にあっては，直交変換装置を有すること。

(4)　蓄電池は液面が容易に確認できる構造とすること。

解説

（下記の基準より）(1)は基準の【2】の④より，(2)は同じく【1】の②より，(4)は同じく【2】の②より，正しい。(3)は同じく【1】の①より，「直交変換装置を有しないこと」が正解です（直交変換装置の説明は次頁下の＊参照）。

蓄電池設備の基準　（昭和48年消防庁告示第二号の抜粋）

●印は過去に出題されたことがある項目です。

【1】蓄電池設備の構造及び性能

①　直交変換装置（次頁下の＊参照）を有しない蓄電池設備にあっては常用電源が停電した直後に，電圧確立及び投入を行うこと。
（直交変換装置を有する蓄電池設備は自火報には使用できません）

●②　蓄電池設備は，自動的に充電するものとし，充電電源電圧が定格電圧の±10％の範囲内で変動しても機能に異常なく充電できるものであること。

●③　蓄電池設備には，**過充電**防止機能を設けること。
（「**過放電**の防止機能を設けること。」という出題が多いので，引っかからないように！　⇒　設ける必要はない）

④　蓄電池設備には，自動的に又は手動により容易に**均等充電**が行うことができる装置を設けること。ただし，均等充電を行わなくても機能に異常を生じないものにあっては，この限りではない。

⑤　蓄電池設備から消防用設備等の操作装置に至る配線の途中に**過電流遮**

解　答

第3編

構造・機能及び工事又は整備の方法

断器のほか，**配線用遮断器**または**開閉器**を設けること。

● ⑥ 蓄電池設備には，当該設備の**出力電圧**又は**出力電流**を監視できる**電圧計又は電流計**を設けること。

● ⑦ 蓄電池設備は，0℃ から 40℃ までの範囲の周囲温度において，機能に異常を生じないこと。

【2】蓄電池の構造及び性能

● ① 蓄電池の単電池当たりの公称電圧

○ 鉛蓄電池：2 V　　　　　○ アルカリ蓄電池：1.2 V

② 蓄電池は液面が容易に確認できる構造とすること。

● ③ **減液警報装置**が設けられていること。ただし，補液の必要のないものにあっては，この限りでない（⇒ 設けなくてもよい）。

● ④ 鉛蓄電池は**自動車用以外**のものを用いること。

【3】蓄電池設備の充電装置の構造及び機能

① 自動的に充電でき，かつ，充電完了後は，**トリクル充電**または**浮動充電**に自動的に切替えられるものであること。ただし，切替えの必要のないものにあってはこの限りでない。

② 充電装置の入力側には，**過電流遮断器**のほか，**配線用遮断器**または**開閉器**を設けること（類似の規定が【1】の⑤にあります）。

● ③ 充電中である旨を表示する装置を設けること。

＊**直交変換装置**について

⇒ 交流を直流に，また直流を交流に変換する装置で，充電装置及び**逆変換装置**（直流を交流に変換するインバーターなど）などからなります。この装置は，自動火災報知設備に使用する蓄電池設備には使用できません（⇒常用電源が停電してから非常電源に切り替わる際，正常な電流を供給できるまでに若干時間を要することなどの理由から）。

なお，この装置に使用される**逆変換装置**に関する基準の出題例があるので，そのポイントを挙げると，① 半導体を用いた静止形とし，**放電回路**（⇒「充電回路」とした出題例あり）の中に組み込むこと。② 出力点検スイッチ及び出力保護装置を設けること。
……など。

| 解　答 |

【問題32】…(3)

【問題33】

　非常電源として用いる蓄電池設備の構造及び機能について，次のうち消防庁告示の基準に適合しないものはどれか。

- ⑴　充電装置には充電中である旨を表示する装置を設けること。
- ⑵　補液の必要のない蓄電池には，減液警報装置を設けなくてもよい。
- ⑶　鉛蓄電池の単電池当たりの公称電圧は 1.2 V であること。
- ⑷　蓄電池設備には，過充電防止機能を設けること。

 解説

　非常電源として用いる蓄電池設備の基準については度々出題されているので⑵は，前問の基準，【２】の③，⑷は【１】の③より，正しい。

　しかし，⑶は【２】の①より，鉛蓄電池の単電池当たりの公称電圧は２Ｖなので，誤りです（1.2 V はアルカリ蓄電池の方）。

　なお，同じ蓄電池でも非常電源に用いる蓄電池設備は，車のバッテリーより大きな蓄電池をいくつも接続した設備であり，受信機の蓄電池は，P 335 にあるような受信機に内蔵できるコンパクトな蓄電池になっています。

【問題34】

　非常電源として用いる蓄電池の構造及び機能について，次のうち消防庁告示の基準に適合しないものはどれか。

- ⑴　自動的に充電でき，かつ，充電完了後は，トリクル充電または浮動充電に自動的に切替えられるものであること。ただし，切替えの必要のないものにあってはこの限りでない。
- ⑵　蓄電池設備は，0℃ から 40℃ までの範囲の周囲温度において，機能に異常を生じないこと。
- ⑶　充電装置の入力側には，過電流遮断器のほか，配線用遮断器または開閉器を設けること。
- ⑷　蓄電池設備に均等充電を行う場合は，手動により行うこと。ただし，均等充電を行わなくても機能に異常を生じないものにあっては，この限りではない。

　解　答

解答は次ページの下欄にあります。

解説

（問題32の解説の基準参照）

(1)　基準の【3】の①より正しい。

(2)　同じく，【1】の⑦より正しい。

(3)　同じく，【3】の②より正しい。

(4)　同じく，【1】の④より，「蓄電池設備には，<u>自動的に又は手動</u>により容易に均等充電が行うことができる装置を設けること。」となっており，手動のみに限られていないので，誤りです。

【問題35】

ガス漏れ検知器の性能基準について，次のうち消防庁告示上正しいものはどれか。

(1)　ガスの濃度が爆発下限界の $\frac{1}{2}$ 以上のときに確実に作動すること。

(2)　爆発下限界の $\frac{1}{100}$ 以下の時には作動しないこと。

(3)　信号を発する濃度のガスに接したとき，60秒以内に信号を発すること。

(4)　検知器の標準遅延時間と受信機の標準遅延時間の合計が120秒以内であること。

　解説

　(1)は $\frac{1}{4}$ ，(2)は $\frac{1}{200}$ が正しい。

　(4)の標準遅延時間というのは，検知器の場合，「検知器がガス漏れ信号を発する濃度のガスを検知してから，ガス漏れ信号を発するまでの標準的な時間」のことで，受信機の場合は「受信機がガス漏れ信号を受信してから，ガス漏れが発生した旨の表示をするまでの標準的な時間」のことをいいます。規則第24条の2の3では，この遅延時間の両者の合計は**60秒以内**とされています。

| 解　答 |

【問題33】…(3)

【問題36】

G型（又は GP 型，GR 型）受信機の構造・機能について，次のうち誤っているのはどれか。

(1) 2回線からのガス漏れ信号を同時に受信しても，ガス漏れ表示ができること。

(2) GP 型，GR 型受信機の地区表示装置は，火災の発生した警戒区域とガス漏れの発生した警戒区域を明確に識別できること。

(3) 受信機のガス漏れ灯の色は赤色であること。

(4) 予備電源を設ける場合は2回線を1分間有効に作動させ，同時にその他の回線を1分間監視できる容量であること。

解説

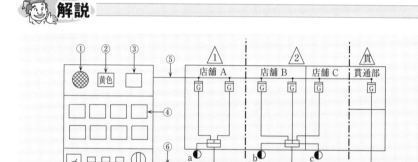

①主音響装置 ②ガス漏れ灯 ③故障灯 ④地区表示灯 ⑤検知器電源回路 ⑥信号回路

ガス漏れ火災警報設備の構成例

(2) G 型の場合，火災の発生した警戒区域は関係ありませんが，GP 型，GR 型の場合は，火災の発生した警戒区域も表示する必要があります。

(3) 受信機のガス漏れ灯の色は**黄色**です。赤色というのは自動火災報知設備の受信機の表示灯の色なので間違わないように！

解　答

【問題34】…(4)　　　　　　　　　　　　【問題35】…(3)

● ガス漏れ灯　　　　　　⇒　黄色

● 自動火災報知設備の表示灯　⇒　赤色

（注：通路に面する部分に設けるガス漏れ表示灯の方は色の指定
はありません。）

【問題37】

ガス漏れ火災警報設備の中継器について，誤っているものはどれか。

(1)　他から電源供給を受けないものは，予備電源は不要である。

(2)　定格電圧が60Vを超えるものの外箱には接地端子を設けること。

(3)　地区音響装置の鳴動を停止させる装置を設けること。

(4)　不燃性または難燃性の外箱で覆うこと。

 解説

　地区音響装置を鳴動させる中継器の場合，受信機で操作しない限り鳴動を継続させなければならないので（⇒中継器で音響を停止させることはできない），地区音響装置の鳴動を停止させる装置を設けることはできません。

　お疲れさまでした。
　さて，ここで，本文中によく出てきた歩行距離と水平距離を図示しておきますので，よく理解しておいてください。

【水平距離】
　障害物（壁など）を無視した直線距離。

【歩行距離】
　障害物（壁など）を迂回したり，
　実際に歩く距離。

a：歩行距離
b：水平距離

解答

第4編
実技試験

第1章　鑑別等試験

I　鑑別等試験

　　出題の傾向と対策

　　この鑑別等試験は筆記試験に比べると，同じような問題が繰り返して出題されるという割合が比較的少ない分野です。従って，筆記試験，それも**試験及び点検関連**の知識をもう一度 "おさらい" しておく必要があるでしょう。

　　といっても，まったく繰り返し出題されていないわけでもなく，たとえば第 1 問として出題される割合が多い「測定器具等の写真を掲示してその名称や用途などを問う問題」では，**メーターリレー試験器やマノメーター**，**絶縁抵抗計及び接地抵抗計**などがよく出題されています。特に，**メーターリレー試験器**は，第 2 問でも試験名や感知器名を問う問題としてたまに出題されているので要注意です。その他では，電気工事などに使用される**工具類**（**ペンチ**や**パイプレンチ及びパイプベンダ**など）もたまに出題されています。

　　その第 2 問ですが，出題内容はあまり統一されておらず，**P 型 1 級受信機と P 型 2 級受信機の機能比較**や**P 型 1 級発信機と P 型 2 級発信機の機能比較**が出題されているかと思えば，**騒音計**の測定対象に関する出題や**マノメーター**の名称や試験名を問う問題が出題されていたりと，その出題内容がバラエティーに富んでいるので，"ヤマ" をかけにくい分野となっています（なお，煙感知器の試験器に関する出題がごくたまにあります）。

　　また，第 3 問では，おおむね**感知器**の写真を示してその名称や作動原理，設置基準などに関しての問題がよく出題されています。

　　第 4 問では，**受信機**の写真を示して各種試験の内容や作動した場合の状況などを問う問題や，また，**配線関連**の問題がよく見られます。

　　最後の第 5 問では，ほぼ**受信機関連**の出題で，**同時作動試験**や**火災表示試験及び回路導通試験**のスイッチの順序などを問う問題がよく出題されています。

　　その他，**受信機の共通線試験**や**回路が断線している場合の判別方法**なども出題されています。

　　以上が出題傾向の概要ですが，冒頭にも記しましたように，筆記試験の知識，それも試験や点検などに関する知識がこれらの出題を攻略する際の知識のベースとなってくるので，もう一度よくそれらの知識を再確認することが，本試験を確実に突破する鍵となっていきます。

　　（電気に関する部分免除については，P 7 の下で説明してあります。）

鑑別等試験問題

【問題1】
　下の写真に示す器具の名称と用途を答えなさい。なお，Dについては矢印の
端子の名称，Eについては矢印の数字の意味を答えなさい。

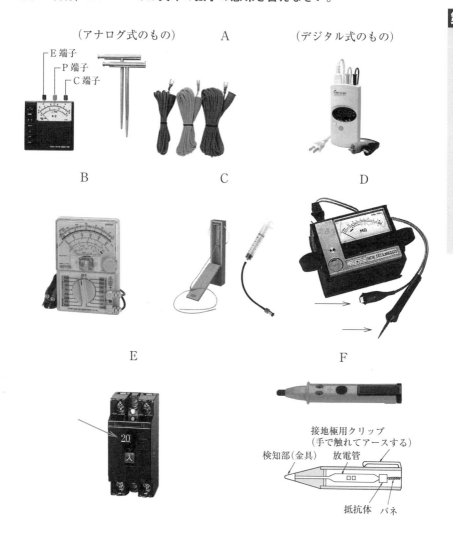

解説

　これらの器具は毎回といって良いほど出題されており，特に，**絶縁抵抗計**は頻繁に出題されています。今回の問題は，オーソドックスに写真を見て名称と用途を答える，という形式ですが，複数の写真にそれぞれ器具の名称が記してあって，それが正しいかどうかを答えよ，というような問題も出題されているので，それぞれの器具の外観と名称を正確に把握しておく必要があります。

◆A（接地抵抗計）の使い方の概要

　被測定接地極（E）から約10 m離して第1補助接地極（P）を，更にその延長線上の約10 m離れたところに第2補助接地極（C）を打ち込み，接地極抵抗計のE端子をEに，P端子をPに，C端子をCにそれぞれ接続して測定ボタンを押し，表示された接地抵抗値から良否を確認する。

（実際に絶縁抵抗試験を行っている写真から試験の名称を答えさせる出題例あり）

解答

	名　称	用　途
A	接地抵抗計	接地抵抗を測定する （E端子：被測定接地極に接続 　P端子：第1補助接地極に接続 　C端子：第2補助接地極に接続）
B	回路計	電圧，電流及び回路抵抗などを測定する。
C	マノメーターとテストポンプ	差動式分布型感知器（空気管式）の流通試験や接点水高試験などに用いる。
D	絶縁抵抗計（メガ）※	回路の絶縁抵抗を測定する。 （上の矢印が**接地端子**，下が**線路端子**で，接地端子を被測定回路の**接地極**に接続する）。
E	配線用遮断器（ブレーカー）	過電流を遮断する。（矢印の意味：定格電流）
F	検電器（低圧用）	電圧の有無を検知する（上が写真，下がイラストの分解図です）。

※Dのメガは縦長のデジタル式の写真での出題例がある（⇒文字盤の「MΩ」やワニ口クリップ，テストピンの形状から判断する）。

※Dのメガで測定する際は，分岐開閉器を開く（OFF）こと。

【問題2】

　下の写真は，自動火災報知設備の「ある装置」の点検を実施する際に使用する測定器である。次の各設問に答えなさい。

設問1　この測定器の名称を答えなさい。

設問2　この測定は，取り付けられた「ある装置」の中心から「一定の距離」離れた場所で実施する。

　　①この「ある装置」の名称と，②「一定の距離（m）」及び③この測定器を使用してガス漏れ火災警報設備の検知区域警報装置を測定する際の適切な音圧を答えなさい。

設問3　この測定器の測定用特性レンジはどれを使用するか，下記のレンジ名から記号で答えなさい。

ア　A特性　　　イ　C特性　　　ウ　Z（FLAT）特性

 解説

解答

設問1	騒音計（※本試験では三脚付きのものがよく出題されている）		
設問2	①主音響装置や地区音響装置など	②1 m	③70 dB 以上
設問3	ア		

（設問2の「1 m」は出題例あり）

【問題3】

　右の写真に示す試験器はスイッチの切替えにより，
感知器回路の抵抗の測定が可能であり，差動式分布型
（熱電対式，熱半導体式）感知器の機器点検に使用さ
れる。次の各設問に答えなさい。

設問1　この試験器の名称および用途を答えなさい。

設問2　抵抗値〔Ω〕を測定する試験の名称を答えなさい。

設問3　この感知器は何が発生してメーターリレーを作動させるか答えなさい。

設問4　この試験器の校正期間を答えなさい。

設問5　この試験器を使用して，感知器の作動電圧に相当する電圧を検出部
　　　に印加して行う機器点検の名称を答えなさい。

 解説

解答

設問1	名称	メーターリレー試験器
	用途	**差動式分布型感知器（熱電対式）**の作動試験や回路合成抵抗試験に用いる（下線部⇒感知器の名称を答えさせる出題例あり）
設問2		回路合成抵抗試験
設問3		熱起電力（熱電対の温接点と冷接点に温度差が生じることによって熱起電力が発生する）
設問4	5年	設問5　作動試験

　なお，各試験器の校正期間については，次のようになっています（重要！）。

校正期間	試験器の区分
10年	加熱試験器，加煙試験器，炎感知器用作動試験器
5年	メーターリレー試験器，減光フィルター，**外部試験器**※
3年	煙感知器用感度試験器，**加ガス試験器**

※外部試験器（右写真）：室内に入ることなく，室外から遠隔試験機
　　　　　　　　　　　能対応の感知器を試験するもの。

【問題4】

次の試験器について，次の各設問に答えなさい。

設問1　この試験器の名称を答えなさい。

設問2　この試験器を用いて点検できる感知器の

名称を答えなさい。

設問3　この試験器を用いて行う試験の名称を2つ答えなさい。

 解説

解答

設問1	マノメーター
設問2	差動式分布型感知器（空気管式）
設問3	流通試験と接点水高試験

【問題5】

下の写真は，煙感知器の点検用機器である。次の各設問に答えなさい。

設問1　それぞれの名称と用途を答えなさい。

設問2　これらの器具を使用して試験ができる感知器を2つ答えなさい。

　　　　ただし，Cは1つのみでよい。

A

B　　　　　　　　　　　　　　C

解説

解答

設問1	名　称	用　途
A	加煙試験器	煙感知器（スポット型）の作動試験に用いる。
B	煙感知器用感度試験器	煙感知器の感度試験に用いる（実際に煙を発生させるタイプのもの）。
C	減光フィルター	煙感知器（光電式分離型）の作動試験に用いる。

（注：Aは設備士が手で持って天井の感知器に当てている写真を示して出題されることがあります。）

　なお，Bの煙感知器用感度試験器ですが，実際に煙を発生させるタイプではなく，電気的な方法で試験を行う下の写真のような試験器もあります。

設問2	感知器の名称
A，B	イオン化式スポット型感知器，光電式スポット型感知器，煙複合式スポット型感知器などの煙感知器のうち，2つ答えればよい。
C	光電式分離型感知器

　なお，次の問題6のAも，差動式スポット型感知器以外で試験対象となる感知器を答えさせる出題例がありますが，答は「定温式スポット型感知器」です。

◆　その他の煙感知器用感度試験器（①②ともスポット型感知器の感度試験に用いる）

①

②
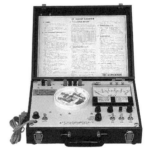

類題　下の試験機について，①　対象となる感知器　②　その感知器の取付け面の高さを答えなさい。

A

B

 解説

解答

①　炎感知器　　②　制限なし

A は赤外線，紫外線共用，B は赤外線式用です。

【問題6】

下の写真は，熱感知器の点検用機器及びその一部である。それぞれの名称と用途を答えなさい。なお，A については差動式スポット型以外に対象となる感知器も答えなさい。

A

B

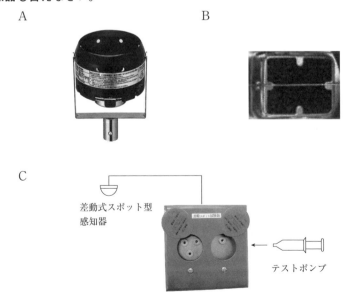

C

差動式スポット型
感知器

テストポンプ

解説

解答

	名　称	用　　途
A	加熱試験器	熱感知器(スポット型)の作動試験に用いる。
		定温式スポット型感知器
B	加熱試験器の火口	加熱を行う。
C	差動スポット試験器	試験困難な場所にある感知器の作動試験を行う。

【問題7】

　次の差動式分布型感知器（空気管式）に用いられている部品について，その名称と用途を答えなさい。

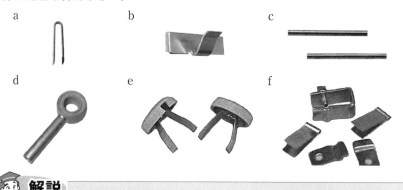

a　　　　　　　b　　　　　　　c

d　　　　　　　e　　　　　　　f

解説

解答

	名　称	用　　途
a	ステップル	空気管を造営材に取り付ける際に用いる。
b	ステッカー	ステップルが使えない造営材に空気管をとりつける。
c	接続管（スリーブ）	**空気管どうし**を接続する際に用いる。
d	銅管端子	空気管を検出部に接続する際に用いる。🔰出た!
e	貫通キャップ	空気管が壁やはりを貫通した箇所をふさぐ。🔰出た!
f	クリップ	空気管を天井などに取り付ける際に用いる。

【問題8】

次の写真に示す工具等の名称を答えなさい。

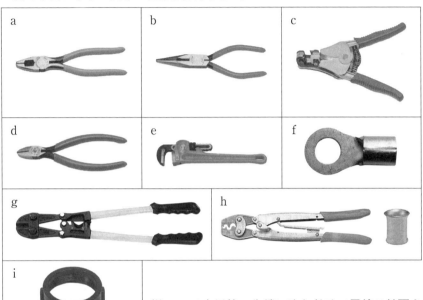

a		b		c	
d		e		f	

g

h

i

（注：ⅰは金属管の先端に取り付けて**電線の被覆を
保護する**のに用いる）

第4編

鑑別等試験（問題・解答）

解説

解答

a	ペンチ	b	ラジオペンチ	c	ワイヤーストリッパー
d	ニッパー	e	パイプレンチ	f	圧着端子
g	ボルトクリッパー（ボルトカッター）	h	圧着ペンチとリングスリーブ _(下の注：を参照)		
i	絶縁ブッシング				

　gは太い電線等の切断，hはスリーブを使って電線を接続する際に使用する。

注：圧着ペンチを使用する際の留意点は次のとおりです。（出題例があります。）

・リングスリーブは圧着する電線の太さと本数によって定められた大きさのものを使用する。

・圧着ペンチはリングスリーブの大きさに合わせて「小」あるいは「中」の位置を選
んで圧着する。…など

【問題9】

次の写真は金属管工事に使用する工具である。名称と用途を答えなさい。

a

b

c

d

e

f

解説

解答

	名　称	用　途
a	パイプベンダ	金属管を曲げる。
b	ねじ切り器	金属管にねじを切る。
c	パイプバイス	金属管（パイプ）を固定する。
d	パイプカッタ	金属管を切断する。
e	リーマ	金属管切断面の内面をなめらかにする。
f	ウォーターポンププライヤ	普通のプライヤーでは挟めない大きなものを挟んで曲げたり，回したりする工具。

【問題10】

　下の図は，自動火災報知設備の発信機で，AはP型2級，BはP型1級を示したものである。⑴P型1級とP型2級の構造上の相違点を2つと，⑵発信機に表示すべき事項を3つ答えなさい。

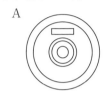

P型2級発信機

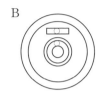

P型1級発信機

第4編

鑑別等試験（問題・解答）

解答　（解説の図は次頁）

⑴	P型1級には**確認ランプ**（応答ランプともいう）が設けられているが，P型2級には設けられていない（通報確認ランプ⇒　押しボタンを押してランプが点灯すれば受信機で受信したことを発信機側で確認できる）。
	P型1級には**電話ジャック**が設けられているが，P型2級には設けられていない（電話ジャック⇒　専用の送受話器（下の写真）を差し込むことにより，受信機との間で電話連絡ができるようにしたもの）。
⑵	1．型式及び型式番号 2．製造年 3．製造事業者の氏名又は名称

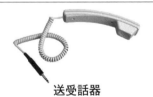

送受話器

注意！　（⑴について）

　本試験では，機器収容箱の写真を示して「写真は機器収容箱であるが内蔵する機器の1級，2級の特性について答えなさい。」という形で出題される場合もあります。

　また，「このうち，1級と2級の相違があるのはどれか（⇒**発信機**）」「このうち，検定が必要なものはどれか（⇒**発信機**）」という出題例もあります。

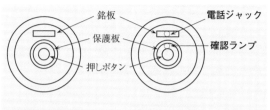

P型2級発信機　　　　　　P型1級発信機

【クチコミ情報】
　送受話器で話している写真を示して発信機，受信機の級数を問う出題有り⇒発信機はP型1級で接続受信機はP型1級受信機です。

設問(2)の発信機に表示すべき事項は次のようになっています（抜粋）。

1．型式及び型式番号　　　　2．製造年（⇒製造年月日ではないので注意！）
3．製造事業者の氏名又は名称　4．取扱方法の概要
5．火災報知機という表示　　6．P型1級，P型2級，T型，M型の別
7．発信機という文字　　　　（このうちの3つを答えればよい）

|類題1|　発信機のボタンを押しても火災灯も音響装置も作動しない原因を2つ答えよ。

|類題2|　発信機のボタンを誤って押し，主音響装置，地区音響装置が鳴動し，受信機の火災灯も点灯している。この場合，受信機を元の状態に復旧するまでの手順を答えよ。

|解答|

類題1	接点の腐食，接点に異物が混入，配線の断線など（このうち2つ答える）。 （注：発信機内の終端抵抗の断線や感知器の故障などは関係ない）
類題2	1．受信機の主音響装置停止スイッチを押して停止。 2．地区音響停止スイッチを押して地区ベルを停止。 3．発信機のボタンを引き戻して元の状態に戻す。 4．受信機の火災復旧スイッチ（はね返りスイッチ）を押す（⇒火災灯，地区表示灯が消灯）。 5．受信機の主音響停止スイッチと地区音響停止スイッチを元の状態（警戒状態）に戻す。

　なお，「受信機の復旧ボタンを押しても復旧しない理由」の出題例もありますが，
・感知器回路の短絡（ショート）　・感知器が復旧していない
・発信機の押しボタンが押されたままになっている……などが考えられます。

【問題11】

　右の写真は，公称作動温度が 80℃ の感知器である。

次の各設問に答えなさい。

設問1　「この感知器は，定温式スポット型感知器のうち，

①非防水型，②防水型，③防爆型の感知器である。」

下線部①～③のうち，適切なものはどれか。

設問2　この感知器を取り付ける場合，感知器の下端は取り付け面から何 m

以内でなければならないか。

設問3　この感知器を取り付けることができる部屋の正常時における最高周

囲温度は何℃以下とされているか。

第4編

鑑別等試験（問題・解答）

解説

　設問1については，感知器にリード線が付いてないので，非防水型です。

（注：2本のリード線が付いているものは**防水型**です）

解答

設問1	①
設問2	0.3 m 以内（煙感知器は 0.6 m 以内ですが，それ以外の感知器は 0.3 m 以内です）。
設問3	60℃（最高周囲温度は感知器の公称作動温度より 20℃ 以上低い必要があります。つまり，「感知器の公称作動温度－20℃≧最高周囲温度」となります。）

【問題12】

　下に示す感知器について，その名称，作動

原理及び矢印で示す各部の名称を答えなさい。

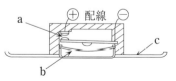

解説

解答

①感知器の名称	定温式スポット型感知器				
②作動原理	バイメタルの反転を利用したもの				
③各部の名称	a	接点	b	円形バイメタル	c	受熱板

【問題13】

図イは，写真アの感知器の構造を図示したものである。感知器の名称，作動原理及び矢印で示す各部の名称を答えなさい。

ただし，写真のものは定温式ではないものとする。

ア　　　　　　　　　　　　　　イ

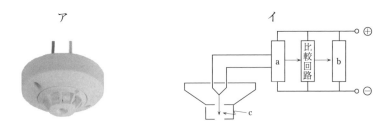

解説

解答

①感知器の名称	差動式スポット型感知器		
②作動原理	温度検知素子により火災時の温度上昇を検出して発信する		
③各部の名称	a	温度上昇率検出回路	b	スイッチング回路
	c	温度検知素子		

【問題14】

右の写真は，自動火災報知設備の感知器の一部を示したものである。次の各設問に答えなさい。

設問1　写真で示している部品を用いる感知器の名称を答えなさい。

設問2　矢印で示す部分の名称を答えなさい。

設問3　この感知器の作動原理を答えなさい。

解説

解答

設問1	差動式分布型感知器（空気管式）
設問2	コックスタンド（上にある孔はテストポンプを接続する孔と空気管を接続する孔で，横にあるコックハンドルは感知器の試験を行う際に切り替えます）
設問3	空気管が加熱されることによって空気管内の空気が膨張し，検出部内のダイヤフラムが押されて接点を閉じ，火災信号を発信する。

第4編

鑑別等試験（問題・解答）

【問題15】

　図は，差動式分布型感知器（空気管式）の「ある試験」を行う際の検出部と各機器の接続状態を表したものである。次の各設問に答えなさい。

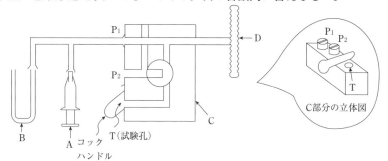

C部分の立体図

B　A コックハンドル　T（試験孔）

設問1　試験の名称及びその目的を答えなさい。

設問2　図の A～D の矢印で示す部分の名称を答えなさい。

　　　　なお，A については，容量（cc）を答えなさい。

 解説

解答

設問1	名称……接点水高試験（ダイヤフラム試験）
	目的……テストポンプで空気を注入して，空気管のダイヤフラムの接点が閉じた時のマノメーターの水高値から，接点間隔の良否（＝作動空気圧の良否）を判定する。

設問2	A：テストポンプ　容量は5cc（消防庁通知，点検要領より） B：マノメーター C：コックスタンド D：ダイヤフラム

【問題16】

下の写真は差動式分布型感知器（熱電対式）の検出部
である。次の各設問に答えなさい。

設問1　この検出部1個に接続できる熱電対部の最大
個数はいくつか。

設問2　この感知器の作動試験などに用いられる試験
器名を答えなさい。

（設問1）　この問題も筆記の知識だけで解けます。すなわち，熱電対部は1感
知区域ごとに4個以上で，かつ，最大個数は20個以下となっています。

解答

設問1	20個	設問2	メーターリレー試験器

【問題17】

下の写真並びに図は「ある感知器」を示したものである。次の各設問に答え
なさい。

外　観

模式図

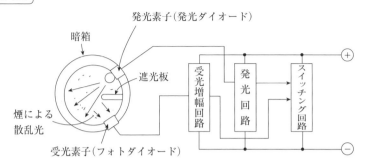

発光素子(発光ダイオード)
暗箱
遮光板
受光増幅回路
発光回路
スイッチング回路
(+)
煙による散乱光
受光素子(フォトダイオード)
(−)

設問1　この感知器の名称を答えなさい。

設問2　この感知器の作動原理を答えなさい。

設問3　矢印 a で示す部分は，規格で定められた「ある機能」を有するが，この部分の名称を答えなさい。

設問4　矢印 a で示す部分は，どのような時にどのように作動するか答えなさい。

設問5　矢印 b で示した網，円孔板等を設ける理由を答えなさい。

 解説

解答

設問1	光電式スポット型感知器
設問2	煙の流入により発光素子からの光束が散乱し，受光素子がその散乱光を受光量の変化として検出し，火災信号を発信する。
設問3	作動表示灯
設問4	感知器が作動したときに点灯する。
設問5	虫の侵入を防止する（**光電式スポット型**や**イオン化式スポット型**などに設ける）

【問題18】

　下の写真に示す感知器について，次の各設問に答えなさい。

設問1　次の文の（A）（B）に当てはまる語句を答えなさい。

　「この感知器は，（A）式の（B）感知器である。」

設問2　この感知器が設置できない場所を次の語群から選び記号で答えなさい。

　ア．自動車のヘッドライトがあたる場所

　イ．ハロゲンランプ，殺菌灯，電撃殺虫灯などが使用されている場所

　ウ．ライター等の使用場所

　エ．道路の用に供される部分

　オ．天井高が22 mの場所

　カ．じんあい，微粉等が多量に滞留する場所

設問3　次の文の（A），（B）に当てはまる数値，語句を答えよ。

　「炎感知器における監視空間とは，当該区域の床面から（A）mまでの空間を
　いい，感知器からその監視空間の各部分までの距離を（B）という。」

設問4　この感知器に表示すべき主な事項として，次のうち誤っているもの
　はどれか。

　(1)　型式　　　(2)　製造年　　　(3)　感知器の種別　　　(4)　定格電流

解説

設問1　受光部の形状が丸く，受光部の周りが受光部に向かって少し凹んでい
　ることなどから判断します。

設問2　アは赤外線式のみ，イは紫外線式のみ，ウは両者共通に設置できない
　場所です。また，エは，写真の感知器は屋内型なので×。オは，P 99の図
　の⑤より設置可能，カは，P 134の表の①より，設置可能となります。

設問4　P 350の資料5，感知器に表示すべき主な事項を参照。

解答

設問1	A：赤外線　B：炎	設問3	A：1.2　B：監視距離
設問2	ア，ウ，エ	設問4	(4)

【問題19】

　次の写真は，自動火災報知設備に用いられる各種の器具を示したものである。次の各設問に答えなさい。

設問1　それぞれの名称を，下記の語群から選び記号で答えなさい。

設問2　特定1階段等防火対象物の階段に設けることができる感知器はどれか。また，その場合，垂直距離何mにつき1個以上設ける必要があるかを答えなさい。

第4編

鑑別等試験（問題・解答）

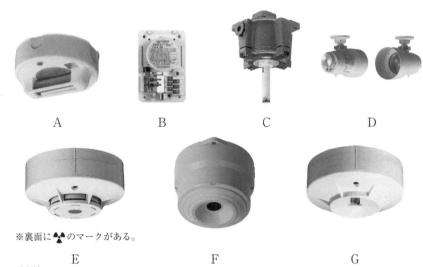

A　　　　　B　　　　　C　　　　　D

※裏面に☢のマークがある。

E　　　　　　　F　　　　　　　G

<語群>

ア．差動式分布型感知器(空気管式)	イ．差動式分布型感知器(熱電対式)
ウ．定温式スポット型感知器	エ．定温式スポット型感知器(防爆型)
オ．炎感知器	カ．光電式分離型感知器
キ．イオン化式スポット型感知器	ク．光電式スポット型感知器

解説

（設問1）　Bは差動式分布型感知器（空気管式）ですが，上部にダイヤフラム
　　のケースがあり，また，下部の左にコックスタンドがあるので，イの熱電対
　　式ではなく，空気管式となります。また，Eの場合，イオン化式と光電式を
　　外観だけで見分けるのは難しいですが，「☢のマークがある」という注釈が
　　あるので，イオン化式となります。

　　なお，Fは**赤外線式**，Gは**紫外線式**の炎感知器です。
また，右の写真はGに自在取付台を使用したもので，
矢印部分は「**受光素子**」です（出題例あり）。

自在取付台を
使用した場合

（設問2）　階段なので，Eの煙感知器になります。また，煙感知器は，特定1
　　階段等防火対象物の場合，垂直距離7.5 mにつき1個以上設けます。

解答

（設問1）

A	B	C	D	E	F, G
ウ	ア	エ	カ	キ	オ

　（注：FやGなどの炎感知器は**屋内型**であり，道路には使用できないので注
意！）

（設問2）

感知器	E
垂直距離	7.5 m

【問題20】

　自動火災報知設備のP型1級発信機における感知器回路の感知器と配線の接続について，次の各設問に答えなさい。

設問1 　①下図のような送り配線とする理由について，答えなさい。また，
　　　　②送り配線としなかった場合における不具合についても答えなさい。

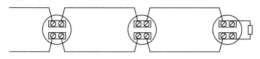

設問2 　下図の回路において@〜ⓒのうち誤っている部分を指摘し，その結果，どのような支障が生じるかも答えなさい。

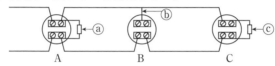

設問3 　終端器を設ける理由について答えなさい。

解答

設問1	①　感知器回路の配線が1箇所でも断線した場合に受信機がそれを検出できるようにするため。 ②　送り配線にしなかった部分以降で断線が生じても検出できない。
設問2	@：回路導通試験を行っても試験電流がAの終端器を経由して受信機に戻ってくるため，Aの感知器以降で断線があってもそれを検出することができない。 ⓑ：枝出し配線になっており，ⓑで断線があっても導通試験にパスしてしまう。
設問3	受信機側で断線の有無を確認するため。

類題 　写真の器具はP型2級受信機に使用するものである。
　名称と用途を答えなさい（答は次項下）。

【問題21】

　下の図は，自動火災報知設備の受信機と地区音響装置の接続図である。次の各設問に答えなさい。

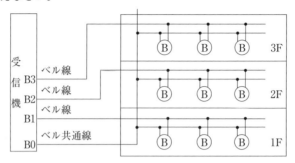

受信機

B3　ベル線
B2　ベル線
B1　ベル線
B0　ベル共通線

3F
2F
1F

設問1　この鳴動方式を答えなさい。

設問2　この装置の音圧は，規格省令上，何 dB 以上必要とされているか。また，その際，使用される騒音計のレンジを答えなさい。

設問3　受信機から地区音響装置までの回路に使用できる電線の種類は，法令基準ではどのように定められているかを答えなさい。

解説

　設問1ですが，一斉鳴動の場合は，2本の線を各警戒区域に並列になるように接続すればよいので，各警戒区域固有のベル線は不要となります。しかし，図では，各警戒区域固有の**ベル線**が接続されているので，従って，一斉ではなく，**区分鳴動方式**になります。

　また，設問3ですが，電線は原則として 600 V ビニル絶縁電線（IV 線）を用いますが，地区音響装置へは 600 V 2 種ビニル絶縁電線（HIV 線）を用います。

- -

＜問題20［類題］の答え＞

名称	回路試験器（押しボタンともいう）
用途	Ｐ型２級受信機の回線の末端に取り付けて導通試験を行う（末端が発信機の場合は不要）。

解答

設問1	区分鳴動方式
設問2	90 dB 以上（音声による警報を発するものは 92 dB 以上），A レンジ
設問3	600 V 2 種ビニル絶縁電線（HIV 線）

【問題22】

　次の図は，自動火災報知設備における感知器回路を示した図である。終端抵抗の位置を記号を用い図中に記入しなさい。なお，受信機から機器収容箱間の配線本数は省略した。

A ［機器収容箱］

B ［機器収容箱］

C ［機器収容箱］

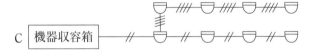

D ［機器収容箱］

凡例

　▽　差動式スポット型感知器（2種）

　Ω　終端抵抗

　＃＃＃　配線本数　4本

解説

　感知器回路の配線は，容易に導通を確認できるよう，**送り配線**とする必要があります。その際，Ｐ型１級の場合は，**終端器（終端抵抗）**を，Ｐ型２級の場合は**発信機**か押しボタンを末端に接続します。

　まず，Ａの場合ですが，感知器間が４本ずつということは，下図のように，機器収容箱から出て行って機器収容箱に戻る，というような配線になります。従って，機器収容箱内の発信機に終端抵抗を設けます。

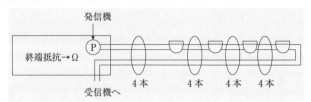

　次にＢですが，こちらの方は右端が終端となっているので，右端の感知器に設けます。

　Ｃの場合，下図のａの感知器からｂの感知器まで往復し，そこからｃの感知器まで配線されているので，ｃの感知器に終端抵抗を設けておきます。

　Ｄは，右端の感知器まで行って，またｄの感知器まで戻っているので，そのｄの感知器に終端抵抗を設けます。

解答

　下図のようになります。

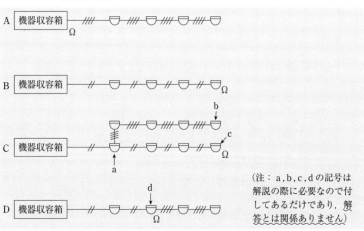

（注：ａ，ｂ，ｃ，ｄの記号は解説の際に必要なので付してあるだけであり，解答とは関係ありません）

【問題23】

　下の写真は受信機の前面操作部分の一部を示したものである。

　矢印の「スイッチ注意灯」が点滅している場合，その原因として適当なものを，下記の語群から2つ選び記号で答えなさい。

<第4編　鑑別等試験（問題・解答）>

＜語群＞

- ア．予備電源試験スイッチが停止の位置にある
- イ．火災試験スイッチが停止の位置にある
- ウ．火災復旧スイッチが定位にない
- エ．予備電源の電圧が低下している
- オ．導通試験スイッチが試験側の位置にある
- カ．終端器が外れている

解説

　スイッチ注意灯は，受信機のスイッチが定位（定位置）にない，というのをランプを点滅させることによって知らせるもので，**自動的に定位に復帰しないタイプのスイッチ**（＝はね返りスイッチではないスイッチ）が対象です。

　よって，アの予備電源試験スイッチとウの火災復旧スイッチは，はね返りスイッチなので，スイッチ注意灯とは関係がありません。

　また，エの予備電源の電圧が低下していたり，カの終端器が外れているからといってスイッチ注意灯は点滅しません（予備電源の電圧のチェックは，予備電源試験スイッチを入れて行います。）

解答

イ	オ

【問題24】

　次の表の①〜⑩に当てはまるものを下記語群から選び記号で答えなさい。

なお，受信機はいずれも１回線のものは除くものとする。

	火災表示試験装置	火災表示の保持装置	予備電源装置	確認，電話連絡装置	導通試験装置	火災灯
Ｐ型１級受信機	①	必要	必要	⑤	⑦	⑨
Ｐ型２級受信機	②	③	④	⑥	⑧	⑩

＜語群＞　ア　必要　　イ　不要　　ウ　省略してもよい
　　　　　エ　非常電源があれば省略することができる

解説

　Ｐ172 の表を参照

解答

①	②	③	④	⑤	⑥	⑦	⑧	⑨	⑩
ア	ア	ア	ア	ア	イ	ア	イ	ア	ウ

【問題25】

　次ページの図は，Ｐ型１級受信機の前面部分を示したものである。次の各設問に答えなさい。

設問１　回路導通試験を行う場合に必要なスイッチを入れる順序として，次のうち正しいものはどれか，記号で答えなさい。

　ア．⑦─⑨　　　　　　　　　　イ．⑦─⑨─④
　ウ．⑦─②─④　　　　　　　　エ．⑦─⑨─⑤

設問２　火災表示試験を行う場合に必要なスイッチを入れる順序として，次のうち正しいものはどれか，記号で答えなさい。

　ア．①─②─⑤─③─⑨　　　イ．⑤─⑨─③
　ウ．⑨─⑤─⑦─③　　　　　エ．⑨─⑤─③

設問３　定位置に自動的に復旧するスイッチ（はね返りスイッチ）の記号を２つ答えなさい。

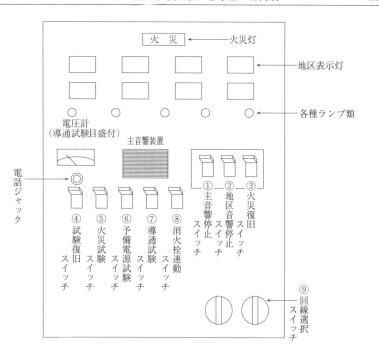

 解説

（設問1）　回路導通試験は次の手順で行っていきます。

1．⑦の導通試験スイッチを操作（試験側にする）する。

2．電圧計の指示が適正な範囲内にあるか（または導通表示灯が点灯しているか）などで導通の良否を確認し，回線選択スイッチを回転させて，順次試験を行う。

　　従って，アの⑦―⑨が正解です。

（設問2）　火災表示試験は，火災表示及び**自己保持機能**が正常であるかを確認するための試験で(⇒この試験の目的は重要です！)，次の順序で行います。

1．まず，⑤の火災試験スイッチを操作（**試験側にする**）して**警戒区域を試験状態**にし，「火災灯及び地区表示灯」の点灯，「主音響，地区音響装置」の鳴動などを確認し，その状態で⑨の回線選択スイッチを次に回転させます。

2．「前の地区表示灯とともに次の地区表示灯」が点灯し，「主音響，地区音響装置」も継続して鳴動していることを確認します。

3．火災復旧スイッチ（はね返りスイッチ）を操作する。

4．火災復旧スイッチを入れている（⇒　復旧の位置にしている）間は地区表示灯と音響装置はOFF（⇒　ランプが消え鳴動も停止）の状態となります。

5．火災復旧スイッチを戻す（火災復旧の位置にする）と，「回線選択スイッチの現在の位置の地区表示灯」のみ再び点灯し，音響装置（主音響，地区音響とも）も再び鳴動を開始します。

6．以下回線選択スイッチを回して，同じ手順で試験を行っていきます。

　なお，火災表示試験では，「回線選択スイッチを回しても復旧スイッチを入れるまでは表示が継続している」ということにより**自己保持機能の確認を行う**ことができますが，このことについて本試験では，度々「火災表示試験の**目的**を答えなさい。」などと出題されているので，注意が必要です。

（＜補足＞⇒ガス漏れ表示試験でも基本，自火報と同じ順序ですが，ただ，火災試験スイッチが**ガス漏れ表示試験スイッチ**に，火災灯が**ガス漏れ灯**に変わります。）

│解答│

設問1	ア	設問2	イ	設問3	③，⑥

【問題26】

　写真の受信機について，次の各設問に答えなさい。

│設問1│ 「この受信機は，（　）級受信機である。」
　（　）内に当てはまる数字を答えなさい。

│設問2│ 設問1で答えた理由を2つ答えなさい。

解説

│解答│

設問1	2	
設問2	・火災灯がない。	・地区表示灯が5つしかない。

【問題27】

　下の写真は，自動火災報知設備のＰ型１級受信機である。

設問1　接続された感知器が火災を感知したときの主たる作動を４つ答えなさい。

設問2　スイッチ注意灯が点滅する原因を２つ答えなさい。

設問3　感知器の作動以外に火災灯や地区表示灯が点灯する原因を２つ答えなさい。

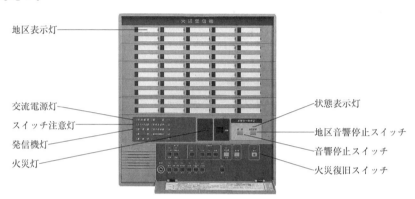

地区表示灯
交流電源灯
スイッチ注意灯
発信機灯
火災灯
状態表示灯
地区音響停止スイッチ
音響停止スイッチ
火災復旧スイッチ

解説

解答

設問1	・火災灯の点灯　　　　　　　・地区表示灯の点灯 ・主音響装置の鳴動　　　　　・地区音響装置の鳴動
設問2	・火災試験スイッチが定位にない。 ・導通試験スイッチが定位にない。 （はね返りスイッチ以外のスイッチが定位にない旨を書けばよい）
設問3	・発信機が押された。 ・（水漏れ，ねずみがかじるなどによる）配線のショート など

　設問3については，「地区表示灯の警戒区域３が点灯したが火災ではなかった。考えられる原因を答えよ。ただし，感知器の作動は除く」という形式で出題される場合もありますが，答は同じです。

【問題28】

　下記の図のP型1級（10回線）受信機において，No.3の回線が現在工事のため断線になっている。また，No.9，10の回線は予備の空回線である。このような受信機の状態において，次の各設問に答えなさい。

設問1　火災表示試験を実施した場合の結果として，正しいものを次ページの語群から選び記号で答えなさい。

設問2　No.3の回線が断線していることを判別する試験方法の名称を答えなさい。

＜P型1級受信機＞

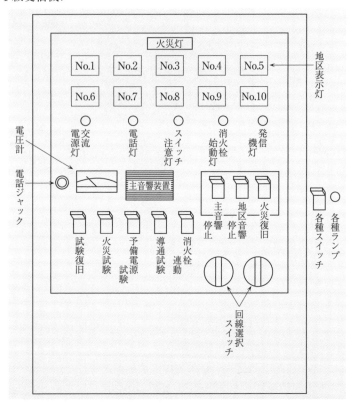

＜語群＞

　　ア．全部の地区表示灯が点灯する。

　　イ．No.3の地区表示灯が点灯しない。

　　ウ．No.9とNo.10の地区表示灯が点灯しない。

　　エ．No.3とNo.9及びNo.10の地区表示灯が点灯しない。

　　オ．予備電源に切り替えれば，No.3の地区表示灯も点灯する。

解説

（設問1）　No.3の回線が断線していても，受信機そのものの火災表示試験には影響がないので，No.3のランプは点灯します。また，No.9とNo.10の回線ですが，予備の空回線であっても火災表示試験を実施すればランプは点灯します。

解答

設問1	ア	設問2	回路導通試験

【問題29】

　　次の文は，共通線試験の手順について説明したものである。文中の(A)〜(E)に当てはまる語句を，次の語群から選び記号で答えなさい。

　　なお，写真はP型1級受信機の操作部を示したものであり，表はこの受信機における「共通線表示」である。

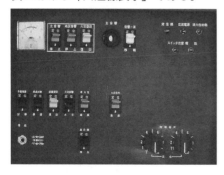

共通線表示	
C₁	L₁, L₂, L₃, L₄, L₅, L₆
C₂	L₇, L₈, L₉, L₁₀

（注）　C：共通線
　　　　L：表示線

＜説明文＞

1．各回線ごとに（　Ａ　）試験を行い，全回線に断線のないことを確認する。

2．（　Ｂ　）試験スイッチを倒す。

3．C_1を外し，（　Ｃ　）スイッチを順に回して，電圧計の指針が「断」となった回線数を確認する。

4．次に，C_2を外し，（　Ｃ　）スイッチを順に回して，「断」となった回線数を確認する。

5．各共通線表示に対応する回線において，「断」となった回線数がC_1の場合で（　Ｄ　）以下，C_2の場合で（　Ｅ　）以下であれば，良好と判断する。

＜語群＞

(ア)　火災表示	(イ)　回路導通	(ウ)　試験復旧	(エ)　導通
(オ)　主音響停止	(カ)　予備電源	(キ)　回線選択	(ク)　4
(ケ)　5	(コ)　6	(サ)　7	

解説

解答

Ａ	Ｂ	Ｃ	Ｄ	Ｅ
(イ)	(エ)	(キ)	(コ)	(ク)

感知器回路の共通線については，１本につき７警戒区域（７回線）以下である必要があります。

それを確認する試験が，この共通線試験で，任意の警戒区域の共通線を外し，受信機の回線選択スイッチを１回線（１警戒区域）ずつ回して，電圧計の指針が断線の部分を示す回線数をカウントします。

【問題30】

　下の写真は自動火災報知設備の部品である，次の各設問に答えなさい。

設問1 　この部品の名称を答えなさい。

設問2 　この部品を P 型受信機に用いた場合に必要とされる性能について，次の文章の（A）と（B）に当てはまる適切な数値を答えなさい。

「監視状態を（A）分間継続した後，2の警戒区域の回線を作動させることができる消費電流を（B）分間継続して流すことができる容量以上であること。」

第4編　鑑別等試験（問題・解答）

 解説

解答

設問1	予備電源（バッテリー）			
設問2	A	60	B	10

【問題31】

図は，差動式分布型感知器（空気管式）を布設した際の断面図である。（A），（B）に入る適切な数値を答えなさい。

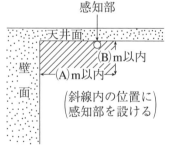

 解説

空気管は取り付け面の下方 0.3 m 以内，取り付け面の各辺から 1.5 m 以内に設けます。

解答

A	1.5	B	0.3

【問題32】

　図は，光電式分離型感知器が体育館の天井面に設置されている図である。

　床面から光軸までの高さ a と天井高 b および種別の組合せとして，次のうち，適切なものには○，不適切なものには×を付しなさい。

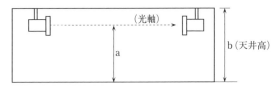

	a	b	種別
(1)	6.5 m	10 m	1種
(2)	10 m	12 m	2種
(3)	12 m	14 m	1種
(4)	16 m	18 m	2種

解説

　光電式分離型感知器の光軸の高さ（a）については，「天井などの高さ（b）の 80% 以上の高さに設けること。」となっています。

　従って，a≧b×0.8　であればよいことになります。

　(1)～(4)の b の数値から適切な a の数値を計算すると，(1)8 m 以上，(2)9.6 m 以上，(3)11.2 m 以上，(4)14.4 m 以上となるので，(2)(3)(4)が○になります。

　次に，1種は20 m 未満まで設置できるので(1)，(3)とも○。しかし，2種は15 m 未満までしか設置できないので(2)は○，(4)は×となります。結局，(2)，(3)のみが○となります。

解答

(1)	(2)	(3)	(4)
×	○	○	×

【問題33】

　写真の機器についての次の説明文中の（　A　）～（　F　）に適切な語句を入れて文章を完成させなさい。

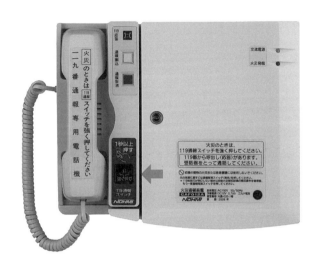

　「写真の機器は（　A　）と呼ばれているもので，火災が発生した場合，矢印の押しボタンを押すか，または（　B　）からの（　C　）により電話回線を利用して，あらかじめ音声で記憶させている住所や施設名および火災が発生した旨などの（　D　）情報を消防機関に通報するとともに，（　E　）も行える装置で，発信の際に接続されている電話回線が使用中の場合は，（　F　）的に発信可能の状態としなければならない。」

解説

解答

（A）	（B）	（C）	（D）	（E）	（F）
火災通報装置	自動火災報知設備	火災信号	蓄積音声	通話	強制

【問題34】

　次の防火対象物に自動火災報知設備を設置する場合，最小警戒区域数を答えなさい（ただし，内部は見通しがきかず，また，光電式分離型感知器は設置しないものとする）。

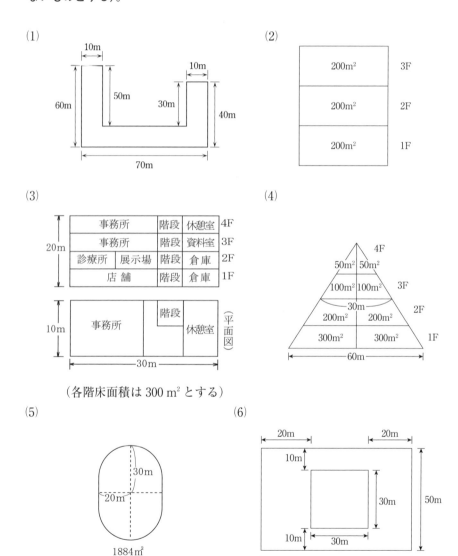

(1)

(2)

(3)

（各階床面積は300 m² とする）

(4)

(5)

(6)

解説

(1)　一辺の長さが 50 m を超える部分が 2 箇所あり延べ面積も 1,500 m² なので 3 **警戒区域**とする必要があります。

　　ここでは，図のような位置で 3 分割しました（いずれも 500 m²）。

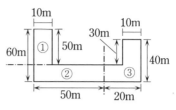

(2)　上下の階の床面積の合計が 500 m² **以下**なので，1 F と 2 F で 1 警戒区域，3 F で 1 警戒区域の計 2 **警戒区域**となります。

(3)　上下の階の床面積の合計が 500 m² 超なので，1 フロアで 1 警戒区域とします。
　　従って，階段の 1 警戒区域と合わせて 5 **警戒区域**となります。

(4)　底辺が 50 m 超なので，1 F 全体を 1 警戒区域にはできず，図のように 1 F，2 F の半分ずつで 1 警戒区域，3 F，4 F 全体で 1 警戒区域（50 m 以下で 3 F，4 F の上下の合計が 500 m² 以下より）の計 3 警戒区域となります。

(4)の図

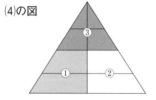

(5)の図

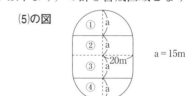

(5)　縦が 50 m 超なので，床面積が 600 m² 以下になるように，図のように横に 4 つに区分して 4 **警戒区域**となります。

(6)　図のように分割すると，**5 警戒区域**になります。

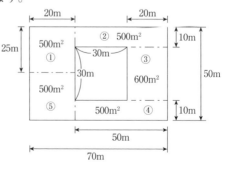

補足 ⇒(5)の解説において，
「600 m² 以下は 500 m² 以下の間違いでは？」という問合せ有り
⇒500 m² 以下というのは断面図における上下の階の床面積の合計を求める際の数値であり，(5)は断面図ではなく平面図なので，600 m² 以下で判断します。

解答

(1)	(2)	(3)	(4)	(5)	(6)
3	2	5	3	4	5

【問題35】　次の図は，Ｐ型１級受信機の端子盤を測定している図である。
次の各設問に答えなさい。

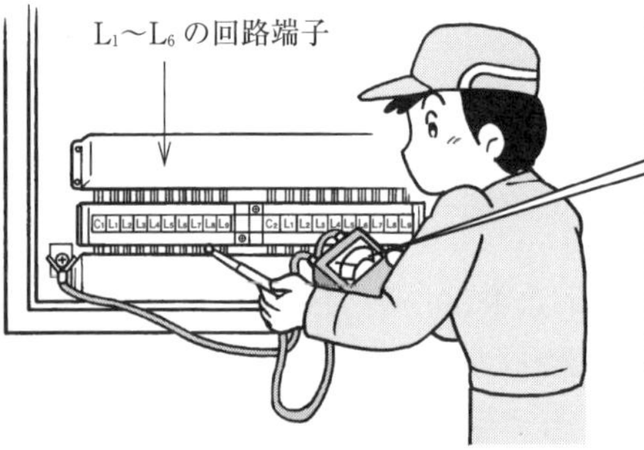

L₁～L₆ の回路端子

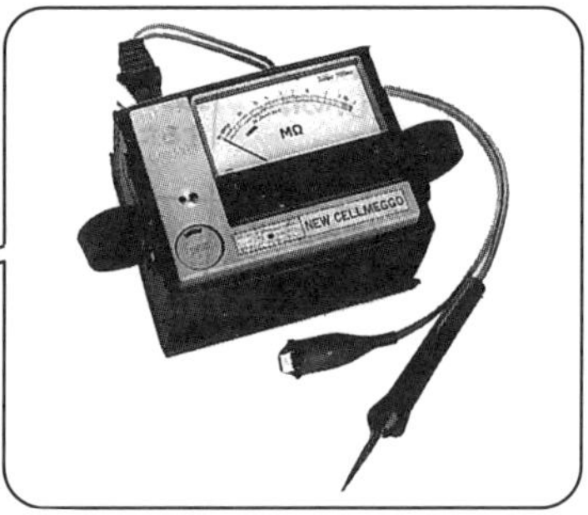

測定器の拡大写真

設問1　この測定器具の名称を次のうちから選択しなさい。

A　回路計　　　B　接地抵抗計　　　C　絶縁抵抗計　　　D　検電器

設問2　共通線Ｃ１の測定結果が 0.001 MΩ であった。このことについて，ど
のような問題が考えられるかを次のうちから選択しなさい。

ア．Ｃ１回路の絶縁不良

イ．Ｌ１回路の短絡

ウ．Ｌ１～Ｌ６回路の絶縁不良

エ．測定結果が 0.001 MΩ であることについては，特に問題はない。

解説

（設問１）　測定器のテストリードの形状や目盛盤の MΩ の文字などから絶縁
　　　　　抵抗計と判断します。

（設問２）　回路と大地間の絶縁抵抗は，0.1 MΩ 以上必要なので，Ｃ１の 0.001
　　　　　MΩ は，Ｃ１回路の絶縁不良ということになります。

（注：巻末付録Ｐ２の問題７，感知器回路の絶縁抵抗の問題を参照）

解答

設問1	C	設問2	ア

第4編
実技試験

第2章　製図試験

Ⅱ　製図試験

製図試験は 2 問出題されます。その第 1 問には，①具体的に感知器や配線を記入して図を完成させる，という問題と，②設計図上の誤りを指摘したり，警戒区域の設定及び感知器を選定して記入する，というような問題の 2 パターンが一般的に出題されています。

従って，特に①のような問題が出題されると，製図の知識を正確に理解しておかないとなかなか図を作成することができないので，単に図を見て理解するだけではなく，**実際に自分で警戒区域や感知器などを記入し，機器を配線で接続して図を完成させるという能力**が必要となります。そのためには，特に**感知器の設置基準**をよく理解しておく必要があります。

次に，製図試験の第 2 問ですが，一般的には**系統図**の問題がよく出題されています（そうでないケースもたまにある）。内容的には，**配線本数**を求める問題が圧倒的に多いので，本書の姉妹編である「わかりやすい第 4 類消防設備士試験」等を利用するなどして，確実に本数を計算できるようにしておく必要があります。こちらの方は，計算のパターンさえつかんでおけば，比較的点数が取れる部分なので，特に①の製図に自信のない人は，確実に理解して点数が取れるようにしておく必要があるでしょう。

その他，系統図では，**受信機の種類や警戒区域数**（たまに**電線の種類**も），また，①と同じく，**凡例記号を用いて図に感知器などを記入する**というような問題なども出題されているので，こちらの方も本書に記載されている例題などをよく理解して，確実にマスターしておく必要があるでしょう。

(注 1)：問題文中における感知器等の「設置個数」については，法令基準に定める**最小個数**とします。

(注 2)：受信機については，特に断りがない限り非蓄積式の受信機とします。

(注 3)：本試験の作図の問題で凡例の機器収容箱の備考欄に「発信機等を収容」などと表示してあれば平面図や系統図中の機器収容箱内には発信機等の記号は表示する必要はありませんが，その旨が表示してなければ，機器収容箱内に表示する必要があります。

製図問題

【問題1】

　次の図は倉庫の平面図である。各設問における条件において，一の感知区域に設置する感知器の個数を答えなさい。

＜条件＞

1. 主要構造部は耐火構造である。
2. 設置する感知器は光電式スポット型2種とする。

設問1　a．感知器取り付け面の高さ，3.8mの場合
　　　　b．感知器取り付け面の高さ，4.2mの場合

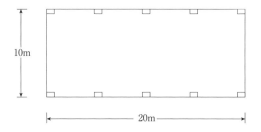

設問2　a．感知器取り付け面の高さ，3.8mの場合
　　　　b．感知器取り付け面の高さ，4.2mの場合

　なお，図の（　　）内の数値は，bの場合における数値であり，また，A－A′断面，B－B′断面とあるのは，はりの凸部を横から見た図である。

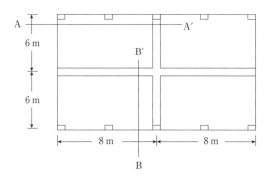

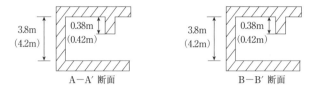

A－A′断面　　　　　　　　B－B′断面

解説

（設問1）　この問題は一応,「製図の問題」となっていますが,内容的には"筆記試験に図が掲げてあるだけ"といった感じの問題です。感知器の取り付け面の高さ及び感知面積については,筆記の方で十分鍛えられているので,そう困難ではなかったかと思います。

　さて,光電式スポット型の感知面積ですが,煙感知器のスポット型の感知面積は次のようになっています(煙式に耐火とその他の区別はありません)。

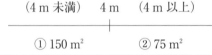

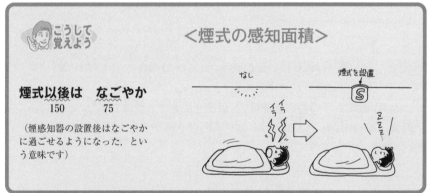

　従って,aの感知器の取り付け面の高さが3.8mの場合は,上の①の部分に該当するので,感知面積は150m²となります。

　床面積の方は,200m²なので,200÷150＝1.333……,となり,繰り上げて2個となるわけです。

　一方,bの感知器の取り付け面の高さが4.2mの場合は,②の部分に該当するので,感知面積は75m²となります。

　よって,200÷75＝2.666……,となり,繰り上げて3個となるわけです。

解答

| 設問1 | a　（感知器の取り付け面の高さ，3.8 m の場合）⇒ 2個 |
| | b　（感知器の取り付け面の高さ，4.2 m の場合）⇒ 3個 |

（設問2）　感知区域は「壁または取り付け面から 0.4 m 以上（差動式分布型と**煙感知器は 0.6 m 以上**）突き出したはりなどによって区画された部分」と定義されていますが，a，bのはりは断面図より，いずれも **0.6 m 未満**なので，そのはりでは区画されないということになります。

　　従って，床面積をそのまま各感知面積で割ればよいということになります。感知面積は，設問1と同じく，a が 150 m²，b が 75 m² で，床面積は 12×16 = 192 m² なので，a は，192÷150 = 1.28　よって，2個。
b は 192÷75 = 2.56　よって，3個となります。

解答

| 設問2 | a　（感知器の取り付け面の高さ，3.8 m の場合）⇒ 2個 |
| | b　（感知器の取り付け面の高さ，4.2 m の場合）⇒ 3個 |

なお，余力のある方は，感知面積に完璧を期すため，次の類題にチャレンジしてください。

類題1

【問題1】の感知器が定温式スポット型感知器の1種の場合における，一の感知区域に設置する感知器の個数をそれぞれ答えなさい。

解説

（設問1）　定温式スポット型感知器（1種）の感知面積は次のようになっています。

（取り付け面の高さ）

（4 m 未満）　　4 m　　（4 m 以上）

①　耐火：60 m²　　②　耐火：30 m²
　　その他：30 m²　　　　その他：15 m²

＜定温式の感知面積＞

（低音が魅力の）ロク　さん／さー行こー！
定温　　　　　　　　60　30　30　15

従って，a，bとも耐火なので，aの感知面積は①の60 m²，bの感知面積は②の30 m²となります。

計算すると，aは200÷60＝3.333……，よって，4個。

b は200÷30＝6.666……，よって，7個となります。

(答)…a：4個，b：7個

（設問2）　煙感知器と違い，定温式スポット型感知器の場合は，0.4 m 以上のはりがあれば，その部分で区画されます。

従って，aの0.38 mは，0.4 m 未満なので区画されず，192÷60＝3.2，よって，4個となりますが，bの0.42 mは，0.4 m 以上となるので，その部分で区画され，各感知区域ごとに感知器の個数を求めます。

計算すると，各感知区域の床面積はそれぞれ48 m²（＝6×8）となるので，48÷30＝1.6　よって，2個となります。

(答)…a：4個，b：2個

類題2

【問題1】の感知器が差動式スポット型感知器の2種の場合における，一の感知区域に設置する感知器の個数をそれぞれ答えなさい。

解説

（設問1）　差動式スポット型感知器（2種）の感知面積は次のようになっています。

（取り付け面の高さ）

（4 m 未満）　4 m　（4 m 以上）

①　耐火：70 m²　②　耐火：35 m²
　　その他：40 m²　　　その他：25 m²

同じように計算すると，耐火の感知面積は a が①の 70 m²，b が②の 35 m²
となるので，計算すると，

　　a は 200÷70＝2.857……，よって，3 個。

　　b は 200÷35＝5.714……，よって，6 個となります。

　　　　　　　　　　　　　　　　　　　　（答）…a：3 個，b：6 個

（設問 2）　差動式スポット型感知器も 0.4 m 以上のはりがあれば，その部分
　で区画されます。

　　従って，a は 0.4 m 未満なのでその部分で区画されず，床面積 192 m² を
　感知面積の 70 m² で割ると，192÷70＝2.74…，よって 3 個となります。

　　一方，b は 0.4 m 以上となるので，その部分で区画され，各感知区域ごと
　に感知器の個数を求めます。

　　計算すると，48÷35＝1.371……，よって，2 個となります。

　　　　　　　　　　　　　　　　　　　　（答）…a：3 個，b：2 個

第 4 編

製図試験（問題・解答）

【問題2】

次ページの図は，消防法施行令別表第1⑷項に該当する建築物（地上4階，地下1階）の地階の平面図である。

この建物に自動火災報知設備及びガス漏れ火災警報設備を法令基準により設置するものとして，下記の条件に基づき，次の各設問に答えなさい。

なお，作図は凡例記号を用いて行うこと。

設問1 このフロアにおける最小の警戒区域数を答えなさい。ただし，たて穴区画は除くものとする。

設問2 地区音響装置を法令の基準にしたがい図中に記入しなさい。ただし，この建築物には非常用放送設備は設置されていないものとする。

設問3 図中の各室ごとに，法令基準に適合する感知器及び検知器を適切な箇所に記入しなさい。

<条件>

1．主要構造部は，耐火構造である。
2．天井の高さは3mで，はり等はないものとする。
3．感知器，検知器及び地区音響装置の配線の記入は，不要とする。
4．たて穴区画部分（階段・エレベーター等）は別の階で警戒している。
5．厨房カウンターの上部には，1mの垂れ壁がある。
6．都市ガスの比重は空気より軽いものとする。
7．ボイラー室の温度は正常時における最高周囲温度である。
8．感知器の設置個数は，法令基準に従い必要最小個数とすること。
9．煙感知器は，これを設けなければならない場所以外は設置しないこと。

凡例

記号	名　称	記号	名　称
⌴	差動式スポット型感知器（2種）	S	光電式スポット型感知器（2種）
⌴	定温式スポット型感知器（1種）	G	ガス漏れ検知器
⌴	同　　上（1種防水型）	B	地区音響装置
		−TG−	都市ガス配管

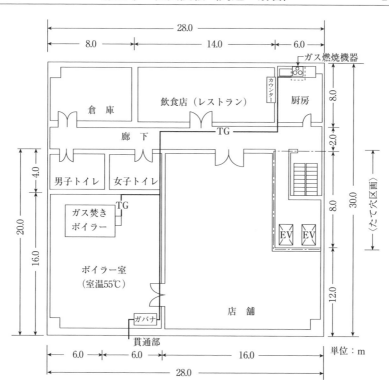

 解説

（設問１）　警戒区域に関する規定ですが，「①　一辺の長さは**50 m 以下**とすること（光電式分離型感知器は100 m 以下）」「②　一つの警戒区域の面積は**600 m² 以下**とすること（ただし，主要な出入口から内部を見通せる場合は，1000 m² 以下とすることができる）」と規定されています。

　①の条件はクリアしているので，②だけを考えると，図の床面積は，28×30＝840 m² なので，一警戒区域の条件をオーバーしてしまいます。従って，一警戒区域の条件600 m² で割れば，求める警戒区域数が求められるのですが，その場合，エレベータ等のたて穴区画の面積（6×8＝48 m²）は除いておく必要があります。

　よって，840－48＝792 m²，これを一警戒区域の面積600 m² で割ると，

　　792÷600＝1.32

　従って，2警戒区域が必要となるわけです。

解答

設問1	2

（設問２）　地区音響装置は，「階の各部分から**水平距離**で**25 m 以下**となるように設けること」と規定されているので，図の店舗の廊下側に設ければこの条件をクリアできます（P 248 の解答例参照）。

　なお，設問の文にある，「非常用放送設備は設置されていない」についてですが，非常用放送設備は音声で警報を発するものであり，これがあればその有効範囲内の地区音響装置は省略することができます。

　また，一般的に地区音響装置は，発信機及び表示灯とともに機器収容箱に収められていることが多いのですが，製図の際には一般に，その機器収容箱のみ図面に記し，中に収容されている地区音響装置などは凡例にその詳細を記しておきます（本問では省略しています）。

（設問３）　まず，特に条件が無い場合は，一般的に**差動式スポット型感知器（2種）**を設置します。これをまずは頭に入れておいてください。

① **感知器（自動火災報知設備）について**
　　a）感知器の種別
　　　　「**地階，無窓階及び 11 階以上の階**」には，**煙感知器**を設置する必要があります（ただし，**特定防火対象物**及び**令別表第 1 第 15 項の防火対象物**に限る）。図の防火対象物は，消防法施行令別表第 1(4)項の防火対象物（⇒百貨店，マーケット，店舗等），すなわち，**特定防火対象物**なので，原則として**煙感知器**を設置する必要があります。

　　　　ただし，次の表より，著しく高温となるボイラー室には煙感知器を設置できないので，**定温式感知器の 1 種**を設置します（蒸気発生を考慮する場合は**防水型**でもかまわない。なお，ボイラー室に蓄電池室が設けられている場合は，**耐酸型**等を設置します）。その際，感知器の公称作動温度は正常時における最高周囲温度より **20℃ 以上**高くする必要があるので，**55℃ +20℃** より，**75℃** のものを設置しておきます。

> 注：一般的に，公称作動温度は凡例に「1 種防水型 75℃」などのように注記しますが，本問では設問上省略しています。

　また，表の⑧より厨房室も煙感知器を設置できないので，**定温式感知器の 1 種（厨房室は防水型）**を設置しておきます。

　なお，トイレは感知器の設置を省略できるので，省略します。

煙感知器設置禁止場所および熱感知器設置可能場所　　（S 型：スポット型）

熱感知器／煙感設置禁止場所	具体例	定温式	差動式分布型	補償式S型	差動式S型	炎感知器
① じんあい等が多量に滞留する場所	ごみ集積所, 塗装室, 石材加工場	○	○	○	○	○
② 煙が多量に流入する場所	配膳室, 食堂, 厨房前室	○	○	○	○	×
③ 腐食性ガスが発生する場所	バッテリー室, 汚水処理場	○（耐酸）	○	○（耐酸）	×	×
④ 水蒸気が多量に滞留する場所	湯沸室, 脱衣室, 消毒室	○（防水）	○（2種のみ）	○（2種のみ）（防水）	○（防水）	×
⑤ 結露が発生する場所	工場, 冷凍室周辺, 地下倉庫	○（防水）	○	○（防水）	○（防水）	×
⑥ 排気ガスが多量に滞留する場所	駐車場, 荷物取扱所, 自家発電室	×	○	○	○	○
⑦ 著しく高温となる場所	ボイラー室, 乾燥室, 殺菌室, スタジオ	○	×	×	×	×
⑧ 厨房その他煙が滞留する場所	厨房室, 調理室, 溶接所	○（<u>防水</u>）	×	×	×	×

（耐酸）　耐酸型または耐アルカリ型のものとする
（防水）　防水型のものとする
（<u>防水</u>）　高湿度となる恐れのある場合のみ防水型とする

b）感知器の設置個数

感知器の設置個数については，問題１でもやりましたので，そう困難ではなかったかと思います。

まず，条件に「はり等はない」とあるので，各室をそれぞれ一感知区域とすることができます。

また，「主要構造部が**耐火構造**」で，「天井の高さは３ｍ（⇒４ｍ未満）」とあるので，**煙感知器**は150 m² が感知面積となり（⇒P 238 解説の図の①参照），**定温式感知器（１種）**は 60 m² が感知面積となります（P 239 類題１の解説の図の①耐火より）。

従って，**煙感知器**から順に設置個数を計算すると，

1．倉庫：床面積は 64 m²（8×8）だから，煙感知器１個の感知面積 150 m² で十分カバーできるので，**１個**設置します。

2．飲食店（レストラン）：床面積は 112 m²（14×8）となるので，これも１個で十分カバーできるので，**１個**設置します。

3．店舗：床面積は(10×8)＋(16×12)＝80＋192＝272 m² となるので，272÷150＝1.813……より，繰り上げて**２個**設置します。

4．廊下：**歩行距離30 m につき１個かつ，廊下の端から 15 m 以内に設置する必要がある**ので，廊下の中央付近に**１個**設置しておきます。
　　　次に**定温式スポット型感知器（１種）**ですが，

5．厨房：床面積は 48 m²（6×8）であり，定温式スポット型感知器（１種）１個の感知面積 60 m² で十分カバーできるので，**１個**設置します。
　　　なお，条件に「カウンターの上部には，１ｍの垂れ壁がある」とありますが，感知区域は 0.4 m（または 0.6 m）以上のはりなどがあれば区画されるので，従って，１ｍの垂れ壁があれば飲食店と厨房は区画され，感知区域には影響はありません。

6．ボイラー室：12×16＝192 m² なので，192÷60＝3.2 より，**４個**設置します。

> 注）　本問の平面図における単位は〔m〕でしたが，本試験では，たまに〔mm〕の単位で出題される場合があります。その場合は，数字の０を３つ取れば〔m〕の単位になるので，問題用紙の平面図の数値をそのように書き換えればよいだけです。
>
> 【例】　45,000 mm　⇒　45 m

② **検知器（ガス漏れ火災警報設備）について**

　本問のように，ガス漏れ火災警報設備について出題されるというのは，あまり見受けられないパターンですが，まったくないというわけではないので（本試験で本問に類似の問題が出題されたことがある），本問程度の知識は（筆記でも必要なので）頭に入れておいた方がよいでしょう。

　さて，検知器（空気に対する比重が１未満のガスの場合）の設置基準ですが，次のようになっています。

１．ガス燃焼機器（または導管の貫通部分）から水平距離で**８ｍ以内**および天井から 0.3 ｍ以内に設けること。
　（空気より重いガスの場合は水平距離が４ｍ以内，床面から上方 0.3 ｍ以内の壁などに設ける）
２．天井面に 0.6 ｍ以上突き出したはりなどがある場合は，そのはりなどから内側（燃焼機器または貫通部分のある側）に設けること（本問の場合，条件の２より関係がない）。
３．天井付近に吸気口がある場合は，その吸気口付近に設けること。
　　また，次の場所には検知器を設けてはいけないことになっています（ガス漏れの発生を有効に検知することができないので）。

　a）**出入り口付近**で外部の気流が頻繁に流通する場所
　b）換気口の空気吹き出し口から 1.5 ｍ以内の場所
　c）ガス燃焼機器の廃ガスに触れやすい場所
　d）その他，ガス漏れの発生を有効に検知することができない場所

　　従って，出入り口付近を避け，図のような位置に設けると，「ガス燃焼機器または導管の貫通部分から水平距離で**８ｍ以内**」という条件を満たすことができます。（注：ガバナからも８ｍ以内に設置します。）

　　なお，図中にあるガバナとは，一般的には調速機ともいい，燃料を調整してボイラーの出力を制御する機器のことです。

　　さて，以上を図に描き入れると次のようになります。

解答例　設問2　設問3

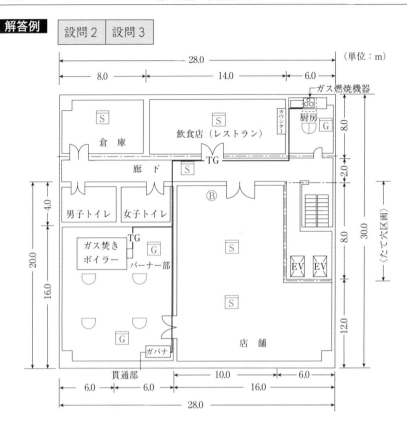

類題　上の図の部分が地上１階にあるとした場合の，①それぞれの室に適応する感知器，②その設置個数，を答えなさい。ただし無窓階ではない。

[類題の答]

① ・倉庫，飲食店，店舗：差動式スポット型感知器（2種）
　　・ボイラー室と厨房：地階と同じく定温式スポット型感知器の１種及びその防水型
　　（注：飲食店，レストラン，喫茶店，回転すし店などは３項ロの防火対象物であり，一般的な室に対応する感知器を設置する（厨房等は除く））

② ・倉庫：１個，飲食店：２個，店舗：４個（P 246 の床面積と P 345, (2)の①の感知面積（70 m²）で計算）
　　・ボイラー室と厨房は地階と同じ（４個と１個）

【問題 3】

　次の図は差動式スポット型感知器及びその点検を行うための機器を示したものである。次の各設問に答えなさい。

設問 1 　図の A，B で示した部分の名称を答えなさい。

設問 2 　矢印 B で示した機器を図のような場所に設けなければならない理由と取付場所の要件を簡潔に答えなさい。

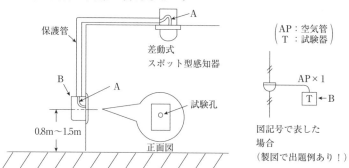

解説

設問 1 　解答

A	空気管	B	差動スポット試験器

設問 2 　差動式スポット型感知器の作動試験を行う場合，**空気管**を用いて空気室（感熱室）に空気を送り込む必要がありますが，電気室など，感知器の点検が容易に行えない場所には，図のような試験器を出入口付近など，安全かつ容易に点検できる場所（床面から 0.8 m〜1.5 m の位置）に設けます。

解答

理　由	電気室など，点検が容易に行えない場所に設けられている感知器の点検を行うために設ける。
取付場所の要件	出入口付近など，安全かつ容易に点検できる場所。

　なお，「点検が容易に行えない場所（＝試験が困難な場所）に設置し，空気管により出入り口付近の安全な場所で試験を行う感知器の名称を答えなさい」という出題例もありますが，その場合は**差動式スポット型感知器**となります。

【問題４】

　次ページの図は，地下１階と地下２階を飲食店，１階と２階を店舗，３階か
ら５階までをホテルとして使用している防火対象物の断面図と平面図の一部を
示したものである。次の各設問に答えなさい。

設問１　この建物に自動火災報知設備を設置する場合，警戒区域の数は最小
　　いくつ必要か答えなさい。

設問２　次の条件に基づき，断面図と平面図の適切な位置に，感知器のみを
　　凡例記号を用いて配置しなさい。ただし，断面図には，縦系統の警戒区域に
　　ついてのみ記入するものとする。

＜条件＞

１．この建物の主要構造部は，耐火構造であり，地上階は無窓階には該当しないものとする。
２．階段室，EV シャフト，パイプダクトは，各々防火区画を形成しているものとする。
３．煙感知器は，これを設けなければならない場所以外は設置しないものとする。
４．居室部分の天井面に凸凹はないものとする。
５．天井面の高さは，１階と２階が４ｍであり，それ以外の階は３ｍとする。
６．感知器の設置個数は，法令基準に従い必要最小個数とすること。

凡例

記号	名　　称	備　　考
▽	定温式スポット型感知器	１種
▽	差動式スポット型感知器	２種
S	光電式スポット型感知器	２種　非蓄積型

断面図

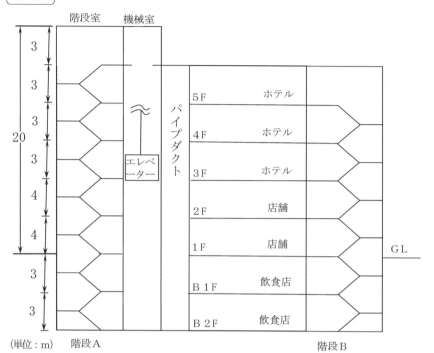

（単位：m）

1階平面図

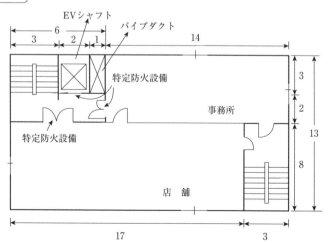

解説

（設問 1 ）　まず，縦系統，すなわち，たて穴区画の場合は原則として地上部分
と地階部分に分けないで，**水平距離 50 m 以内**のものはすべて同一警戒区域
とすることができます。しかし，**階段**（エスカレーター含）の場合は，地階
の階数が 1 のみの場合しか同一警戒区域とすることができないので，地上部
分と地階部分に分けて警戒区域を設定します。

　　従って，「階段 A の地階部分＋階段 B の地階部分」で 1 つの警戒区域，「階
段 A の地上部分＋階段 B の地上部分＋エレベーター＋パイプダクト」で 1
つの警戒区域とします。

　　従って，たて穴区画の警戒区域数は 2 となります。

　　一方，それ以外の飲食店，店舗，ホテルの部分は，床面積で計算します。
それでいくと，床面積は，$20 \times 13 = 260\,\mathrm{m^2}$ から，たて穴区画の床面積（5×3）＋（3×3）＋（8×3）$= 48\,\mathrm{m^2}$ を除いた $212\,\mathrm{m^2}$ となります。

　　1 つの警戒区域は **600 m² 以下**とする必要がありますが，上下の階の床面
積の合計が **500 m² 以下**の場合は同一警戒区域とすることができるので，図
の場合，$212\,\mathrm{m^2} \times 2 = 424\,\mathrm{m^2}$ より，地下 1 階と地下 2 階で **1 警戒区域**，1 階
と 2 階で **1 警戒区域**，3 階と 4 階で **1 警戒区域**，という具合にすることがで
きます。また，残りの 5 階は 5 階のみで **1 警戒区域**ということになるので，
計 4 警戒区域となります。

　　従って，警戒区域の合計は，たて穴区画の 2 プラス 4 で，6 となります（P
型受信機を設置する場合は，1 級を設置する必要があります。なお，最小の
共通線の数を問われた場合は 1 本になります）。

解答

警戒区域数	6

（設問 2 ）

① **たて穴区画について**

・階段について

　　　階段については垂直距離 15 m（3 種は 10 m）につき 1 個以上設置し
ます。図の場合，警戒区域が地階と地上階で分れていますので，各々に
つき設置します。

　従って，地階は6mなので地階の最上階のB1Fの天井部分に1個設置します。一方，地上階の方は，A階段の方が20mなので，

$20 \div 15 = 1.33\cdots$より，繰り上げて**2個**，B階段の方が17mなので，

$17 \div 15 = 1.13\cdots$より，繰り上げて**2個**を設置します。

　なお，この計算式まで記入させる出題例があるので注意して下さい。

・エレベーター，パイプダクトについて

　エレベーターの昇降路（シャフト）やパイプダクトに煙感知器を設置する場合は，その**最頂部**に設置します（注：水平断面積が$1\,m^2$未満の場合は煙感知器の設置を省略することができます）。

　なお，エレベーターの昇降路の頂部と機械室の間に開口部がありますが，その場合，機械室の方に設置することができるので，機械室に設置しておきます。

② **1階平面図について**

　感知器は地階ではないので，**差動式スポット型感知器（2種）**を設置します。従って，感知面積は次のようになります。

（取り付け面の高さ）

（4m未満）　　　4m　　（4m以上）

───────────────┼───────────────

① **耐火：$70\,m^2$**　　② **耐火：$35\,m^2$**
その他：$40\,m^2$　　　その他：$25\,m^2$

　条件の1に「**主要構造部が耐火構造**」とあり，また，天井高は断面図より4mなので，感知面積は図の太字部分，すなわち，**$35\,m^2$**となります（4m以上というのは，4mも含むので注意！）。

　また，同じく条件の4に「天井面に凸凹はない（⇒つまり，はり等はない）」とあるので，それぞれの室を1感知区域とすることができます。

　従って，事務所の床面積は，$14 \times 5 = 70\,m^2$なので，$70 \div 35 = 2$より**2個**，

　店舗の床面積は，$17 \times 8 = 136\,m^2$なので，$136 \div 35 = 3.88\cdots\cdots \Rightarrow$ **4個**

ということになります。なお，階段とエレベーター前の通路には原則として煙感知器を設ける必要がありますが，階段までの歩行距離が10m以下なら省略することができるので，省略してあります。

　以上より，解答例を示すと，次ページの図のようになります。

断面図　（注：特定１階段等防火対象物の場合は7.5 m につき１個設置）

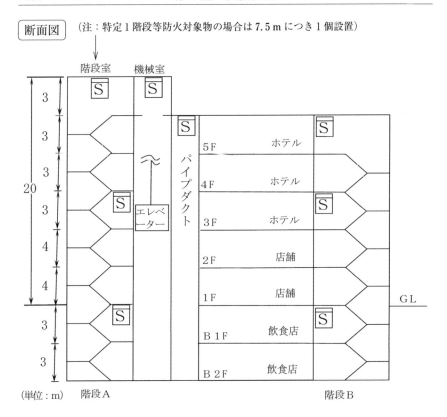

（単位：m）

1階平面図

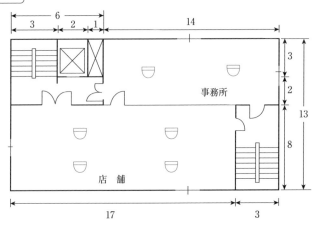

【問題 5】

　下図は，自動火災報知設備が設置された事務所ビル（消防法施行令別表第 1 ⒂項該当）の 3 階部分の設備図である。条件に基づき，凡例記号を用いて各設問に答えなさい。

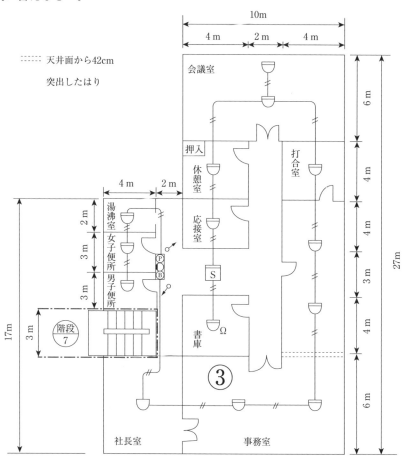

第 4 編

製図試験（問題・解答）

設問 1　感知器の種別及び個数について，各室ごとに点検し，誤っている箇所があれば訂正しなさい。なお，この階は無窓階ではないものとする。

設問2　配線について点検し，誤りがあれば訂正しなさい。

設問3　設問1において，この階を無窓階とした場合について答えなさい。

＜条件＞

1. 主要構造部は，耐火構造である。
2. 天井面の高さは，3.2 m である。
3. 受信機は，P型1級受信機を使用し，別の階に設置してある。
4. 3階は縦系統を除き，1警戒区域で警戒している。
5. 階段は，別の階で警戒している。
6. 押入れは，壁，天井とも木製とする。
7. 感知器の設置個数は法令基準に従い必要最小個数とする。
8. 煙感知器は，これを設けなければならない場所以外は設置しないこと。

凡例

記号	名　称	備　考
⊟	差動式スポット型感知器	2種
⊔₀	定温式スポット型感知器	特種
⊔	定温式スポット型感知器	1種防水型
s	煙感知器	2種
P	P型発信機	1級
◖	表示灯	AC 24 V
B	火災警報ベル	DC 24 V
▭	機器収容箱	
Ω	終端抵抗器	
─//─	配線	2本
─///─	同上	3本
─////─	同上	4本
─・─	警戒区域境界線	
(No)	警戒区域番号	

解説

（設問 1 ）

① 感知器の種別

　まず，無窓階ではない，という条件についてですが，特定防火対象物および**令別表第 1 第 15 項の防火対象物**で「地階，**無窓階および 11 階以上の階**」には**煙感知器**（または熱煙複合式感知器若しくは炎感知器）の設置義務があります。問題の防火対象物は，消防法施行令別表第 1 ⒂項該当の防火対象物ですが**無窓階ではない**ので，<u>煙感知器の設置義務はない</u>ということを，まずは確認しておきます。

　また，**便所**には感知器を設ける必要はないので取り除いておきますが，**湯沸室**は「水蒸気が多量に滞留する場所」なので，差動式スポット型感知器ではなく，**定温式スポット型感知器の 1 種防水型**を設けておきます（P 245 の表参照）。一方，**廊下**には**煙感知器**（一般的には 2 種）を設ける必要があるので，種別については，このままで正しい。

　なお，押入れについてですが，天井や壁面が**不燃材料**の場合は設けなくてよいことになっていますが，条件 6 より木製なので，一般的に設置されている**定温式スポット型の特種**を設けておきます。

② 感知器の個数について

　まず，**差動式スポット型感知器（2 種）**の感知面積ですが，条件の 1 から主要構造部は耐火構造で，同じく 2 から，天井面の高さが 3.2 m なので，P 253 の図より，感知面積は **70 m²** となります。

　これをもとに各室を順に検討すると，

1．会議室：床面積は 60 m² なので，1 個の感知面積（70 m²）で十分カバーできます。従って，1 個に訂正します。

2．打合室：打合室の床面積は 16 m² なので，1 個の感知面積（70 m²）で十分カバーでき，1 個で正しい。

3．事務室：事務室の場合，間に 42 cm のはりがあるので，ここで感知区域が別個になります（原則 **0.4 m 以上**，煙式と差動式分布は 0.6 m 以上）。

　そこで，図で言えば，はりより上の方の感知区域ですが，床面積は 4 × (4＋3＋4)＝4×11＝44 m² となり，これも 1 個の感知面積（70 m²）でカバーできるので，2 個を 1 個に訂正します。

　一方，はりより下の方の感知区域ですが，床面積は 10×6＝60 m² と

　　なるので，同じく1個の感知面積（70 m²）でカバーでき，2個を1個
　　に訂正します。

　4．書　庫：書庫の床面積は打合室と同じく16 m²なので，1個でカバー
　　　　　　　でき，正しい。

　5．社長室：社長室の床面積は6×6＝36 m²なので，これも1個の感知面
　　　　　　　積（70 m²）でカバーでき，正しい。

　6．廊　下：廊下については，廊下の中心線に沿って**歩行距離30 m**（3
　　　　　　　種は20 m）につき1個以上の煙感知器を設ける必要があり
　　　　　　　ますが，感知器が廊下の端にある場合は，その端から歩行距
　　　　　　　離で15 m以下に設ける必要があります。図の場合，感知器
　　　　　　　は，いずれの廊下の端からも歩行距離で15 m以下となるの
　　　　　　　で（最も遠い会議室のドアからも12.5 m），1個で正しい。

（設問2）　配線について説明する前に，まずは機器収容箱までの配線を確認し
ておきたいと思います。

　図に描かれている線は，あくまでも感知器へ行く線，つまり，**表示線と共
通線**です。受信機からは，その表示線と共通線のほか，Ⓟ（発信機），Ⓑ（地
区音響装置），◖（表示灯）へも下図のように配線されています。このこと
をもう一度確認し，図に描かれている配線の意味を確実に把握しながら解い
ていくことが，より解答力のアップにつながります。

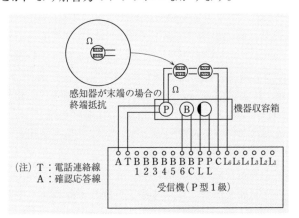

さて，図の配線についてですが，まずは，本線を確認する必要があります。
次頁の図の場合，機器収容箱の発信機Ⓟから，社長室⇒事務室⇒打合室⇒会
議室⇒休憩室⇒応接室，そして書庫の終端器と進む経路が本線となります。
　この本線については，2本でよいのですが，支線，つまり，機器収容箱か

ら湯沸室へ行き，機器収容箱に戻る線は往復が必要なので，4本必要となります。従って，図のように2本を4本に訂正します。

　また，会議室は感知器が1個でよいので，図のように不要な線を消去し，さらに，押入れに感知器を設置するので，図のように往復4本の線を描いておきます。

　なお，P型1級受信機の場合，回路の末端に終端抵抗器を接続する必要があるので，書庫の位置で正しい。

　　以上，設問1と2をまとめたのが下図となります。

【解答例】

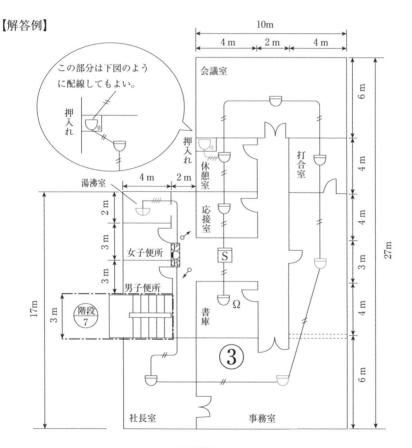

:::::: 天井面から42cm
突出したはり

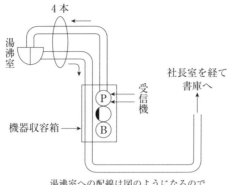

湯沸室への配線は図のようになるので
4 本になる。

（設問 3 ）　① **感知器の種別**

　　無窓階の場合は，設問 1 で説明しましたように，この防火対象物の場合，原則として**煙感知器**（または熱煙複合式感知器若しくは炎感知器でもよいことになっているが一般的には煙感知器）を設置する必要があります。

　　従って，問題の図の**会議室，休憩室**（押入れは，無窓階でも有窓階と同じ感知器を用いるので除きます），**応接室，書庫，社長室，事務室，打合室**の差動式スポット型感知器を**煙感知器**（2 種）に訂正します。

　　便所，湯沸室，廊下については，設問 1 と同様にします。

② **感知器の個数について**

　　まず，煙感知器（2 種）の感知面積ですが，煙感知器の場合，耐火とその他の構造との区別はなく，4 m 未満が 150 m²，4 m 以上が 75 m² なので，図の天井面の高さは 3.2 m なので，150 m² となります。

　　これをもとに各室を順に検討すると，

1．会議室：床面積は 60 m² なので，1 個の感知面積（150 m²）でカバーでき，1 個に訂正します。

2．打合室：床面積は 16 m² なので，1 個でカバーでき，正しい。

3．事務室：一般的に感知区域は，40 cm 以上のはり等で区画されますが，差動式分布型感知器と**煙感知器は 60 cm 以上**のはりで区画されます。従って，42 cm のはりでは区画されず，事務室全体で 1 感知区域として扱うことができます。

　　　　　事務室全体の床面積は，設問 1 の 3 より，44 m² + 60 m² = 104 m² となり，1 個の感知面積（150 m²）でカバーできるので，1 個に訂正します。

4．書　庫：床面積は打合室と同じく 16 m² なので，1 個で正しい。

5．社長室：床面積は 36 m² なので，1 個の感知面積でカバーでき，正しい。

6．休憩室：床面積は 16 m² なので，1 個で正しい。

7．押入れ：1 個を設置します。

8．廊下，湯沸室，便所：設問 1 と同じです。

以上，①と②をまとめたのが下図となります（配線は設問 2 と同様です）。

【解答例】

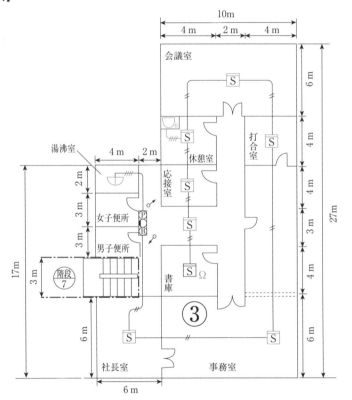

（注：作図の問題では，上記の「10 m」や「4 m」などの寸法が記入されているのが一般的ですが，寸法を記入させる問題が出題される可能性もあります。その場合は，記入しておかないと減点の対象になるので，注意してください。）

【問題6】

　次ページの図は，主要構造部が耐火構造である平屋建て倉庫（消防法施行令第1⑭項）の平面図である。この建物に自動火災報知設備を設置する場合，次の条件に基づき，凡例記号を用いて設備平面図を完成させなさい。

＜条件＞

1．この倉庫は，消防法施行規則第5条の2に定める普通階である。

2．警戒区域は，倉庫部分と他の部分を別の警戒区域とし，法令基準に従う最小警戒区域数とすること。

3．天井面の高さは倉庫部分が8.5m，その他の部分が4.1mであり，天井裏高さは全て45cmである。

4．倉庫部分は，差動式分布型感知器（空気管式）を感知区域ごとに検出部を設置し，他の部分は，スポット型感知器を設置し警戒すること。

5．受信機は事務所に設置されており，感知器，発信機，火災警報ベルは，法令基準に従う最小必要個数を設置すること。

6．機器収容箱には，ベル，表示灯，発信機を収納すること。

7．終端抵抗器は倉庫以外の部分に関しては機器収容箱に収納し，倉庫部分に関しては検出部を収めたボックスに収納すること。

8．廊下には煙感知器を設置すること。

9．受信機から機器収容箱までの配線本数の表示は省略してよい。

10．感知器の設置個数は，法令基準に従い必要最小個数とすること。

11．煙感知器は，これを設けなければならない場所以外は設置しないこと。

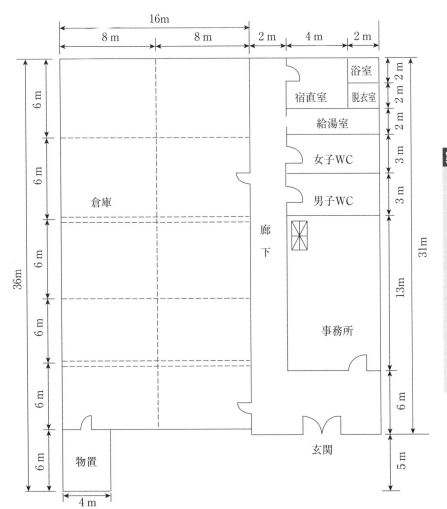

----- 天井面から45cm突出したはり，　===== 天井面から60cm突出したはり

凡例

記号	名　　　称	備　　　考
⊠	受　信　機	P型1級10回線，主ベル内蔵
☐	機器収容箱	
▽	差動式スポット型感知器	2種
▽	定温式スポット型感知器	1種防水型
—	差動式分布型感知器受熱部	空気管（○は貫通箇所）
✕	差動式分布型感知器検出部	
S	光電式スポット型感知器	2種
P	発　信　機	P型1級
◖	表　示　灯	AC 24 V
B	火災警報ベル	DC 24 V
Ω	終端抵抗器	
—⫽—	配　　　線	2本
—⫻—	同　　　上	4本
－ ‥ －	警戒区域境界線	
⃝No	警戒区域番号	

解説

　図面訂正でも同様ですが，製図を考える際の解答手順の概要は次のようになります。
1．警戒区域の設定
2．感知器の種別，および個数の割り出し
3．配線の記入（送り配線にして配線本数に注意する）。
4．その他：機器収容箱（発信機，地区音響装置，表示灯を収容）及び終端器の位置を決める。

こうして覚えよう　＜製図の解答手順＞

ハイセンスっ（高い位置のセンス）

警　　官の趣　向はハイセンス
警戒区域　感知器種別　個数　　配線

これを基に，順に設計していくと，次のようになります。

① まず，警戒区域を設定します。

　　条件の2より，警戒区域は，倉庫部分と他の部分を別の警戒区域とするので，解答例（P 267）のように，倉庫と廊下の境界に境界線を記しておきます。

　　次に，倉庫部分の警戒区域ですが，床面積は，$(16 \times 30) + (4 \times 6) = 504\,\mathrm{m}^2$ となるので，1警戒区域（$=600\,\mathrm{m}^2$ 以下）で十分ということになります。

　　また，天井裏については，高さが45 cm ということですが，**天井と上階の床との間が50 cm 未満の場合は感知器を設置しなくてもよいので**，省略します（主要構造部が耐火構造の天井裏の場合は高さに関係なく省略可能）。

　　一方，事務所がある区域の方は，$8 \times 31 = 248\,\mathrm{m}^2$ となるので，こちらも1警戒区域で十分ということになります。

　　従って，図に示してあるように，警戒区域を示す①と②を表示しておきます。

② 感知器の種別，および設置個数を割り出します。

＜倉庫部分＞

　　まず，感知器の取り付け面の高さ（＝限界の高さ）を図にすると，次のようになります（Sはスポット型の略）。

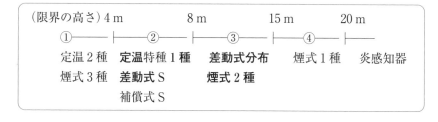

（限界の高さ）4 m	8 m	15 m	20 m
①————②————③————④————			
定温2種	定温特種1種	差動式分布	煙式1種　炎感知器
煙式3種	差動式S	煙式2種	
	補償式S		

第4編 製図試験（問題・解答）

　条件の3より，倉庫部分の天井面の高さは8.5mなので，差動式分布型感知器（⇒図の③のグループ＝15m未満の高さまで設置が可能）を設置することができます。

　あとは，検出部の個数を考えます。

　まず，感知区域ですが，原則として0.4m以上のはり等によって区画されますが，差動式分布型感知器と煙感知器の場合は0.6m以上のはり等によって区画されるので，次頁の図の＝＝＝＝のはりの部分で区画されます（----のはりの方では区画されない）。

　従って，その区画されたブロックごとに空気管を布設すると，図のようになります。

　なお，物置については，「空気管の露出部分は感知区域ごとに20m以上必要」となっているので，図のように一部をコイル巻きしておきます（「コイル巻きしている理由を答えよ。」という出題例がありますが，上記下線部が答えです。）

　また，問題文に耐火とあるので，空気管の相互間隔を9m以下にする必要がありますが，図のように一方を6m以下にすると，図で言えば左右の間隔を9m以上にすることができるので，図のように配管します。

（注：図に示すように，空気管は壁などからは1.5m以下，天井等の取り付け面の下方0.3m以下に設置する必要があり，鑑別で数値の出題例があります。）

　また，検出部ですが，条件の4に，「差動式分布型感知器（空気管式）を感知区域ごとに検出部を設置し」とあるので，図のようにそれぞれ1個を設置しておきます（また，1つの検出部に接続する空気管の長さは100m以下にする必要がありますが，図の場合，感知区域ごとの長さはその条件をクリアできているので，これでOKということになります）。

　図では，玄関わきに2個，男子トイレの前に設置したボックスに2個を設置しています。

【解答例】

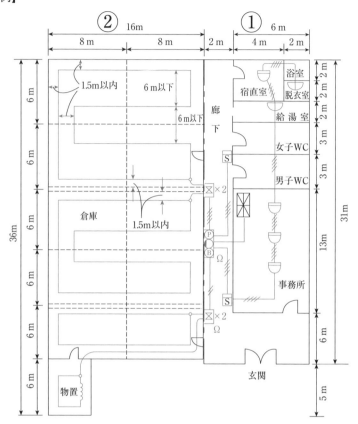

<倉庫以外の部分>

1．感知器の種別

　　まず，条件の1の「普通階である」についてですが，消防法施行規則第5条の2にこれに関する規定があり，それによると，「避難上又は消火活動上有効な開口部を<u>有する階</u>」を普通階といい，そうでない階，つまり，「避難上又は消火活動上有効な開口部を<u>有しない階</u>」は**無窓階**となり，その場合，特定防火対象物などでは**煙感知器の設置義務**が生じます。

　　本問の場合は普通階なので，<u>煙感知器の設置義務はない</u>ということになり，そのことを念頭において考えていきます。

　さて，感知器の種別は，基本的には**差動式スポット型感知器（2種）**を
設置しますが，廊下は**煙感知器**（2種），給湯室と脱衣室は「水蒸気が多
量に滞留する場所」となるので，**定温式スポット型感知器の1種防水型**を
設置します。

2．感知器の設置個数

　まず，条件の3より，その他の部分の天井面の高さは4.1mなので，P
265の図より，差動式スポット型感知器と定温式スポット型感知器の1種
はともに②のグループなので，設置可能。また，煙感知器（2種）は③の
グループなので，こちらも設置が可能となります。

　次に感知面積ですが，「耐火で4m以上」という条件を頭に入れながら
それぞれの感知面積を割り出すと，**差動式スポット型感知器（2種）**は
35 m²，定温式スポット型感知器の1種は30 m²，煙感知器の2種は75 m²
となります（巻末資料2）。

　従って，この感知面積を基にそれぞれの設置個数を求めていきます。

事務所…床面積が，$6 \times 13 = 78$ m² となるので，$78 \div 35 = 2.22\cdots$
　　　　　よって，繰り上げて3個を設置します。

給湯室…床面積は12 m² となるので，$12 \div 30 = 0.4$
　　　　　よって，繰り上げて1個を設置します。

宿直室…床面積は16 m² となるので，$16 \div 35 = 0.457\cdots$
　　　　　よって，繰り上げて1個を設置します。

脱衣室…床面積は4 m² となるので，$4 \div 30 = 0.133\cdots$
　　　　　よって，繰り上げて1個を設置します。

廊下……倉庫（14項）の廊下に煙感知器の設置義務はありませんが，条
　　　　　件8に指定されているので，煙感知器を**歩行距離30 m につき1**
　　　　　個設置する（3種は20 m）という基準と**廊下の端から15 m以内**
　　　　　という基準を満たす図の位置に2個設置しておきます。

③　機器収容箱の位置を決めます。

　条件の6より，機器収容箱には，**ベル**（地区音響装置），表示灯，**発信機**
を収納すること，となっています。（注：P 236下の注3より，凡例の備考
欄に収納の旨の記載がないので,機器収容箱内にベル等の表示をしています）。

　このうち，ベルは，「階の各部分から<u>水平距離で25 m以下</u>」につき1個設置する必要があり，また，発信機は，「階の各部分から<u>歩行距離で50 m以下</u>」につき1個設置する必要があります。これらの条件をクリアできれば，<u>ベルと発信機を2つの警戒区域で共有</u>することができるので，従って，機器収容箱を図の位置（中央付近）に設置すれば，ベル，発信機とも，条件をクリアできることになります。

　（注：これらの設置基準は「各階ごとに……」となっているので当然，階の異なる警戒区域どうしでは共有できません。）

④　配線をする。

　＜倉庫以外の部分＞

　まず，③では，ベルと発信機を2つの警戒区域で共有する，と説明しましたが，共有する場合は，発信機をどちらかの警戒区域に接続する必要があります。従って，本問では，①の警戒区域に接続するものとし，また，条件より，終端抵抗器を機器収容箱に収納しなければいけないので，発信機に終端抵抗器を接続してそれを配線の終端とします。

　なお，廊下の煙感知器ですが，機器収容箱から図で言えば上の煙感知器を往復してから下の煙感知器を経由して宿直室へ向かう……というルートをとることにします。

　以上より，配線のルートは，図のように，（受信機⇒）機器収容箱⇒WCの前の煙感知器⇒機器収容箱⇒事務所の前の煙感知器⇒事務所⇒給湯室⇒宿直室⇒脱衣室，と配線し，同じルートを逆戻りして，機器収容箱内の（終端抵抗器を接続した）発信機で終らせます。図には，機器収容箱の傍らに終端抵抗器を示すΩマークを記しておきます。

　＜倉庫部分＞

　差動式分布型の空気管式の場合，空気管があるのでつい難しく考えてしまいがちですが，こと配線に関しては，"検出部だけを相手にすればよい"のです。つまり，検出部を一般の感知器同様に扱って配線をしていけばよいのです。従って，本問では図のように，（受信機⇒）機器収容箱⇒上の検出部（往復する）⇒機器収容箱⇒下の検出部と配線し，その下の検出部に終端抵抗器を接続して，Ωマークを記しておきます。

　以上で設計は終了となりますが，（法令の基準を満たせば）以上の他にも正解となる配線等はあります。

【問題７】

　図は，令別表第１第15項に該当する体育館（平屋建て）の平面図である。

　次の各設問に答えなさい。なお，体育室部分は主要な出入り口から内部を見通すことができるものとし，また，この建物は無窓階には該当しない。

設問１ 　体育室 A の a〜d の数値として法令に適合する数値を答えなさい。

設問２ 　体育室 B に，次の条件に基づき，凡例記号を用いて感知器を設置し，設備図を完成させなさい。なお，地区音響装置の設置については考慮しないものとする。

＜条件＞

１．主要構造部は耐火構造である。 ２．天井の高さは 10 m である。 ３．感知器は光電式分離型感知器（公称監視距離：5〜35 m）を設置するものとし，その配線および結線については省略するものとする。 ４．感知器相互間，および感知器と建物の壁面との距離については光軸を用いて記入すること。 ５．感知器の設置個数は，法令基準に従い必要最小個数とすること。

凡例

記号	名　　称	備考	記号	名　　称	備考
S→	光電式分離型感知器	送光部2種	‒‒‒	警戒区域境界線	
→S	光電式分離型感知器	受光部2種	(No)	警戒区域番号	
----------	光　　軸				

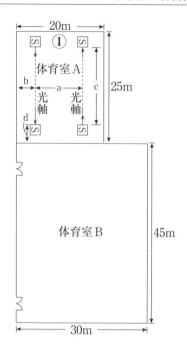

いつものように，警戒区域，感知器の種別，個数（本問では，配線は考えなくてよい）と，順に考えていくと，

設問1 　まず，体育室 A は，$20 \times 25 = 500$ m² なので，1 警戒区域とします。

従って，P 273 の解答例のように体育室 B との間に警戒区域境界線を引いておきます。

次に，光電式分離型感知器の送光部及び受光部は，警戒区域ごとに 1 組以上設ける必要がありますが，送光部と受光部を結ぶ光軸等の設置基準は，次のようになっています。

① 光軸が並行する壁から光軸までの距離は 0.6 m 以上 7.0 m 以下
② 光軸間の距離は 14 m 以下
③ 送光部（または受光部）とその背部の壁の距離は 1.0 m 以下

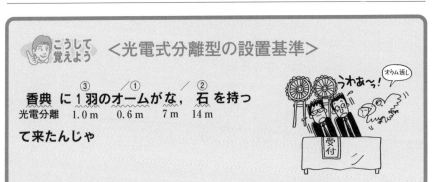

これと，この光電式分離型感知器の（※）公称監視距離が5m以上35m以下という条件も併せて，どのように設ければ基準を満たすかを考えます。

> （※）　公称監視距離
> 　光電式分離型と炎感知器での火災を監視できる距離のことを言い，光電式分離型では5m以上100m以下（5m刻み）となっています。

まず，図のaとbを用いて式を作成すると，a＋2b＝20，となりますが，aは14m以下，bは0.6m以上7.0m以下の値しか取れないので，今回は，aを10mとし，10＋2b＝20より，bを5mとします。

次に，dの送光部（または受光部）と壁の距離ですが，③より，1.0m以下なので，ここでは1.0mとします。そして，cについては，dは1.0mで両サイドで2.0mとなるので，

25－2＝23.0mとなり，感知器の公称監視距離（5〜35m）内であることを確認しておきます。

設問1 の解答

a	10m	b	5m	c	23.0m	d	1.0m

設問2　まず，警戒区域ですが，主要な出入り口から内部を見通すことができるので，1警戒区域を1000m²以下に設定することができ，

体育室Bの床面積＝30×45＝1350m²より，2警戒区域とします。

次に，送光部と受光部を縦方向に設置するか，あるいは，横方向に設置するかですが，公称監視距離が35mまでしかないので，横方向に設置することとにします。

　従って，警戒区域線を解答例のように，横方向に2分した位置に引いておきます。

　次に，送光部と受光部を横方向に何個ずつ設置するかですが，1個ずつだと，光軸は明らかに冒頭の基準②の14 m をオーバーするので，解答例のように2個ずつ設置することにします（送光部と受光部の距離は **28 m** です）。

　（注：設計の際には警戒区域線上に光軸が来ないようにして設計をする必要があります。）

【解答例】

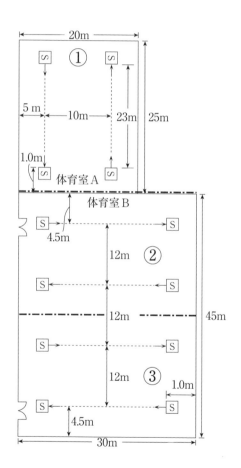

[補足情報 1]

　最近の出題例として，図のような廊下に煙感知器を設置する作図問題がありますが，図のように，歩行距離を廊下の端からは 15 m 以下，感知器どうしは 30 m 以下として作図すれば良いだけです。

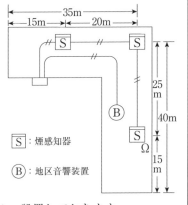

　なお，図の場合は 1 級受信機として末端に終端抵抗器を接続してありますが，2 級なら機器収容箱内の発信機などに接続しておきます。

　ただし，地区音響装置は水平距離 25 m 以内に 1 個必要なので，図の位置にもう 1 つ設置しておきます。

[補足情報 2]

　最近，特定 1 階段等防火対象物（以下特定 1 階段と略す）が製図で出題されるようになりました。

　図の場合，「地階または 3 階以上に特定用途部分があり，屋内階段が 1 つしかない」という条件に該当するので，特定 1 階段となり，その階段に設置する感知器の個数と，その算出式を記述させる出題例があります。

　特定 1 階段には，煙感知器の 1 種または 2 種を垂直距離 **7.5 m** につき 1 個設置する必要があるので，図の場合，2 F と 4 F，5 F の階段に設置する必要があり，3 個ということになります。

系統図問題

【問題 8】

次ページの図は自動火災報知設備の系統図を示したものである。次の各設問に答えなさい。

設問1　この設備で使用している受信機は，「P 型 1 級」「P 型 2 級」のどちらであるかを答えなさい。

設問2　系統図中，a～h に当てはまる配線本数を答えなさい。なお，表示灯の電源は受信機より供給するものとする。

設問3　「IV」及び「HIV」の記号で示す電線の種類の名称を答えなさい。

凡例

図記号	名　　　称	備　　　考
▽	差動式スポット型感知器	2 種
▽	定温式スポット型感知器	1 種防水型
S	イオン化式スポット型感知器	2 種　非蓄積型
P	P 型発信機	
●	表　示　灯	AC 24 V
B	地区音響装置	DC 24 V
◉	回路試験器	
▭	機器収容箱	
No	警戒区域番号	
✕	受　信　機	

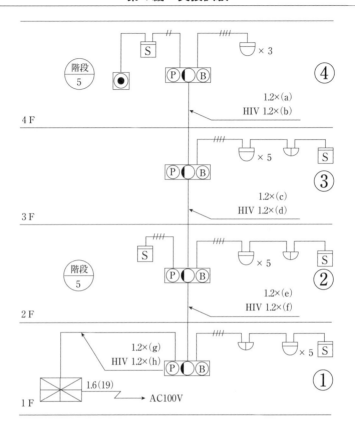

 解説

（設問1）　最上階の階段の煙感知器に**回路試験器**が接続されており，また，接
　　続する回線数が5（警戒区域数が5）までしかないので，P型2級受信機と
　　いうことになります。

　解答

設問1	P型2級受信機

（設問2）　まず，系統図とは，受信機と各階の機器収容箱，及びその先に設置
　　されている感知器などとの接続状況を簡略に表したもので，それに関する問
　　題を解答していくためには，当然，その作成法を知っておく必要があります。

　ここでは，一般的な作成法の概略を記しておきます。

＜系統図の作成法＞

① 　同種の感知器をひとまとめにして，個数を×5 などと表示する。

② 　機器収容箱から近い感知器から順に並べ，メインとなるルートが仮に右回りとすると，右回りのルートのみ記し，それ以外に分岐しているルートは右回りのルートに組み入れる。

③ 　配線本数の表示は，<u>機器収容箱と接続</u>している感知器との間のみに記し，感知器間は記さない。ただし，本試験においては，この下線部分の本数も記さない場合があり，本書においても表示してない場合があります。

④ 　機器収容箱に接続される配線の種類（IV や HIV など）と本数を表示する。

⑤ 　たて穴区画（階段など）の警戒区域の感知器は，その設置した階に感知器の種別と個数を記す。

⑥ 　警戒区域番号を表示する。

　（詳細は拙著「わかりやすい！第 4 類消防設備士試験」を参照してください。）

　また，1 警戒区域当たりの配線本数と電線の種類は，P 型 2 級の場合，下記のようになっています。

（注）：蓄積式の場合は，IV 線の蓄積解除線が 1 本加わります。

2 級の配線

＜IV 線（600 V ビニル絶縁電線）＞	本数
表示線（L）	1 本
共通線（C）	1 本
表示灯線（PL）	2 本
	計 4 本
＜HIV 線（耐熱電線）＞	
ベル線（B）	2 本

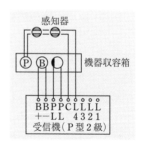

　上記の各配線について，簡単に説明すると，次ページのようになります。

＜IV 線（600 V ビニル絶縁電線）＞

・表示線（L）

感知器へは2本の配線（火災信号線）が接続されますが，そのうちの1本が
この表示線で，**1警戒区域ごとに1本**です。

・共通線（C）

感知器への2本の配線のうちのもう1本の線で，<u>7警戒区域まで1本の線を</u>
<u>共通に用いる</u>ことができます。2級の場合，警戒区域数は**5以下**なので，共通
線（C）は1本のままでよい，ということになります。

・表示灯線（PL）

発信機上部の赤色表示灯への2本の配線で，各階（各警戒区域）**並列**に接続
します。

（注：本問の場合，「表示灯の電源は受信機より供給する」しか条件がないの
で表示灯線は IV 線になりますが，もし，「消火栓と兼用する」とあれば HIV
線になります。）

＜HIV 線（耐熱電線）＞

・ベル線（B）

地区音響装置への2本の配線で，P型2級受信機の場合，全館一斉鳴動が原
則なのでこの2本の線を各階**並列**に接続します。

なお，P型1級の配線については，次の問題9で説明します。

さて，これで系統図についての概略の説明は終わりましたので，ここから本
題，つまり，配線本数の計算に入りたいと思います。

配線本数を計算する場合は，一般的には受信機から最も離れた警戒区域から
順に計算をしていきます。

（注：×5や×3などという感知器の個数の表示ですが，<u>配線本数の計算に</u>
　　<u>は関係ない</u>ので，それらの数値に惑わされないように！）

a）aの部分を通る配線は，警戒区域④と警戒区域⑤の配線です。

まず，これをしっかりと把握してください。

そのaの部分は，図には特に記されていませんが IV 線についての表示
なので，前ページの表から警戒区域④と階段⑤の**表示線（L）**が各1本の
計2本，**共通線（C）**が1本，**表示灯への配線**が2本の計**5本**ということ

になります。

（注：共通線（C）は，各感知器回路の信号が受信機へ返る線を共有しているので，1本でよいのです）

　なお，階段などの「たて穴区画」ですが，系統図の配線本数の計算においては，**その最上階部分の感知器のみ"ある"と仮定して計算をします。**従って，2Fにある同じ警戒区域⑤の煙感知器は，"ない"ものとして扱います。

b）HIV線（ベル線）は各階共有の**2本**です。

c）aの部分と本数が異なるのは，警戒区域③への表示線（L）1本が加わるのみです（共通線Cと表示灯への配線はaの部分と同じです）。

　　従って，**表示線（L）が3本，共通線（C）が1本，表示灯への配線が2本の計6本**です。

d）bと同じく**2本**です。

e）cの本数に警戒区域②の表示線（L）1本が加わるのみです（警戒区域⑤の煙感知器はaで説明したように"ない"ものとして扱う）。

　　従って，**表示線（L）が4本，共通線（C）が1本，表示灯への配線が2本の計7本**です。

f）bと同じく**2本**です。

g）eの部分と本数が異なるのは，警戒区域①への表示線（L）1本が加わるのみです（共通線Cと表示灯への配線は変化ありません）。

　　従って，**表示線（L）が5本，共通線（C）が1本，表示灯への配線が2本の計8本**です。

h）fと同じく**2本**です。

以上を表にすると次ページのようになります。

電線	場所 配線	4F～3F a	3F～2F c	2F～1F e	1F～受信機 g
IV	表示線　　（L）	2	3	4	5
	共通線　　（C）	1	1	1	1
	表示灯線（PL）	2	2	2	2
	計	5	6	7	8

		b	d	f	h
HIV	ベル線（B）	2	2	2	2
	計	2	2	2	2

解答

a	b	c	d	e	f	g	h
5	2	6	2	7	2	8	2

（設問3）

解答

IV	600V ビニル絶縁電線
HIV	600V 2種ビニル絶縁電線

【問題9】

　次ページの図は，5階建ての防火対象物に設置した自動火災報知設備の系統図を示したものである。下記の条件及び凡例に基づき，図中のa～jの配線本数を答えなさい。

<条件>

1. 地区音響装置は，区分鳴動とする。
2. ＊発信機及び表示灯は，屋内消火栓設備と兼用のものとする。
3. 共通線は2本使用するが，1本当たりに接続する警戒区域の数は同じとなるようにし，2本のうち1本の共通線は不必要に上の階まで使用しないこと。

＊　条件2の「兼用」について

　1つのスイッチと表示灯を発信機と屋内消火栓設備とで共用する，という意味であり，当然，このスイッチを押すと，受信機の主音響装置と地区音響装置が鳴動し，屋内消火栓設備のポンプのみ始動を開始します（放水はしない）。つまり，"連動している"ということです。（逆に「屋内消火栓設備と連動している根拠は？」と問われれば，「表示灯線にHIV線を使用しているから」となります（⇒出題例あり））

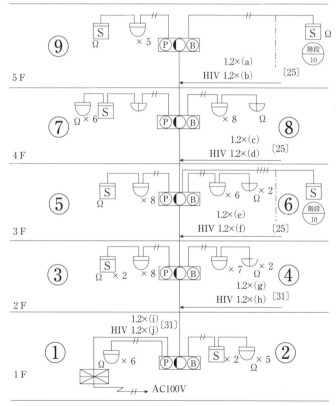

(注)〔25〕〔31〕は配管径である。

凡例

記号	名　　　称	備　　　考
⊠	受　信　機	P型1級受信機
☐	機 器 収 容 箱	
Ⓟ	P 型 発 信 機	1級
◖	表　示　灯	AC 24 V
Ⓑ	地区音響装置	DC 24 V　15 mA
▽	差動式スポット型感知器	2種
⊔	定温式スポット型感知器	1種防水型
S	煙　感　知　器	2種非蓄積型
Ω	終 端 抵 抗 器	10 kΩ
R	移　報　器	消火栓起動リレー

解説

まず，受信機は警戒区域が5を超えているので，P型1級となります。
P型1級の場合の配線本数の内訳は次のようになります。

<IV 線（600 V ビニル絶縁電線）>	本数
表示線（L）	1本
●共通線（C）	1本（7警戒区域ごとに1本増加する）
●応答線（A）	1本（発信機の応答ランプ用）
●電話線（T）	1本（発信機の電話用）
<HIV 線（耐熱電線）>	
●表示灯線（PL）	2本
●ベル線 共通線（BC）	1本
区分線（BF）	1本（階数ごとに1本ずつ増加）

（●部分は本数または本数の計算の仕方が2級と異なる部分です。なお，表示灯線については，本来
なら2級と同じですが，前ページの条件2があるので，電線の<u>種類</u>が異なってきます。）

　ただし，「屋内消火栓設備と兼用（連動)」なので，**表示灯線（PL）をHIV線にする必要があり**，また，地区音響装置が区分鳴動の場合は，**地区ベルの区分線（BF）を階数ごとに1本ずつ増加する必要がある**ので，これらの点に注意して，前問と同様に，受信機から最も遠い部分から本数をカウントしていきます。

　なお，条件3から，共通線1本の接続する警戒区域数を同数とする必要があるため，警戒区域数が10なので，1つの共通線に接続する警戒区域数をそれぞれ5とします（NO.1の共通線C_1が①〜⑤，NO.2の共通線C_2が⑥〜⑩）。

　従って，4Fのcの部分から上の階では，共通線はC_2だけを考えればよいだけですが，3Fのeから下の階ではC_2とC_1の2本を考える必要があります。

　a）　aの部分を通る**IV線**は，

　　・警戒区域⑨と警戒
　　　区域⑩の表示線（L）：各1本の計2本
　　・共通線（C_2）　　　　：1本
　　・応答線（A）　　　　　：1本　　⇒　この部分の本数は各階同じ
　　・電話線（T）　　　　　：1本　　　（変わらない）
　　　の計**5本**です。

> 次ページの表を参照しながら本数を確かめよう

　b）　・地区ベル共通線（BC）：1本
　　　　・地区ベル区分線（BF）：1本
　　　　・表示灯への配線（PL）：2本　　⇒　この部分の本数は各階同じ
　　　　　の計**4本**です。　　　（変わらない）

　c）　aの部分に⑦と⑧への表示線（L）2本が加わるだけなので，表示線（L）が**4本**になり，本数の合計は**7本**となります。

　d）　bの部分に4Fへの地区ベル区分線（BF）が1本加わるので，合計**5本**となります。

　e）　cの部分に⑤と⑥の表示線（L）が各1本，計**2本**加わるので6本となり，また，⑤の共通線はC_1の管轄になるので，C_2に加えてC_1も通過することになります。従って，**IV線**の本数は次のようになります。

　　・表示線（L）　　　：6本
　　・共通線（C_1とC_2）：2本
　　・応答線（A）　　　：1本
　　・電話線（T）　　　：1本
　　の計**10本**です。

 f）dの部分に3Fへの地区ベル区分線（BF）が1本加わるので，合計6本となります。

 g）eの部分に③と④の表示線（L）各1本，計2本加わるだけなので，表示線（L）が8本で，本数の合計は12本となります。

 h）fに2Fへの地区ベル区分線（BF）が1本加わるので，合計7本となります。

 i）gの部分に①と②の表示線（L）各1本，計2本加わるので，表示線（L）が10本になり，合計14本となります。（今までの配線と異なっているので，①の表示線がiには通過していないような錯覚を覚えるかも知れませんが，受信機へ至る配線には①の表示線も含まれていないといけないのでチョット注意が必要です。）

 j）hに1Fへの地区ベル区分線（BF）が1本加わるので，合計8本となります。

以上をまとめると，次の表のようになります。

電線	場所　　配線	5F～4F a	4F～3F c	3F～2F e	2F～1F g	1F～受信機 i
IV	表示線（L）	2	4	6	8	10
	共通線（C）	1	1	2	2	2
	応答線（A）	1	1	1	1	1
	電話線（T）	1	1	1	1	1
	計	5	7	10	12	14

		b	d	f	h	j
HIV	ベル共通線（BC）	1	1	1	1	1
	ベル区分線（BF）	1	2	3	4	5
	表示灯線　（PL）	2	2	2	2	2
	計	4	5	6	7	8

解答

a	b	c	d	e	f	g	h	i	j
5	4	7	5	10	6	12	7	14	8

【問題10】

　次ページの図は，防火造の共同住宅に設けられた自動火災報知設備の系統図の一部である。与えられた条件に基づき，各設問に答えなさい。

＜条件＞

1．警戒区域数は 3 とすること。
2．各階の感知器の種別および個数は次のとおりとする。
(1)　1 階　煙感知器（2 種）………………………………………… 2 個
差動式スポット型感知器（2 種）　………………………12 個
定温式スポット型感知器（1 種）………………………… 6 個
定温式スポット型感知器（1 種防水型）………………… 6 個
(2)　2 階　煙感知器（2 種）………………………………………… 2 個
差動式スポット型感知器（2 種）　………………………12 個
定温式スポット型感知器（1 種）………………………… 6 個
定温式スポット型感知器（1 種防水型）………………… 6 個
(3)　小屋裏　差動式スポット型感知器（2 種）　………………………10 個
3．機器収容箱には，発信機，表示灯及び地区音響装置を収納すること。
4．主音響装置は，受信機に内蔵されている。
5．小屋裏の感知器回路の末端は回路試験器(押しボタン)に接続すること。

設問 1　この系統図を凡例記号を用いて完成させなさい（a～e の配線本数を除く）。

　　なお，感知器の表示の順については，条件に記されている順のとおりとする。

設問 2　図中の a～e の配線本数を答えなさい。

③　小　屋　裏
②　共同住宅 2 階
①　共同住宅 1 階

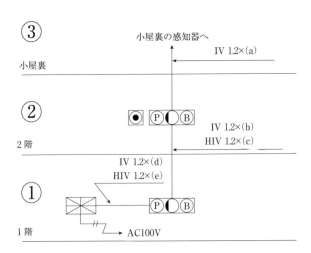

凡例

記号	名　　称	備　　考
⧖	受　信　機	Ｐ型２級５回線主ベル内蔵
▭	機器収容箱	
▽	差動式スポット型感知器	２種
▽	定温式スポット型感知器	１種防水型
▽	定温式スポット型感知器	１種
Ⓢ	煙　感　知　器	２種
Ⓟ	発　信　機	Ｐ型２級
◖	表　示　灯	AC 24 V
Ⓑ	ベル（地区音響装置）	DC 24 V
⊡	回　路　試　験　器	
Ω	終　端　抵　抗　器	
—⫻—	配　　　線	２本
—⫼—	同　　　上	４本
No	警戒区域番号	①～③

解説

（設問1）　感知器の種別が指定されているので，条件より，各階とも順に記号を表示していきます。そして，感知器間を送り配線となるように接続していくわけですが，Ｐ型２級の場合，回路の末端は**発信機**や**回路試験器**とするので１階と２階は**機器収容箱内にある発信機**に，警戒区域③の小屋裏は**回路試験器**に接続して末端とします。

　　従って，１階と２階は機器収容箱に戻ってくる必要があるので，図のように**4本**となります。

　　一方，小屋裏は，**回路試験器**に接続してそのまま末端としてよいので，こちらの方は**2本**でよい，ということになります。

　　なお，配線本数の表示は，機器収容箱と接続する部分のみに記し，感知器間は不要です。

第4編
製図試験（問題・解答）

【解答例】

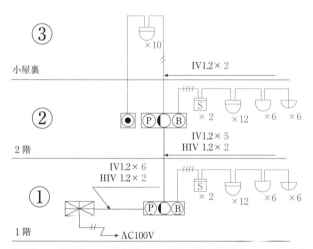

（設問2）　まず，問題8の設問2の表を次ページに再び掲載しておきましたので，それを再確認しながら配線本数を計算していきたいと思います。

　a）ａの部分を通るＩＶ線は，小屋裏の差動式スポット型感知器のみなので，表示線（Ｌ）が１本，共通線（Ｃ）が１本の計**2本**となります。

　b）ＩＶ線でａの部分と異なるのは，警戒区域②への表示線（Ｌ）が<u>1本</u>加わるのと，新たに表示灯線（PL⇒　◯　への配線）が<u>2本</u>加わるのみです。
　　　従って，ａの部分に3本加えて**5本**となります。

2級の配線

<IV 線 (600 V ビニル絶縁電線)>	本数
表示線 （L）	1本
共通線 （C）	1本
表示灯線 （PL）	2本
	計4本
<HIV 線 (耐熱電線)>	
ベル線 （B）	2本

c）HIV 線（耐熱配線）は警戒区域②のベル線（B）だけなので，**2本**です。

d）d の部分の IV 線は，b の部分に警戒区域①の表示線が<u>1 本</u>加わるだけなので，**6本**となります。

e）HIV 線は全階共通の**2本**です。

以上を表にすると次のようになります。

電線	場所	小屋裏～2F	2F～1F	1F～受信機
	配線	a	b	d
IV	表示線 （L）	1	2	3
	共通線 （C）	1	1	1
	表示灯線 （PL）		2	2
	計	2	5	6

HIV		c	e	
	ベル線 （B）	2	2	
	計	2	2	

解答

a	b	c	d	e
2	5	2	6	2

第5編
模擬テスト

合格の決め手（模擬テストの使い方）

　この模擬テストは，本試験に出題されている問題を参考にして作成されていますので，実戦力を養うには最適な内容となっています。従って，出来るだけ本試験と同じ状況を作って解答をしてください。

　つまり，①　甲種の場合，時間を**3時間15分**，乙種の場合は**1時間45分**をきちんとカウントする（できれば甲種で2時間程度，乙種で1時間程度で終了するくらいの力があればベストです）。

②　これは当然ですが，参考書などを一切見ない。

などです。

　これらの状況を用意して，実際に本試験を受験するつもりになって，次ページ以降の問題にチャレンジしてください。

（注1）　乙種を受験される方は，筆記に関しては問題番号に甲と表示してある問題を省略すると30問になるように設定してあります（注：鑑別はすべて解答してください）。なお，模擬テスト終了後は甲の表示のある問題にも目を通しておいて下さい。

（注2）　電気に関する部分免除で受験される方は，筆記で電免の表示がある部分（問題16〜問題25，問題26〜問題37）は省略し，試験時間も**甲種2時間30分**，乙種**1時間**で実行してください。

甲種用解答カード（見本）

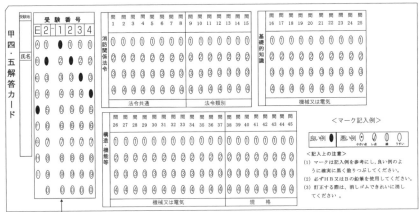

受験番号を
E2−1234
とした場合の例

1 消防関係法令

(1) 法令の共通部分（問題1〜問題8）

【問題1】　消防法令上，特定防火対象物に該当しないものの組合せは，次のうちどれか。
(1)　公衆浴場のうち，蒸気浴場，熱気浴場その他これらに類するもの
(2)　共同住宅，下宿
(3)　公会堂，集会場
(4)　旅館，宿泊所

【問題2】　消防用設備等を設置する場合の防火対象物の基準について，消防法令上正しいものはどれか。
(1)　防火対象物が開口部のない耐火構造の床又は壁で区画されていれば，それぞれ別の対象物とみなされる。
(2)　防火対象物が開口部のない耐火構造の床又は壁で区画されているが，給排水管が貫通していれば，別の防火対象物とは見なされない。
(3)　出入り口は共用であるが，その他の部分は開口部のない耐火構造の床又は壁で区画されていれば，それぞれ別の対象物とみなされる。
(4)　消防用設備等の設置が義務付けられている防火対象物は，百貨店，病院など，不特定多数の者が出入りする防火対象物に限られている。

【問題3】　既存の防火対象物における消防用設備等は，技術上の基準が改正されても，原則として改正前の基準に適合していればよい，と規定されているが，基準が改正された後に一定の「増改築」がなされた場合は，この規定は適用されず，改正後の基準に適合させなければならない。この一定の「増改築」に該当しないものは，次のうちどれか。
(1)　既存の延べ面積の 1/4 で 1100 m² の増改築
(2)　既存の延べ面積の 3/4 で 800 m² の増改築
(3)　既存の延べ面積の 2/5 で 800 m² の増改築
(4)　既存の延べ面積の 5/6 で 1700 m² の増改築

【問題4】　消防用設備等又は特殊消防用設備等を設置した場合の届出および検査で，次のうち誤っているのはどれか。

⑴　消防本部が設置されていない市町村においては，当該区域を管轄する市町村長に対して届け出る。

⑵　延べ面積が 1000 m² の映画館に非常警報器具を設置した場合は，設置工事完了後 7 日以内に指定消防機関に届け出て検査を受ける必要がある。

⑶　延べ面積が 190 m² の倉庫に自動火災報知設備を設置した場合は，消防長等に届け出て検査を受ける必要はない。

⑷　延べ面積が 350 m² のホテルに漏電火災警報器を設置した場合は，消防長等に届け出て検査を受ける必要がある。

【問題5】　消防用設備等又は特殊消防用設備等の定期点検及び報告について，次のうち消防法令上正しいものはどれか。

⑴　消防用設備等又は特殊消防用設備等の点検は，消防設備士免状の交付を受けていない者が行ってはならない。

⑵　すべての特定防火対象物の関係者は，当該防火対象物の消防用設備等について法令に定める資格を有する者に点検させ，その結果を報告しなければならない。

⑶　特定防火対象物以外の防火対象物にあっては，点検を行った結果を維持台帳に記録し，消防長，又は消防署長に報告を求められたとき報告すればよい。

⑷　延べ面積が 1000 m² 以上の特定防火対象物の消防用設備等にあっては，消防設備士又は消防設備点検資格者に点検をさせなければならない。

【問題6】　消防の用に供する機械器具等の検定について，次の文中の（　）内に当てはまる語句の組合せで，消防法令に定められているものはどれか。

「（ア）とは，検定対象機械器具等の（イ）形状等が総務省令で定める検定対象機械器具等に係る技術上の規格に適合している（ウ）をいう。」

	（ア）	（イ）	（ウ）
⑴	型式承認	型式に係る	旨の承認
⑵	型式承認	個々の	旨の承認
⑶	型式適合検定	型式に係る	旨の検定
⑷	型式適合検定	個々の	旨の検定

㊎【問題7】　消防設備士免状の書換え又は再交付を行う場合の申請先について，次のうち消防法令上誤っているのはどれか。

	書換え又は再交付	申請先
(1)	書換え	居住地又は勤務地を管轄する都道府県知事
(2)	再交付	免状を交付した都道府県知事
(3)	書換え	免状を交付した都道府県知事
(4)	再交付	居住地又は勤務地を管轄する都道府県知事

㊎【問題8】　工事整備対象設備等の工事又は整備に関する講習について，次のうち消防法令上正しいものはどれか。
(1)　講習を実施するのは，市町村長である。
(2)　実際に業務に従事していない者も，受講する義務がある。
(3)　消防設備士免状の種類に応じて第1種から第5種までに区分して行われる。
(4)　規定された期間内に受講しなければ，免状は自動的に失効する。

⑵　法令の類別部分（問題9〜問題15）

【問題9】　消防法令上，自動火災報知設備を設置しなければならない防火対象物は，次のうちどれか。
(1)　熱気浴場で，延べ面積が 200 m² のもの
(2)　マーケットで，延べ面積が 250 m² のもの
(3)　共同住宅で，延べ面積が 300 m² のもの
(4)　神社で，延べ面積が 500 m² のもの

【問題10】　次の文中の（　）内に当てはまる消防法令上の基準値として，正しいものはどれか。
「消防法施行令別表第1に掲げる建築物の地階，無窓階または3階以上の階で床面積が（　）m² 以上のものには，自動火災報知設備を設置すること。」
(1)　50
(2)　200
(3)　300
(4)　500

【問題11】　消防法令上，スプリンクラー設備（総務省令で定める閉鎖型スプリンクラーヘッドを備えているもの。）を設置しても，その有効範囲内の部分について自動火災報知設備の設置を省略することのできない防火対象物は，次のうちどれか。

(1)　ホテル

(2)　共同住宅

(3)　小学校

(4)　床面積が $1000 \ m^2$ 以上の倉庫

【問題12】　自動火災報知設備（光電式分離型感知器を除く。）で設ける警戒区域について，次のうち消防法令上正しいものはどれか。

(1)　一の警戒区域の面積は，$500 \ m^2$ 以下とすること。

(2)　一の警戒区域は，防火対象物の2以上の階にわたらないこと。

(3)　防火対象物の主要な出入り口からその内部を見通すことができる場合にあっては，一の警戒区域を $600 \ m^2$ 以下とすることができる。

(4)　地階の階数が1のみの階段の場合，地上部分と同一警戒区域とすることができる。

甲【問題13】　消防法令上，取付け面の高さが6mとなる天井面に設置することができない感知器は，次のうちどれか。

(1)　定温式スポット型感知器（2種）

(2)　差動式分布型感知器（2種）

(3)　補償式スポット型感知器（2種）

(4)　差動式スポット型感知器（2種）

甲【問題14】　自動火災報知設備の地区音響装置を区分鳴動させる場合に，出火階と警報を発しなければならない階の組合せとして，次のうち消防法令上正しいものはどれか。

ただし，この防火対象物の延べ面積は $5000 \ m^2$ とし，◎印は出火階を示し，○印は警報を発しなければならない階を示す。

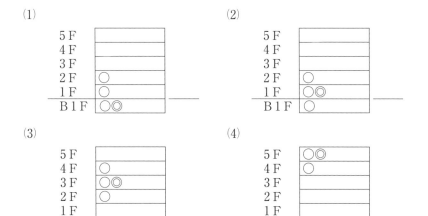

甲【問題15】　消防法令上，延べ面積又は床面積にかかわらず，ガス漏れ火災警報設備を設置しなくてもよい防火対象物又はその部分は，次のうちどれか。

(1)　病院の地階

(2)　複合用途防火対象物の地階に設けられた映画館

(3)　工場の地階

(4)　地下街に設けられた飲食店

電免　**2　電気に関する基礎知識**　（問題 16〜問題 25）

【問題16】　下図の AB 間の合成抵抗値として，次のうち正しいものはどれか。

(1)　$1.5\,\Omega$

(2)　$2.6\,\Omega$

(3)　$5.3\,\Omega$

(4)　$21\,\Omega$

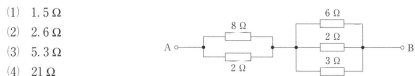

【問題17】　同じ導線を m 本つないだものを n 本並列にしたときの抵抗値について，次のうち正しいものはどれか。

(1)　抵抗値は m に比例し，n に反比例する。

(2)　抵抗値は m に比例し，n に比例する。

(3)　抵抗値は m に反比例し，n に比例する。

(4)　抵抗値は m に反比例し，n に反比例する。

㊉【問題18】　下図の回路における AB 間の合成抵抗値として，次のうち正しいものはどれか。

(1)　1.5 Ω
(2)　2.0 Ω
(3)　3.0 Ω
(4)　6.0 Ω

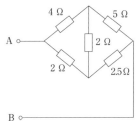

【問題19】　下図の交流回路において，抵抗 x の値として正しいものは次のうちどれか。

(1)　10 Ω
(2)　20 Ω
(3)　30 Ω
(4)　40 Ω

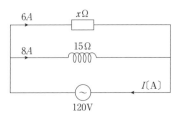

㊉【問題20】　抵抗値の異なる2つの抵抗 r_1，r_2（$r_1 > r_2$）を直列にして電源に接続した場合，r_1，r_2 で消費される電力の説明として，次のうち正しいものはどれか。

(1)　r_1 に流れる電流の方が，r_2 に流れる電流より大きいので，r_1 で消費される電力の方が，r_2 で消費される電力よりも大きい。
(2)　r_1 に流れる電流の方が，r_2 に流れる電流より小さいので，r_1 で消費される電力の方が，r_2 で消費される電力よりも小さい。
(3)　r_1 に流れる電流と，r_2 に流れる電流が同じなので，r_1 で消費される電力の方が，r_2 で消費される電力より大きい。
(4)　r_1 に流れる電流と，r_2 に流れる電流は同じなので，r_1 で消費される電力の方が，r_2 で消費される電力よりも小さい。

㊉【問題21】　電流と磁気に関する説明で，次のうち誤っているものはどれか。

(1)　磁界内にある導体に電流を流すと，導体には磁界と直角な方向に力が働く。この力を電磁力という。

(2)　電磁誘導によって生ずる誘導起電力の大きさは，コイルを貫く磁束の時間的に変化する量と，コイルの巻数の積に比例する。

(3)　金属板を磁束が貫いているとき，その金属板を貫く磁束が変化すると，コイルと同じく金属板に起電力が生じ誘導電流が流れる。この電流をうず電流という。

(4)　導体が磁束を切るような動きをしたときによって生じる誘導起電力の方向は，フレミングの左手の法則に従う。

【問題22】　フレミングの左手の法則に関する次の文中の（　）内に当てはまる語句として，正しいものはどれか。
「左手の親指，人差し指，中指を互いに直角に曲げ，人差し指を磁界の方向，中指を電流の方向に向けると，親指は（　）の方向を示す。」
(1)　運動
(2)　電磁力
(3)　誘導起電力
(4)　静電力

甲【問題23】　単相交流回路において，抵抗 $R = 30\,\Omega$，誘導リアクタンス $X_L = 80\,\Omega$，容量リアクタンス $X_c = 40\,\Omega$ を直列に接続した場合，合成インピーダンスとして，次のうち正しいものはどれか。
(1)　$30\,\Omega$
(2)　$40\,\Omega$
(3)　$50\,\Omega$
(4)　$60\,\Omega$

甲【問題24】　可動鉄片形計器の構造について，次のうち誤っているものはどれか。
(1)　可動鉄片形計器の目盛りは，原理的には不均等目盛りになる。
(2)　可動鉄片が受けるトルクは，固定コイルに流れる電流の2乗に比例する。
(3)　可動鉄片形計器の可動部分には電流が流れないので，構造が簡単な計器である。
(4)　可動鉄片形計器は，直流専用の計器なので，感度の良いものを作ることができる。

【問題25】　一次側コイルの巻線が 300 回，二次側コイルの巻線が 1500 回の変圧器がある。一次側コイルに 20 A の電流が流れているとき，二次側コイルに流れる電流の値として，次のうち正しいものはどれか。ただし，変圧器は理想変圧器とする。

(1)　4 A
(2)　8 A
(3)　80 A
(4)　100 A

3　構造・機能及び工事又は整備の方法

(電免)　(1)　電気に関する部分（問 26〜問 37）

(甲)【問題26】　交流回路に接続されている負荷設備に電圧計を設ける方法として，次のうち正しいものはどれか。
(1)　電圧計はその内部抵抗が小さいので，負荷に並列に接続する。
(2)　電圧計はその内部抵抗が大きいので，負荷に直列に接続する。
(3)　電圧計はその内部抵抗が小さいので，負荷に直列に接続する。
(4)　電圧計はその内部抵抗が大きいので，負荷に並列に接続する。

【問題27】　電気機器に D 種接地工事を施す主な目的として，次のうち正しいものはどれか。
(1)　漏電による機器の損傷を防止するため。
(2)　機器の力率・効率をよくするため。
(3)　機器の絶縁をよくするため。
(4)　漏電による感電を防止するため。

【問題28】　非常電源の耐火配線工事として，次のうち適当でないものはどれか。
(1)　MI ケーブルを露出配線とした。
(2)　600 V 2 種ビニル絶縁電線を金属管に収め，居室に面した壁体に露出配管した。
(3)　シリコンゴム絶縁電線を金属管に収め，耐火構造とした壁体へ 20 mm 以上埋設した。

⑷ CD ケーブルを金属管に収め，耐火構造で造った主要構造部の深さ 10 mm のところに埋設した。

甲【問題29】 P 型 1 級受信機が非火災報を受信したとき，これを復旧させる方法として，次のうち最も適当なものはどれか。

⑴ 火災復旧スイッチを手動で操作する。

⑵ 感知器が復旧すれば自動的に復旧する。

⑶ 電源の主スイッチを切らないと復旧しない。

⑷ 発信機の操作によって復旧させる。

甲【問題30】 差動式スポット型感知器と，補償式スポット型感知器の構造上の共通事項として，次のうち誤っているものはどれか。ただし，温度検知素子を利用したものを除くものとする。

⑴ ともにダイヤフラムが設けられている。

⑵ ともにリーク孔をもっている。

⑶ ともにバイメタルが設けられている。

⑷ ともに空気の膨張を利用して作動する空気室をもっている。

【問題31】 差動式分布型感知器（空気管式）の取付けについて，次のうち適当でないものはどれか。

⑴ 空気管の直線部分にあっては，ステップル等の止め金具の間隔が 60 cm 以内とすること。

⑵ 空気管相互の接続部分の止め金具の位置は接続部分から 5 cm 以内とすること。

⑶ 空気管の屈曲部の曲率半径は，0.5 cm 以上とすること。

⑷ 傾斜が 3/10 以上の天井にあっては，その頂部が「密」に，下部が「粗」になるように設定すること。

【問題32】 煙感知器（光電式分離型を除く）を設置する場合の基準について，次のうち正しいものはどれか。

⑴ 感知器の下端は，取り付け面の下方 0.3 m 以内の位置に設けること。

⑵ 感知器は，換気口等の空気吹出し口から 0.6 m 以上離れた位置に設けること。

⑶ 天井付近に吸気口のある居室の場合は，感知器をその吸気口付近に設け

ること。
(4)　2 種及び 3 種の感知器は，廊下及び通路にあっては，歩行距離 30 m に
つき 1 個以上の個数を設けること。

**【問題33】　自動火災報知設備の発信機の取付工事について，次のうち正しいも
のはどれか。**
(1)　受信機が R 型だったので，P 型 2 級発信機を取り付けた。
(2)　子供によるいたずらが多いので，発信機を床面からの高さが 1.8 m の
箇所に設けた。
(3)　P 型 1 級発信機を各階ごとに，その階の各部分から一の発信機までの歩
行距離が，50 m 以下となるように設けた。
(4)　発信機の直近に誘導灯があったので，表示灯は省略した。

**【問題34】　自動火災報知設備の受信機の構造及び機能について，次のうち誤っ
ているものはどれか。**
(1)　特定 1 階段等防火対象物に設ける受信機は，地区音響停止スイッチが停
止状態にある間に，受信機が火災信号を受信したときは，一定時間以内に
自動的に，地区音響装置を鳴動させる状態に移行するものであること。
(2)　特定 1 階段等防火対象物に設ける受信機は，地区音響装置が鳴動してい
る間に，受信機の地区音響停止スイッチが停止状態にされた場合において
は，一定時間以内に自動的に地区音響装置を鳴動させる状態に移行するも
のであること。
(3)　受信機の操作スイッチ（いすに座って操作するものを除く。）は，床面
からの高さが 0.8 m 以上 1.5 m 以下の箇所に設けること。
(4)　主音響装置及び副音響装置の音圧及び音色は，他の警報音又は騒音と明
らかに区別して聞き取ることができるものであること。

**【問題35】　P 型 1 級受信機に接続する地区音響装置の音圧について，次のうち
消防法令上正しいものはどれか。ただし，音声により警報を発するものを除
くものとする。**
(1)　音圧は，取り付けられた音響装置の中心から 3 m 離れた位置で 60 dB
以上であること。
(2)　音圧は，取り付けられた音響装置の中心から 1 m 離れた位置で 60 dB
以上であること。

⑶　音圧は，取り付けられた音響装置の中心から 3 m 離れた位置で 90 dB
　以上であること。

⑷　音圧は，取り付けられた音響装置の中心から 1 m 離れた位置で 90 dB
　以上であること。

**【問題36】　ガス漏れ火災警報設備に使用されている検知器の検知方式として，
次のうち正しいものはどれか。**

⑴　可燃性ガスの燃焼による熱起電力の発生を利用して検知する方式。

⑵　可燃性ガスによるイオン電流の変化を利用して検知する方式。

⑶　可燃性ガスの吸着による半導体の電気伝導度の変化を利用して検知する
　方式。

⑷　可燃性ガスによる光電素子の受光量の変化に伴う電気抵抗の変化を利用
　して検知する方式。

**【問題37】　差動式分布型感知器（空気管式）の流通試験を行う場合，マノメー
ターの水位は，約何 mm まで上昇させて停止させなければならないか。**

⑴　110

⑵　100

⑶　85

⑷　60

⑵　規格に関する部分（問題 38〜問題 45）

**【問題38】　火災報知設備の受信機に用いる表示灯，スイッチ及び指示電気計器
について，次のうち規格省令上誤っているものはどれか。**

⑴　指示電気計器の電圧計の最大目盛りは，使用される回路の定格電圧の
　140% 以上 200% 以下であること。

⑵　表示灯の電球は，使用される回路の定格電圧の 130% の交流電圧を 20
　時間連続して加えた場合，断線，著しい光束変化，黒化又は著しい電流の
　低下を生じないこと。

⑶　表示灯の電球は，2 以上直列に接続すること。

⑷　スイッチの接点は，腐食するおそれがなく，かつ，その容量は最大使用
　電流に耐えること。

【問題39】 受信機に設ける火災表示及びガス漏れ表示の特例について，次のうち規格省令上誤っているものはどれか。

(1) P型受信機（接続することができる回線の数が2以上のP型1級受信機を除く。）には，火災灯を備えなくてもよい。

(2) 接続することができる回線の数が1のP型受信機には，火災の発生に係る地区表示装置を備えなくてもよい。

(3) 接続することができる回線の数が1のG型受信機には，ガス漏れの発生に係る地区表示装置を備えなくてもよい。

(4) 接続することができる回線の数が1のP型1級受信機には，地区音響装置を備えなくてもよい。

【問題40】 非蓄積式のP型1級受信機における，火災信号又は火災表示信号の受信開始から火災表示（地区音響装置の鳴動を除く。）までの所要時間として，次のうち規格省令に定められているものはどれか。

(1) 2秒以内

(2) 3秒以内

(3) 4秒以内

(4) 5秒以内

【問題41】 定温式感知器の公称作動温度の値として，次のうち，適切な値を組み合わせたものはどれか。

単位：℃

(1)	60	75	82	90	110
(2)	65	75	80	110	140
(3)	63	72	90	115	120
(4)	68	77	85	95	145

【問題42】 差動式分布型感知器の空気管の構造について，次のうち規格省令に定められているものはどれか。

(1) 内径は1.5mm以上であること。

(2) 外径は1.9mm以下であること。

(3) 肉厚は0.3mm以上であること。

(4) 継ぎ目の無い1本の長さは20m以下であること。

甲【問題43】 規格省令上，発信機から火災信号を伝達したとき，受信機がその信号を受信したことを確認できる装置を設けなくてもよい発信機は，次のうちどれか。

(1) 屋内型のP型1級発信機
(2) 屋外型のP型1級発信機
(3) P型2級発信機
(4) M型発信機

【問題44】 次の文中の（　）内に当てはまる数値として，規格省令上正しいものはどれか。

「ガス漏れ火災警報設備に使用する中継器の受信開始から発信開始までの所要時間は，ガス漏れ信号の受信開始からガス漏れ表示までの所要時間が5秒以内である受信機に接続するものに限り，（　）以内とすることができる。」

(1) 10秒
(2) 30秒
(3) 60秒
(4) 120秒

甲【問題45】 非常電源として用いる蓄電池の構造及び機能について，次のうち消防庁告示上誤っているものはいくつあるか。

A 蓄電池設備は，自動的に充電するものとし，充電電源電圧が定格電圧の±10%の範囲内で変動しても機能に異常なく充電できるものであること。
B 蓄電池設備には，過充電防止機能及び過放電防止機能を設けること。
C 蓄電池設備には，その設備の出力電圧又は出力電流を監視できる電圧計又は電流計を設けること。
D 蓄電池設備は，0℃から40℃までの範囲の周囲温度において，機能に異常を生じないこと。
E 鉛蓄電池として車用の大型蓄電池を使用することができる。

(1) 1つ　　(2) 2つ　　(3) 3つ　　(4) 4つ

第5編
模擬テスト

鑑別等試験問題

<電気に関するもの>

【問題１】　下の写真は，電線の配管工事に用いる工具を示したものである。各
工具の名称と用途を答えなさい（電気工事士所持者は免除の対象となる問題です）。

A　　　　　　　　　　　　　　B

解答欄

	名　称	用　途
A		
B		

【問題２】　次の表は，Ｐ型１級受信機とＰ型２級受信機の機能を比較したも
のである。表中の①〜⑦に当てはまる語句を，下記の語群の中から選び記号
で答えなさい。ただし，Ｐ型１級，Ｐ型２級とも１回線のものは除くものと
する。

<Ｐ型１級受信機とＰ型２級受信機の比較表>

	予備電源	火災灯	常用電源の表示	回路導通試験装置	復　旧スイッチ
Ｐ型１級受信機	①	必要	④	必要	必要
Ｐ型２級受信機	②	③	⑤	⑥	⑦

<語群>

$\begin{pmatrix} ア．必　要 \\ イ．不　要 \end{pmatrix}$

解答欄

①	②	③	④	⑤	⑥	⑦

【問題3】　次の写真は，ガス漏れ火災警報設備に用いられる各種の器具を示したものである。次の各設問に答えなさい。

設問1　それぞれの名称を答えなさい。

設問2　Bの矢印①，②のランプが点灯した時の意味を答えなさい。

設問3　Eを使用して行う試験名およびEの校正期間を答えなさい。

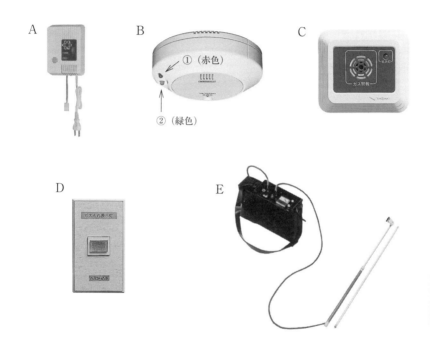

A

B
　① (赤色)
　② (緑色)

C

D

E

解答欄

設問1

A	B	C	D	E

設問2

設問3

【問題 4 】　下の図は，自動火災報知設備の各配線系統図である。

図に示した A〜H の配線について，次の条件を考慮したうえで，耐火配線としなければならないものに◎，耐熱配線としなければならないものに○，一般配線でよいものに×を解答欄に記入しなさい。

＜条件＞

> 1 ．受信機及び中継器には予備電源が内蔵されているものとする。
> 2 ．発信機は他の消防用設備等の起動装置を兼用していないものとする。

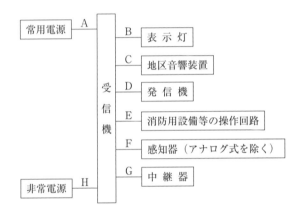

解答欄

A	B	C	D	E	F	G	H

【問題5】　下の写真は，P型1級受信機の総合点検において，ある試験を行っ
　　ているところを示したものである。次の各設問に答えなさい。

設問1　次の操作要領で，受信機の「ある試験」を実施した。この「ある試
　　験」とは何かを下記語群から選び，記号で答えなさい。

＜操作＞

> 1．まず，火災試験スイッチを倒す。
> 2．次に，火災復旧スイッチを復旧させることなく，回線選択スイッチを
> 　　No.1からNo.5まで，5回線同時に作動状態にする。
> 3．各表示灯及び各音響装置の異常の有無を確認する。

設問2　設問1の試験方法から，使用電源の種別を語群から選び，記号で答
　　えなさい。

＜語群＞

　　ア．火災表示試験　　　　エ．常用電源
　　イ．回路導通試験　　　　オ．予備電源
　　ウ．同時作動試験　　　　カ．非常電源

解答欄

設問1		設問2	

製図試験問題

【問題1】 次ページの図は，自動火災報知設備を設置しなければならない7階
建て事務所ビルの3階部分である。次の条件に基づき，下記の凡例記号を用
いてこの階の設備平面図を完成させなさい。

ただし，終端抵抗器は「湯沸室」に設置することとし，また，上下階への
配線本数の記入は不要とする。

<条件>

1. 主要構造部は，耐火構造とし，天井面の高さは，事務室（更衣室含）は
   4.2m，その他の場所は3mである。
2. 事務室には42cmのはりがある。
3. 感知器の設置は，法令の基準により必要最小の個数とすること。
4. 煙感知器は，法令基準により必要となる場所以外は設置しないこと。
5. この階は，地階，無窓階には該当しない。
6. EV区画及び階段区画は，別の階で警戒している。

凡例

記　号	名　　　　称	備　　　考
▭	機器収容箱	
Ⓟ	P型発信機	1級
◖	表示灯	AC 24 V
Ⓑ	地区音響装置	DC 24 V
⬡	差動式スポット型感知器	2種
⬡	定温式スポット型感知器	1種防水型
Ⓢ	煙感知器	2種非蓄積型
Ω	終端抵抗器	
♂♀	配線立上り引下げ	
—//—	配　　　線	2本
—///—	同　　　上	3本
—////—	同　　　上	4本
— - -	警戒区域境界線	

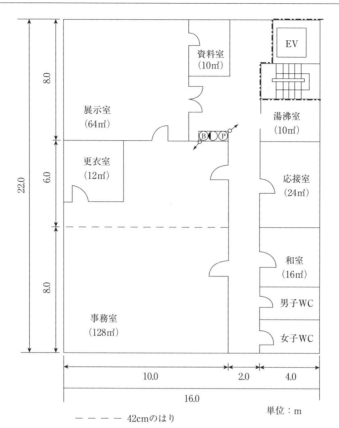

展示室（64㎡）

資料室（10㎡）

EV

湯沸室（10㎡）

更衣室（12㎡）

応接室（24㎡）

和室（16㎡）

男子WC

女子WC

事務室（128㎡）

8.0

6.0

8.0

22.0

10.0　　2.0　　4.0

16.0

単位：m

－ － － － 42cmのはり

【問題2】 次ページの図は，7階建ての防火対象物のP型1級受信機を用いた自動火災報知設備の系統図を示したものである。次の条件に基づき，各設問に答えなさい。

＜条件＞

1．延べ面積は 4800 m² である。

2．地区音響装置はベルによる警報で，区分鳴動方式である。

3．発信機は屋内消火栓設備の起動装置と兼用している。

設問1　この系統図には共通線を3本使用するが，その理由を答えなさい。

設問2　感知器回路の共通線を最も短い方法で施工するためには，各共通線をどのように接続したらよいか，警戒区域番号で答えなさい。

　　　ただし，共通線への接続順位は最上階（警戒区域 No. 15，No. 16）からとする。

解答欄

1の共通線	2の共通線	3の共通線

設問3 耐熱配線で施工しなければならない，配線名を2つ答えなさい。

解答欄

設問4 a，b，c，d および ℓ，m，n の配線本数を答えなさい。

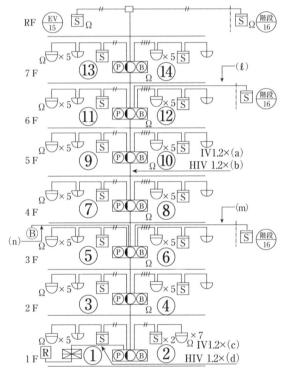

解答欄

a	b	c	d	ℓ	m	n

模擬テストの解答

1　消防関係法令

【問題1】 解答 (2)

解説

　特定防火対象物とは，原則として不特定多数の者が出入りする防火対象物をいい，(1)(3)(4)はそれに該当しますが，(2)の共同住宅，下宿は，一般に不特定ではなく，特定の者が出入りする防火対象物なので，特定防火対象物とはなりません。この，特定と不特定が少々紛らわしいので，注意してください。

- **不特定多数の者が出入りする防火対象物**
  ⇒　特定防火対象物（図書館，博物館など一部除く）
- **特定の者が出入りする防火対象物**
  ⇒　**非**特定防火対象物

【問題2】 解答 (1)

解説

　消防用設備等を設置する際は，1棟の建物（防火対象物）ごとに，規定を適用するのが原則ですが，P 64の問題16でも解説しましたように，例外があります。その1つが，(1)の「開口部のない**耐火構造**の床又は壁で区画されている場合」です。ただし，その場合，(3)のように，その他の部分が「開口部のない**耐火構造**の床又は壁で区画」されていても，共用する出入り口があれば別の防火対象物とはみなされません。

(2)　規定内の給排水管であれば「区画されている」と見なされ，別の防火対象物となる場合があります（ただし，多数の配管が集中する場合は除く）。

(4)　消防用設備等の設置が義務付けられているのは，令別表第1に掲げられている防火対象物であり，百貨店や病院など，不特定多数の者が出入りする防火対象物（特定防火対象物）だけには限られていません。

【問題3】 解答 (3)

解説

　P 67問題19の解説の条件④より，現行の基準法令（改正後の基準）に適合

第5編

模擬テスト

させなければならない「増改築」は,

> （ア）　従前の延べ面積の 2 分の 1 以上
> （イ）　床面積 1000 m² 以上

のどちらかの条件を満たしている場合です。

　順に検討すると（○は増改築の条件を満たしている場合です）,

(1)　（ア）の条件は×ですが,（イ）の条件を満たしているので,○です。

(2)　（ア）の条件は○で,（イ）の条件が×なので,結局は○です。

(3)　（ア）の条件は×で,かつ,（イ）の条件も×なので,一定の「増改築」に該当せず,「現行の基準法令に適合しなくてもよい（⇒　従前のままでよい）」,ということになります。

(4)　（ア）の条件も（イ）の条件も○です。

【問題 4 】　解答　(2)

解説

（P 71 の問題 24 の解説参照）

(1)　届出先は,消防長（消防本部が設置されていない市町村においては,当該区域を管轄する市町村長）又は消防署長となっているので,正しい。

(2)　映画館は特定防火対象物であり,延べ面積が 300 m² 以上の場合に届け出て検査を受ける必要がありますが,ただ,非常警報器具と簡易消火用具は届け出て検査を受ける必要がないので,誤りです。また,届出期間も 7 日以内ではなく 4 日以内です（7 日以内というのは消防同意の期限）。

(3)　倉庫は,非特定防火対象物なので,300 m² 以上で消防長又は消防署長が指定した場合のみ届け出て検査を受ける必要があります。

　　従って,190 m² ではその必要はない,ということになります。

(4)　ホテルは,延べ面積にかかわらず届け出て検査を受ける必要があり,正しい（なお,漏電火災警報器は P 67 の「常に現行の基準に適合させる必要がある消防用設備等」なので,注意しよう！）。

【問題 5 】　解答　(4)

解説

(1)　消防用設備等又は特殊消防用設備等の点検は,P 73 の問題 25 の解説より,規定されたものは消防設備士だけではなく,消防設備点検資格者にも点検をさせることができるので,誤りです。

(2)　すべてではなく，特定防火対象物の場合は延べ面積が 1000 m² 以上の場合に法令に定める資格を有する者（消防設備士又は消防設備点検資格者）に点検させ，その結果を報告しなければならないので，誤りです。

(3)　点検の結果は定期的に消防機関に報告する義務があるので，「報告を求められたとき報告すればよい。」というのは誤りです。

【問題6】　**解答**　(1)

解説

　正しくは，「**型式承認**とは，検定対象機械器具等の**型式に係る**形状等が総務省令で定める検定対象機械器具等に係る技術上の規格に適合している**旨の承認**をいう。」となります。

【問題7】　**解答**　(4)

解説

　免状の書換え又は再交付の申請先については，次のようになっています。

①　書換えの申請先

・免状を**交付**した都道府県知事

・**居住地**又は**勤務地**を管轄する都道府県知事

②　再交付の申請先

・免状を**交付**した都道府県知事

・免状を**書き換えた**都道府県知事

　＜免状の手続き＞

再交付と書換えは何かと紛らわしいので，次のようにして覚えよう。

①　まず，「**免状を交付した知事**」は両者に共通，と覚える

②　**書換えと再交付の申請先**

書換えの	**近**	**況**	**は**	**最高**	**かぇ？**
書換え	⇒勤務地	居住地		再交付	⇒書換えをした知事

かえ婆ちゃん

従って，(4)の再交付の申請先には，「居住地又は勤務地を管轄する都道府県知事」は含まれていないので，これが誤りです。

なお，亡失して再交付を受けた者が，その後，亡失した免状を発見した場合は，これを **10日以内**に**再交付**を受けた都道府県知事に提出する必要があるので，注意してください（再交付は義務ではないが，こちらは義務になる）。

【問題8】　解答　(2)

解説

消防設備士の場合は，実際に業務に従事していない者も受講する義務があります。

(1)　講習を実施するのは，**都道府県知事**です。

(3)　消防設備士免状の場合，第1種から第5種ではなく，甲種が特類および第1類から第5類まで，乙種が第1類から第7類まで区分して行われます。

(4)　免状の返納命令の対象とはなりますが，自動的に失効することはありません。

(2)　法令の類別部分（問題9〜問題15）

【問題9】　解答　(1)

解説

(1)　熱気浴場（9項イ）は特定防火対象物ですが，他の特定防火対象物とは異なり，延べ面積が **200 m² 以上**で設置義務が生じます。

(2)　マーケット（4項）は特定防火対象物なので，**300 m² 以上**で設置義務が生じます。

(3)　共同住宅（5項ロ）は非特定防火対象物なので，**500 m² 以上**で設置義務が生じます。

(4)　神社（11項）は，教会や寺院などと同じく，**1000 m² 以上**で設置義務が生じます。

【問題10】　解答　(3)

解説

P 87 の問題1の解説　(2)の「階数による場合」を再掲すると，

①　**地階，無窓階，又は3階以上10階以下の階**…………300m² 以上の場合に設置。

＜例外＞

・地階，無窓階にあるキャバレー，遊技場，料理店，飲食店等

（2項（ニを除く），3項，16項イ）……100 m² **以上**の場合に設置。

② 11 階以上の階……………………（延べ面積に関係なく）全てに設置。

となるので，(3)の 300 が正解です。

【問題11】 ■解答■ (1)

■解説■

P 90 の問題4でも説明しましたが，総務省令で定める**閉鎖型のスプリンクラーヘッドを備えたスプリンクラー設備**，又は**泡消火設備**，若しくは**水噴霧消火設備**のいずれかを設置した場合は，その有効範囲内の部分について，自動火災報知設備の設置を省略することができる，となっていますが，ただし，「**特定防火対象物や煙感知器の設置義務があるところなど**」は除く，となっています。従って，特定防火対象物なのは(1)のホテルだけなので，これが正解となります。

【問題12】 ■解答■ (4)

■解説■

(1) 一の警戒区域の面積は，600 m² **以下**です。

(2) 原則として，防火対象物の2以上の階にわたらないこととなっていますが，ただ，上下の階の床面積の合計が 500 m² **以下**の場合や，煙感知器を階段や傾斜路などに設ける場合には2以上の階にわたることができるので，誤りです。

(3) 防火対象物の主要な出入り口からその内部を見通すことができる場合は，一の警戒区域を 1000 m² **以下**とすることができます。

(4) 正しい。なお，地階の階数が2以上の場合は，地上部分と地階部分は別の警戒区域とする必要があります。

【問題13】 ■解答■ (1)

■解説■

巻末資料2の2（P 346）より，②以上のグループの感知器であれば，取り付け面の高さが6mでも設置することができます。

従って，(2)は③の感知器，(3)と(4)は②のグループの感知器なので，設置する

ことができます。

しかし，⑴の定温式スポット型感知器の2種は，①のグループの感知器であるため，4m未満までしか設置することができないので，これが正解です。

【問題14】 **解答** ⑵

解説

P103の問題17の解説より，

⑺ 鳴動制限のある大規模防火対象物

地階を除く階数	5以上
延べ面積	3000 m² を超えるもの

⑻ 区分鳴動

① 原則	出火階とその直上階のみ鳴動すること。
② 出火階が1階または地階の場合	原則＋地階全部（出火階以外も）も鳴動すること。

従って，この防火対象物は（ア）の条件を満たしているので，鳴動制限のある大規模防火対象物ということになります。

よって，（イ）の条件でそれぞれ確認すると，

⑴ 出火階が地下1階なので，②の条件となり，上方に関しては直上階（この場合は1F）のみ鳴動すればよいので，2Fは警報を発する必要はありません。

⑵ 出火階が1階なので，同じく②の条件となり，出火階（1F）とその直上階（2F），及び地階すべてが鳴動すればよいので，すべて条件に適合します。よって，これが正解です。

⑶ 出火階が3階なので①の原則のみでよく，従って，「出火階（3F）とその直上階（4F）」のみ鳴動すればよいので，2Fが誤りです。

⑷ 出火階が5階なので，同じく原則のみでよく，出火階（5F）の直上階はないので，5Fのみ鳴動すればよく，4Fが誤りです。

【問題15】　**解答**　(3)

解説

　工場は非特定防火対象物であり，非特定防火対象物にはガス漏れ火災警報設備の設置義務はありません（P 105 問題 18 の解説参照）。

2　電気に関する基礎知識

【問題16】　**解答**　(2)

解説

　まず，8 Ω と 2 Ω の並列接続の合成抵抗を求めると，

$$\frac{8 \times 2}{8 + 2} = \frac{16}{10} = 1.6 \, \Omega$$

　一方，6 Ω，2 Ω，3 Ω の方は，

$$\frac{1}{\dfrac{1}{6} + \dfrac{1}{2} + \dfrac{1}{3}} = \frac{1}{\dfrac{1}{6} + \dfrac{3}{6} + \dfrac{2}{6}}$$

$$= \frac{1}{\dfrac{6}{6}} = 1 \, \Omega$$

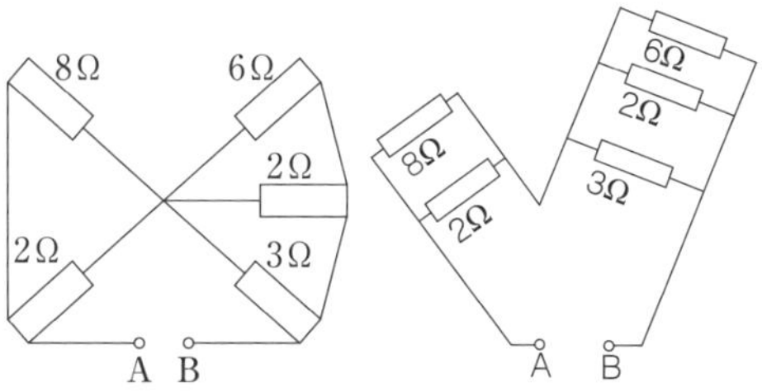

となります。

　従って，合成抵抗は，1.6 + 1 = 2.6 Ω　ということになります。

　なお，上のような図で出題されることもあるので注意して下さい。

【問題17】　**解答**　(1)

解説

　導体の抵抗 R は，**長さ ℓ に比例**し，**断面積 s に反比例**します。

　つまり，$R = \rho \dfrac{\ell}{s}$　となるので，導線を m 本つないだということは，<u>長さ ℓ が m 倍になった</u>ということになるので，「**抵抗値は m に比例する。**」となります。

　次に，n 本並列ですが，図のように導体を 3 本並列にしたものは，断面積を 3 倍にしたものと，運ぶ電気の量は同じです。

　従って，n 本並列にしたものは，その<u>断面積を n 倍</u>したものと同じものなので，抵抗値は断面積に反比例するので，「**抵抗値は n に反比例する。**」ということになります。

よって，(1)が正解です。

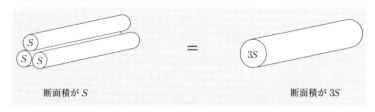

断面積が S　　　　　　　　　　　　　　　断面積が $3S$

【問題18】　解答　(3)

解説

P 22の問題7の解説より，ブリッジ回路の相対する抵抗値を掛けた値が等しいとき，回路が平衡状態にあります。

回路が平衡状態にあれば，真ん中の 2Ω の抵抗には電流は流れず，合成抵抗を考える場合，この 2Ω はないのと同じです。

従って，「$4\Omega+5\Omega$」と「$2\Omega+2.5\Omega$」の並列接続となります。

よって，合成抵抗 R は，

$$R = \frac{(4+5)\times(2+2.5)}{(4+5)+(2+2.5)}$$

$$= \frac{9\times4.5}{9+4.5}$$

$$= \frac{40.5}{13.5}$$

$$= 3\Omega \quad となります。$$

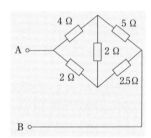

【問題19】　解答　(2)

解説

交流回路においてもオームの法則は成り立つので，$x\Omega$ と 15Ω の端子電圧が等しいことから，$6\times x=8\times15$　という式が成り立ちます。

よって，$x=8\times\dfrac{15}{6}=20\Omega$　となります。

また，交流の並列回路における回路電流 I〔A〕の求め方は，次ページのベクトル図のように，抵抗を流れる電流 I_r は電圧と同相ですが，コイルを流れる電流 I_L は電圧より90度 $\left(\dfrac{\pi}{2}\right)$ 遅れるので，その合成電流をベクトル図から求めると，

$$I = \sqrt{I_r^2 + I_L^2}$$
$$= \sqrt{6^2 + 8^2}$$
$$= \sqrt{36 + 64}$$
$$= \sqrt{100} = 10 \ \text{〔A〕} \ \text{となります。}$$

（⇒直流回路のように，$6 + 8 = 14$〔A〕としないように！）

なお，V を基準とした場合の I_L と I_C の位相の遅れ（進み）を問う出題例もあるので注意！

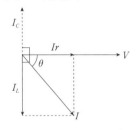

$$
\begin{array}{l}
\text{注：力率} \cos\theta \text{ は，}\\[4pt]
\qquad \cos\theta = \dfrac{I_r}{I} = \dfrac{6}{10} = 0.6 \\[10pt]
\text{又は} \cos\theta = \dfrac{I_r}{I} = \dfrac{\dfrac{V}{r}}{\dfrac{V}{z}} = \dfrac{z}{r} \text{で求めることができます。}
\end{array}
$$

類題

図の回路における消費電力を求めよ。

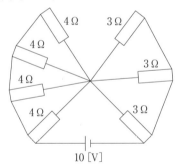

解説

非常に複雑そうに見えますが，何のことはない，左側が，4〔Ω〕が4個の並列接続，右側が，3〔Ω〕が3個の並列接続が直列で接続された回路になります。

よって，4〔Ω〕が4個の並列合成抵抗値は1〔Ω〕，3〔Ω〕が3個の並列合成抵抗値も1〔Ω〕となるので，その直列合成抵抗値は2〔Ω〕となります。

従って，$P = I^2 R = \dfrac{V^2}{R} = \dfrac{100}{2} = 50$〔W〕となります。

（答）50〔W〕

【問題20】　解答　(3)

解説

　まず，抵抗 r_1，r_2 は直列に接続されて
いるので，r_1，r_2 に流れる電流は同じで
す。従って，(1)と(2)は誤りです。

　また，抵抗 r で消費される電力 P は，
回路に流れる電流を i とすると，$P=i^2r$
という式で求めることができます。

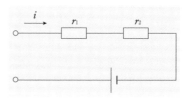

　従って，抵抗 r の値が大きいほど，r で消費される電力 P も大きくなるので，
抵抗値の大きい r_1 で消費される電力の方が大きくなり，(3)が正解となります。

【問題21】　解答　(4)

解説

　電流と磁気では，フレミングの左手の法則とフレミングの右手の法則があり
ます。フレミングの左手の法則というのは，要するに，「モーターに関する法
則」で，磁界内にある導体（電線）に電流を流して力（電磁力）を得る際の「力
と電流と磁界」の方向に関する法則です。従って，(1)は正しい。

　次に，(2)〜(4)は，フレミングの右手の法則についての出題です。

　フレミングの右手の法則というのは，要するに，「発電機に関する法則」で，
磁界内にある導体（電線）を動かして起電力（誘導起電力）を得る際の「運動
と起電力と磁界」の方向に関する法則です。

　従って，(4)の「導体が磁束を切るような動きをしたときによって生じる誘導
起電力」とは，この右手の法則による誘導起電力のことをいうので，これが誤
りです。

　また，(2)については，その誘導起電力 e は，N 巻きのコイルを貫いている
磁束 ϕ が $\varDelta t$ 秒間に $\varDelta \phi$ 変化した場合，

$$e=-N\times\frac{\varDelta\phi}{\varDelta t}\quad という式で表されます。$$

　従って，誘導起電力 e の大きさは，コイルを貫く磁束の時間的に変化する量，
すなわち，$\varDelta\phi/\varDelta t$ と，コイルの巻数 N の積に比例するので，正しい。

　(3)のうず電流というのは，問題のように金属板の表面に誘導されるうず状の
電流をいうので，正しい。

ここで磁気に関する用語の意味について説明をしておきます。
・**磁力線**：磁石のN極からS極に向かって通っていると仮想した磁気的な線。
・**磁束**：磁力線の一定量を束ねたもので，単位はWb（ウェーバ）を用い，
　　　　　磁束1本が1Wbです。
・**磁束密度（*B*）**：単位面積あたりの磁束の量で，単位はT（テスラ）を用
　　　　　います。
・**磁界**：磁気的な力が作用する空間（場所）のこと。
・**磁化**：金属の針を磁石でこすると，それ自体が磁石の性質を持つように，
　　　　　<u>物質が磁気的性質を持つこと</u>。

第5編

模擬テスト

なお，フレミングの右手の法則に関する類題を次に掲げておきます（出題例あり）。

類題

　図において，磁束密度 *B* ＝0.04〔T〕の一様な磁界の中に，長さ0.5〔m〕の導体を磁界の方向と直角に置き，磁界に対して30度の角度，矢印の方向に1〔m／s〕の速度で移動しているとき，導体に生じる誘導起電力 *e*〔mV〕の値を求めよ。

(1)　20〔mV〕

(2)　17.32〔mV〕

(3)　10〔mV〕

(4)　5〔mV〕

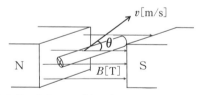

⊗手前から奥に向かって電流が流れていることを表している

解説

　導体にはフレミングの右手の法則により，紙面の手前から奥の方向に向かって，
　　　$e = B\ell v \sin\theta$ の誘導起電力が生じます。
　この式に，問題の値を代入すると，
　　　$e = B\ell v \sin\theta = 0.04 \times 0.5 \times 1 \times 0.5$
　　　$\left(\sin 30° = \dfrac{1}{2} = 0.5 \text{ より} \right)$
　　　　$= 0.01$〔V〕
　　　　$= 0.01 \times 10^3$〔mV〕

$=10$〔mV〕となります。　　　　　　　　　　　　　　　　（答）…(3)

なお，導体を真上に移動した場合は $\sin \theta = \sin 90° = 1$ となるので，

問題の e は 20〔mV〕となります。（出題例あり）

【問題22】　解答　(2)

解説

前問でも出てきましたが，フレミングの**左手**の法則は，「モーターに関する法則」で，左手の人差し指を磁界の方向，中指を電流の方向に向けると，親指は**力（電磁力）**の方向を示します（右手の法則の場合の親指は，運動の方向を示します）。

【問題23】　解答　(3)

解説

誘導リアクタンスを X_L，容量リアクタンスを X_C とした場合，交流回路における抵抗，すなわち，合成インピーダンス Z は，次の式で求められます。

$$Z = \sqrt{R^2 + (X_L - X_C)^2}$$

従って，$R = 30\,\Omega$，$X_L = 80\,\Omega$，$X_C = 40\,\Omega$ をこの式に代入すると，

$Z = \sqrt{30^2 + (80 - 40)^2}$

$= \sqrt{30^2 + 40^2}$

$= \sqrt{900 + 1600}$

$= \sqrt{2500}$

$= 50\,\Omega$　となります。

（注：誘導リアクタンスを表わす式　$X_L = 2\pi f L$ を問う出題があるので注意）

なお，合成インピーダンスに関する類題を次ページに挙げておきます（過去問です）。

類題

次の回路の合成インピーダンス Z を求めよ。

(1)　15 Ω

(2)　25 Ω

(3)　35 Ω

(4)　45 Ω

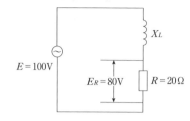

解説

この場合，回路に流れる電流 I は，$I = \dfrac{E_R}{R} = \dfrac{80}{20} = 4\,\text{A}$ となります。

従って，合成インピーダンス Z は，$Z = \dfrac{E}{I} = \dfrac{100}{4} = 25\,\Omega$ ということになります。

ちなみに，X_L は $Z = \sqrt{R^2 + X_L{}^2}$ より，$Z^2 = R^2 + X_L{}^2$　だから，

$\qquad 25^2 = 20^2 + X_L{}^2$

よって，$X_L{}^2 = 25^2 - 20^2$

$\qquad\qquad\quad = 625 - 400$

$\qquad\qquad\quad = 225$

∴$X_L = 15\,\Omega$ ということになります。　　　　　　　　　　（答）…(2)

（注：直流 100 V 印加時の電流は $X_L = 0$ なので，5 A となります）

【問題24】　解答　(4)

解説

可動鉄片形計器は直流専用ではなく，**交流専用**の計器なので(4)が誤りです。

なお，可動鉄片形計器は固定コイルに電流を流して磁界を作り，その中に鉄片を置いたときの**鉄片と磁界との間に生じる電磁力**を駆動トルクに利用した**計器**なので，こちらの方も覚えておこう！

(1)(2)　可動鉄片が受けるトルクは，**電流または電圧の実効値の 2 乗に比例する**ので，(2)は正しく，また，目盛りは 2 乗目盛り（＝不均等目盛り）なので，(1)も正しい。

第 5 編

模擬テスト

(3) 可動鉄片形計器は，固定コイルに電流を流し，可動部分である可動鉄片に
は電流は流れないので，正しい。

なお，直流専用の計器は**可動コイル形計器**で，交流専用の計器には**可動鉄片
形計器，整流形計器，振動片形計器，誘導形計器**……などがあります。

また，可動コイル形では「微小な電流を測れるものは細い線を多く巻くので，
内部抵抗は小さくなる」という出題例もありますが，内部抵抗は大きくなるの
で，誤りです。

【問題25】　**解答**　(1)

解説

変圧器の１次コイルの巻き数を N_1，２次コイルの巻き数を N_2 とし，１次コ
イルに加える電圧を E_1，２次コイルに誘起される電圧を E_2 とすると，次式が
成り立ちます。

$$\frac{E_1}{E_2} = \frac{N_1}{N_2}$$　　　すなわち，電圧比は巻数比となります。

一方，それによって流れる電流の方は，電圧とは逆に巻き数に**反比例**します。

すなわち，$\dfrac{I_1}{I_2} = \dfrac{N_2}{N_1}$　となります。

これより，二次側コイルに流れる電流 I_2 を求めると（左辺，右辺とも分母
分子を逆にして）

$$I_2 = \frac{N_1}{N_2} \times I_1$$

$$= \frac{300}{1500} \times 20$$

$$= \frac{1}{5} \times 20$$

$$= 4\,A \ となります。$$

3 構造・機能及び工事又は整備の方法

(1) 電気に関する部分 (問 26〜問 37)

【問題26】 解答 (4)

解説

電流や電圧などを測定するには，図のように電流計は回路と直列に，電圧計は回路と並列に接続します。

なお，測定範囲を拡大したい場合には次の図のような**分流器**や**倍率器**というものを用います。

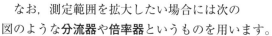

分流器というのは，図aのように電流計と並列に接続した抵抗 R のことで，測定電流の大部分を分流器 R に流すことにより測定範囲の拡大をはかったものです。その場合，i/i_r を分流器の倍率といいます。

一方，**倍率器**というのは，図bのように電圧計と直列に抵抗 (R) を接続して，その測定範囲の拡大をはかったもので，V/V_r を倍率器の倍率といいます。

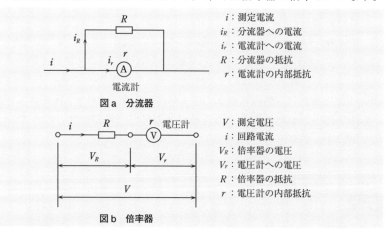

i：測定電流
i_R：分流器への電流
i_r：電流計への電流
R：分流器の抵抗
r：電流計の内部抵抗

図a 分流器

V：測定電圧
i：回路電流
V_R：倍率器の電圧
V_r：電圧計への電圧
R：倍率器の抵抗
r：電圧計の内部抵抗

図b 倍率器

【問題27】 解答 (4)

解説

接地工事には，A 種，B 種，C 種，D 種接地工事がありますが，B 種以外は，機器や回路の漏れ電流を大地に導き，**漏電による感電や火災事故等を防止する**目的で施工します（B 種は高低圧混触による危険を防止するため）。

第5編

模擬テスト

また，接地抵抗値は，A 種，C 種が 10 Ω 以下，D 種が 100 Ω 以下（この抵抗値もよく出題されているので覚えておこう！）となっています（B 種は省略）。

【問題28】　**解答**　(2)

解説

耐火配線については，P 118 の問題 9 で説明しましたが，工事方法についてもう一度記すと，

耐火配線	①　**600 V 2 種ビニル絶縁電線**（HIV），またはこれと同等以上の耐熱性を有する電線*1 を用いる場合 　⇒　**金属管等***2 に収め**埋設工事**を行う（耐火のためです）。 ②　**耐火電線**（FP）または **MI ケーブル**を用いる場合 　⇒　**露出配線**とすることができる。

　　　　　（*1：下線部の電線については P 119 の問題 10 の解説参照）
　　　　　（*2：**金属管，2 種可とう電線管，合成樹脂管**のこと。　）

順に確認すると，

(1)　②より，MI ケーブルは露出配線とすることができるので，正しい。

(2)　①より，600 V 2 種ビニル絶縁電線は金属管に収め，**埋設工事**をする必要があるので，露出配管は誤りです。

(3)(4)　シリコンゴム絶縁電線と CD ケーブルとも，600 V 2 種ビニル絶縁電線と同等以上の耐熱性を有する電線であるので，金属管等に収めて 10 mm 以上埋設する必要があり，正しい。

【問題29】　**解答**　(1)

解説

非火災報といっても，一般的に，いたずらなどによって発信機を押された場合と感知器が誤作動した場合があります。

発信機を押された場合は受信機に表示されるので，まずは現場へ行きます。そして，いたずらなどによって発信機を押された，と判断した場合は発信機のボタンを元の位置に戻して復旧させ，受信機の火災復旧スイッチを操作して元の状況に復旧させます（⇒音響装置の鳴動を停止させる）。

⑵については，感知器が復旧しても受信機の火災復旧スイッチを操作しないと受信機が元の状況に復旧しないので，誤りです。従って，⑴が正解です。

　なお，⑴は，発信機が押された状態のままであったり，また，感知器が作動している状態であれば，すぐに音響装置が再び鳴動します(⇒再鳴動機能)。

　また，⑶は，復旧させるためには前記のような措置をしないと復旧しないので，誤りです。

【問題30】　解答　⑶

解説

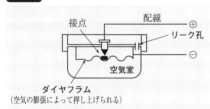

差動式スポット型
（空気の膨張を利用したもの）

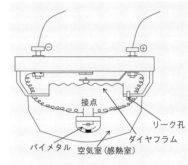

（補償式スポット型）

　上図からもわかると思いますが，ともに**ダイヤフラム，リーク孔，空気室**(感熱室) をもっていますが，バイメタルは左の差動式スポット型には設けられていないので，誤りです。

─[補足情報]─

　補償式ですが，膨張係数の異なる2種類の金属の組合せを用いる下図のようなタイプもあります。

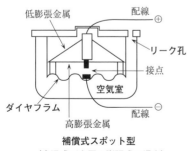

補償式スポット型
（定温式が金属の膨張式の場合）

補償式スポット型感知器は「差動式スポット型感知器と定温式スポット型感知器の性能を併せもつもの」で，鑑別での出題例があります。

第5編

模擬テスト

【問題31】　**解答**　(1)

解説

　空気管の取付け工事は図のように施工します。

　止め金具（ステップル）の間隔は **35 cm 以内**
とします。従って，(1)が誤りです。

　また，屈曲部を止める場合は，屈曲部から **5 cm
以内**にステップルで止め，屈曲部の半径は **5 mm
以上**にする必要があります。なお，(4)の傾斜形天

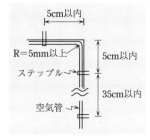

井の場合ですが，頂部が「密」に，下部が「粗」というのは，おおむね 1：2：
3 の割合となるような間隔を取って設置することを意味しています。

【問題32】　**解答**　(3)

解説

　問題 25（P 132）の解説より，

(1)　他の感知器では正しい数値ですが，煙感知器の場合のみ，取付け面の下方
　　 0.6 m 以内に設けること，となっているので，誤りです。

(2)　換気口等の空気吹出し口から 0.6 m ではなく，**1.5 m 以上**離れた位置に設
　　 ける必要があるので，誤りです。

(3)　煙感知器のみに適用される規定で，正しい。

(4)　廊下及び通路の場合，煙感知器は原則として**歩行距離 30 m につき 1 個以
　　 上**の個数を設ける必要がありますが，ただ，3 種の場合は **20 m につき 1 個
　　 以上**，となっているので，誤りです（30 m⇒20 m，ということで，厳しく
　　 なっている）。

【問題33】　**解答**　(3)

解説

(1)　受信機が R 型の場合は，**P 型 1 級発信機**しか接続できないので，誤りで
　　 す。

(2)　発信機は，床面からの高さが **0.8 m 以上 1.5 m 以下**の箇所に設ける必要
　　 があるので，誤りです。

(3)　1 級に限らず，P 型 2 級であっても，発信機は各階ごとにその階の各部分
　　 から一の発信機までの歩行距離が，**50 m 以下**となるように設ける必要があ
　　 るので，正しい。

(4)　表示灯が省略できるのは，発信機の直近に**屋内消火栓用表示灯**がある場合
のみです。

【問題34】　解答　(2)

解説

　(1)と(2)は地区音響装置の再鳴動に関する規定で（規則第24条第2項のハ），
平成15年に規則が改正され，**特定1階段等防火対象物**の受信機についての基
準が追加されました（平成17年10月2日より施行）。
　これによると，「特定1階段等防火対象物に設ける受信機で，地区音響装置
の鳴動を停止するスイッチを設けるものにあっては，当該地区音響停止スイッ
チが地区音響装置の鳴動を停止する状態にある間に，受信機が火災信号を受信
したときは，当該音響停止スイッチが**一定時間以内に自動的に**（地区音響装置
が鳴動している間に停止状態にされた場合においては**自動的に**）地区音響装置
を鳴動させる状態に移行するものであること。」となっています。
　つまり，

> ①　地区音響停止スイッチが鳴動を停止する状態にあるときに，受信機が火
> 　災信号を受信した場合
> 　⇒　スイッチが**一定時間以内に自動的に**鳴動させる状態に移行すること。
> ②　地区音響装置が鳴動している間にスイッチを停止状態にされたときに，
> 　受信機が火災信号を受信した場合
> 　⇒　**自動的に**地区音響装置を鳴動させる状態に移行すること。

　従って(1)は①に当てはまり正しい。
　(2)は②より一見正しいように思えますが「一定時間以内に自動的に」ではな
く，単に「自動的に」なので誤りです。
（要するに，①のように地区音響停止スイッチがOFFのときに火災信号を受
信すれば，ある一定時間の間にベルを鳴らし，②のようにすでにベルが鳴って
いるときに地区音響停止スイッチがOFFにされた場合は，"直ちに"ベルを
鳴らす状態に復帰させなさい，ということです。）

　類題　P型3級受信機が火災信号を受信したときの火災表示は，**手動で復旧**
しない限り，表示状態を保持するものでなければならない。（答は問題35の解
説のあと）

【問題35】 　解答 　⑷

解説

　地区音響装置の音圧については，音圧特性試験において，「取り付けられた音響装置の中心から１ｍ離れた位置で**公称音圧以上であること。**」となっています。公称音圧は，音響により警報を発する音響装置においては **90 dB 以上**，となっているので，⑷が正解となります（音声により警報を発するものについては **92 dB 以上**となっています）。

　（問題 34 の[類題]の答え）：×（Ｐ型３級受信機に火災表示の保持装置は不
　　　　　　　　　　　　　　　　要です）

【問題36】 　解答 　⑶

解説

　ガス漏れ火災警報設備に使用されている検知器の検知方式には，次の３方式があります。

検知方式

	検知方式		
	半導体式	接触燃焼式	気体熱伝導度式
構造	ヒーター　　電極 半導体	検出素子 （白金線）　補償素子	検出素子 （白金線）　補償素子 半導体が塗られている
原理	半導体表面にガスが吸着すると半導体の抵抗値が減少し電流が多く流れ出す。この電気伝導度の変化を利用してガス漏れを検知する。 （半導体の材料には**酸化鉄**や**酸化スズ**などがあります。）	白金線（図の検出素子）の表面でガスが酸化反応（接触燃焼）を起こすと白金線の電気抵抗が増大する。この変化からガス漏れを検知する。 （**気体熱伝導度式とは逆に変化します。**）	空気と可燃性ガスの熱伝導度が異なるのを利用したもので，白金線に普段の空気と異なるガスが触れるとその温度が変化し電気抵抗も変化する。それを利用してガス漏れを検知する。

　従って，⑶は半導体式のことを説明しているので，これが正解です。

【問題37】 **解答** (2)

解説

　流通試験は，空気管に空気を注入し，**空気管の漏れや詰まりなどの有無，およ**
び空気管の長さを確認する試験で，次の要領で行います。

1. 空気管の一端をはずして（※）マノメーターを接続し，他端にテストポ
   ンプを接続します。
2. テストポンプで空気を注入し，マノメーターの水位を約 100 mm（半値）
   まで上昇させ，水位を停止させます。
3. 水位停止後，コックハンドルを操作して送気口を開き空気を抜きます。
   その際，マノメーターの水位が$\frac{1}{2}$まで下がる時間を測定して，その時間が
   空気管の長さに対応する範囲内であるかを空気管流通曲線により確認しま
   す。

──［補足情報］──────────────────────────────

　（※）マノメーター

　　　U字型のガラス管で，圧力を受けることによって水位が変動しま
　　す。水は目盛り盤の0点の位置に合わせて入れておきます。

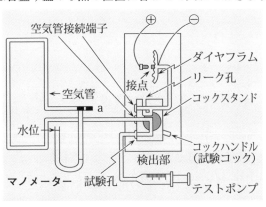

─────────────────────────────────────

第5編
模擬テスト

(2)　規格に関する部分（問 38～問 45）

【問題38】　**解答**　(3)

解説

　「表示灯の電球は，2以上**並列**に接続すること。ただし，**放電灯**又は**発光ダ
イオード**を用いるものにあってはこの限りではない。」となっており，原則は
並列なので(3)が誤りです。その他の，(1)(2)の基準については，少々細かい数値
が並んでいますが，参考程度に目を通せばいいかと思います。

【問題39】　**解答**　(4)

解説

　受信機の規格第6条の2には，受信機に設ける火災表示及びガス漏れ表示の
特例について規定されていますが，それによると，(1)(2)(3)はその通りですが，
　(4)は，「接続することができる回線の数が1のP型2級，及びP型3級受信
機（その他，M型，GP型受信機も含む）には，地区音響装置を備えなくても
よい。」となっているので，P型1級受信機の部分が誤りです。
　なお，P型受信機のみの機能の比較を次にまとめておきます。

	P 1 多回線	P 1 1回線	P 2 多回線	P 2 1回線	P 3 1回線
火災灯	○	×	×	×	×
地区表示灯	○	×	○	×	×
地区音響装置	○	○	○	×	×

　この表からもわかるように，地区表示灯については，1回線しかない場合は
当然，地区を改めて表示する必要はないので（1回線しかないので，どこが発
報しているかわかるため），地区表示灯は不要，となるわけです。

【問題40】　**解答**　(4)

解説

　P型とR型受信機の火災表示（地区音響装置の鳴動を除く。）までの所要時
間は**5秒以内**，となっています（G型受信機の場合は60秒以内）。

【問題41】　**解答**　(2)

解説

　定温式感知器の公称作動温度は，60℃〜150℃ までであり，60〜80℃ までは 5℃ ごとに，80〜150℃ までは 10℃ ごとに設定値があります。従って，(1)は 82℃，(3)は 63℃，72℃，115℃，(4)は全てが誤りです。

【問題42】　**解答**　(3)

解説

　空気管の規格については，問題 24（P 182）にある通りですが，そのほか，「肉厚は 0.3 mm 以上であること。」という規定もあるので，(3)が正解です。

　なお，(1)の内径に関する規定はなく，また，(2)の外径は 1.94 mm 以__上__，(4) の継ぎ目の無い 1 本の長さは 20 m 以__上__必要です。

【問題43】　**解答**　(3)

解説

　P 185 の問題 28 の解説⑦より，P 型 2 級発信機には「発信機から火災信号を 伝達したとき，受信機がその信号を受信したことを確認できる装置」の設置が 義務づけられていないので，(3)が正解です。

【問題44】　**解答**　(3)

解説

　中継器の規格第 4 条には，「中継器の受信開始から発信開始までの所要時間 は，5 秒以内でなければならない。ただし，ガス漏れ信号に係る当該所要時間 にあっては，ガス漏れ信号の受信開始からガス漏れ表示までの所要時間が 5 秒 以内である受信機に接続するものに限り，**60 秒以内**とすることができる。」と なっています。

【問題45】　**解答**　(2)

解説

A　P 189 の蓄電池設備の基準の【1】の②より正しい。

B　同じく，【1】の③より，蓄電池設備には，過充電防止機能を設ける必要 　はありますが，過放電防止機能を設ける規定はないので，これが誤りです。

第5編
模擬テスト

C　同じく，【1】の⑥より正しい。

D　同じく，【1】の⑦より正しい。

E　同じく，【2】の④より，自動車用の鉛蓄電池を使用することはできません。

　従って，誤っているのは，BとEの2つになります。

鑑別等試験問題の解答

【問題1】

解答

	名　称	用　途
A	パイプベンダ	金属管を曲げる際に用いる
B	パイプカッター	金属管などを切断する際に用いる

─[補足情報]─────────────────────

　試験では下記のようなラチェット型トルクレンチも出題されています。

用途：①　一定のトルクでボルトやナットを締め付けることができる。

　　　②　ソケット交換により，数種類のボルトやナットに使用することができる。…など。

【問題2】

解答

①	②	③	④	⑤	⑥	⑦
ア	ア	イ	ア	ア	イ	ア

　予備電源については，P型2級の1回線とP型3級受信機には不要です。

　火災灯は，P型1級（またはR型）受信機の多回線のみ設ける必要があり，それ以外の受信機はイの「不要」です（注：P172でも説明しましたように，選択肢が「必要」「不要」「省略することができる」の3つになっている場合は，③の火災灯は「不要」ではなく，「省略することができる」の方を選択する必要があります。）。

　常用電源の表示については，「主電源を監視する装置（⇒交流電源灯）を受信機の前面に設けること。」となっているので，アの「必要」となります。

　回路導通試験装置は，P型2級受信機には「不要」なので，イとなります。

復旧スイッチについては，P型1級，P型2級とも必要です。

受信機の予備電源に用いる蓄電池（バッテリー）
⇒受信機に内蔵する

【問題3】

解答

設問1

A	B	C	D	E
ガス漏れ検知器		ガス漏れ警報器	ガス漏れ表示灯	加ガス試験器

（Eはガス漏れ検知器の作動試験に用いる）

設問2

①　検知器の作動　　②　通電の表示

⇒　設問2の①は検知器が作動した際に点灯する**赤色**の＊**作動確認灯**（作動表示灯）で，②は通常時に点灯している**緑色**の**通電表示灯**（電源灯）です。

　＊　メーカーによっては，ガス漏れ警報ランプなどと表記していることがある。

類題　検知器が作動した際に，この機器が行う動作を2つ答えなさい。（答は下）

設問3

試験名	作動試験	校正期間	3年（P200参照）

　Bのようなガス漏れ検知器に所定の量の試験用ガスを加えて，正常に作動するかを確認します。

［類題の答え］　①　受信機や中継器にガス漏れ信号を発信する。
　　　　　　　　②　ガス漏れの発生を音響により警報する。

第5編
模擬テスト

【問題 4 】

解答

A	B	C	D	E	F	G	H
×	×	○	×	○	×	×	×

⇒　P118，問題 9 の解説および図より，まず，**耐火配線**としなければならない部分は G と H が該当しますが，条件 1 より，予備電源が内蔵されているので，**一般配線**でかまいません。

●　中継器の非常電源回路について⇒受信機及び中継器に予備電源が内蔵されている場合は，中継器～受信機間は一般配線でよい。

　　次に，**耐熱配線**としなければならない部分は，「受信機～地区音響装置」「受信機～消防用設備等の操作回路」「受信機～アナログ式の感知器」間となるので，C，E が該当することになります。

　　また，「発信機が他の消防用設備等の起動装置を兼用している場合」は，表示灯までの配線 B を**耐熱配線**とする必要がありますが，条件の 2 に「兼用していない」とあるので，**一般配線**のままでよいことになります。

　　なお，「受信機～アナログ式の感知器」間は耐熱配線とする必要がありますが，「受信機～一般の感知器」間は，**一般配線**でよいので，F は一般配線となります。

【問題 5 】

解答

設問 1	ウ	設問 2	エ

⇒　本文でも説明しましたが，受信機の試験については，どの試験が出題されてもおかしくないくらい，頻繁に出題されているので，どの試験も十分理解しておくことが大切です。

　　設問の 2 については，問題の写真及び＜操作＞の 2 より，5 回線が同時作動しているので常用電源を使用していることになります（予備電源を使用して同時作動試験を行う場合は，**2 回線**しかできない）。

　　なお，過去に「設問 1 の試験を**予備電源**を用いて実施する場合，何回線を作動状態にするのか答えなさい。」という内容の問題も出題されているので（→解答は **2 回線**），注意が必要です。

製図試験問題の解答

【問題1】
解答例

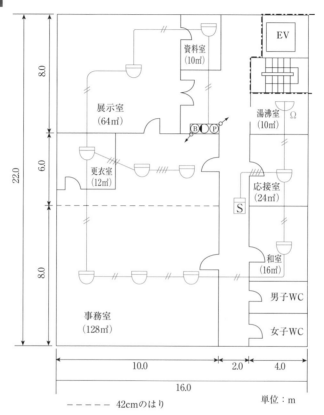

----- 42cmのはり

単位：m

⇒ 本文でも説明しましたが，製図を考える際の解答手順の概要は，

1．警戒区域の設定
2．感知器の種別，および個数の割り出し
3．配線の記入（送り配線にして配線本数に注意する）。
4．その他：機器収容箱（発信機，地区音響装置，表示灯を収容）及び終端
　　　　　　器の位置を決める。

＜製図の解答手順＞

警　　官の趣　　向はハイセンス
警戒区域　感知器種別　個数　　　配線

これを基に，順に設計していくと，

① 警戒区域の設定

条件では，EV区画及び階段区画は別の階で警戒している，とありましたが，仮に，それらの面積を含めたとしても，3Fの床面積は $22×16＝352\,m^2$ となり，1警戒区域（＝$600\,m^2$ 以下）で十分，ということになります。

② 感知器の種別，および設置個数を割り出します。

まず，例によって，感知器の取付け面の高さの図を表示しておきます。

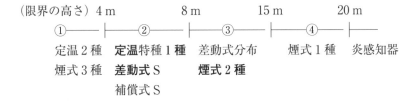

（限界の高さ）4 m		8 m		15 m		20 m
	①		②		③	④
定温2種	**定温特種1種**	差動式分布		煙式1種		炎感知器
煙式3種	**差動式S**	**煙式2種**				
	補償式S					

まず，条件5に「この階は，地階，無窓階には該当しない。」とあるので，煙感知器の設置義務はない，ということを先に確認しておきます（⇒ **事務所ビルの場合，地階，無窓階，11階以上の階には煙感知器の設置義務がある**）。

(1) 感知器の種別

さて，本文の製図の部分でも触れましたが，感知器は基本的には**差動式スポット型感知器の2種**を設置しますが，廊下には**煙感知器（2種）**，湯沸室には**定温式スポット型感知器の1種防水型**を設置する必要があります。

（本試験では**結婚式場**も出題されていますが，同じく下線部の感知器が原則）

また，条件1の天井面の高さは，事務室が $4.2\,m$，その他が $3\,m$ なので，事務室には差動式スポット型感知器を設置することができ（上の図の②より

8 m 未満まで設置可能なので），その他の部分にも差動式スポット型感知器
（2種），煙感知器（2種），定温式スポット型感知器の1種を設置すること
ができます。

(2)　感知器の設置個数

　まず，条件1の「主要構造部は，**耐火構造**」という条件を念頭においてそ
れぞれの感知面積を求めます。

・事務室

　差動式スポット型感知器（2種）の場合，「耐火で4 m 以上」の感知面
積は 35 m^2 となります（P 345 参照）。

　従って，床面積をこの感知面積で割れば求める感知器の設置個数が求め
られるわけですが，ただ，事務室の場合，42 cm のはりがあるので，差動
式スポット型感知器の場合，その部分で感知区域が区分されます（⇒煙式
と差動式分布の場合は 60 cm）。

　今，事務室の上の部分の感知区域を（イ），下の部分の感知区域を（ロ）
とした場合，（イ）の床面積は，6×10＝60 m^2 から更衣室の床面積 12 m^2
を引いたものだから，60－12＝48 m^2 となります。

　従って，48÷35＝1.37……，繰り上げて**2個**となります。

　また，（ロ）の床面積は，8×10＝80 m^2 となるので，80÷35＝2.28……，
繰り上げて**3個**となります。

・更衣室

　事務室と同じ天井高なので，感知面積は同じく 35 m^2 となります。

　床面積が 12 m^2 なので，その 35 m^2 で割ると，12÷35＝0.34……，繰り
上げて**1個**となります。

・展示室

　天井高が 3 m なので，感知面積は「4 m 未満で耐火」の 70 m^2 というこ
とになります（以下，資料室，和室，応接室も同じ感知面積となります）。

　従って，床面積 64 m^2 を 70 m^2 で割ると，64÷70＝0.91……，
よって，繰り上げて**1個**となります。

・資料室

　　床面積 10 m² を 70 m² で割ると，10 ÷ 70 = 0.14……，
　よって，繰り上げて **1 個**となります。

・和室

　　床面積 16 m² を 70 m² で割ると，16 ÷ 70 = 0.22……，
　よって，繰り上げて **1 個**となります。

・応接室

　　床面積 24 m² を 70 m² で割ると，24 ÷ 70 = 0.34……，
　よって，繰り上げて **1 個**となります。

・湯沸室

　　湯沸室の場合は，**定温式スポット型感知器の 1 種防水型**を設置するの
　で，「**4 m 未満で耐火**」の感知面積は **60 m²** となります。
　　従って，床面積 10 m² をその 60 m² で割ると，10 ÷ 60 = 0.16……，
　よって，繰り上げて **1 個**となります。

・廊下

　　煙感知器の 2 種の場合は，**歩行距離 30 m につき 1 個以上設置する**の
　で，図の部分に 1 個設置すればその条件をクリアできることになります。

③　配線

　　この問題では，ベルと発信機を収容した機器収容箱が，すでに図の位置に
　配置されていますが，ベル（水平距離が 25 m 以下）と発信機（歩行距離が
　50 m 以下）ともに規定をクリアしているので，この位置で OK ということ
　になります。
　　さて，条件に「終端抵抗器を湯沸室に設置する」とあるので，機器収容箱
　から図のようなルートを取ればその条件を満たすことができます。
　　もちろん，今までにも説明しましたように，その条件をクリアすればいろ
　いろなルートが考えられるので，正解は他にもあります（図はあくまでも一
　例です）。
　　なお，図では，事務室の（イ）の部分と廊下の煙感知器へ行く配線は往復
　していますので，配線本数は 4 本必要となります。

【問題2】

設問1

解答

警戒区域数が16あるため。

⇒1つの警戒区域数は7以下なので，16だと共通線が3本必要になります。

設問2

解答

1の共通線	2の共通線	3の共通線
⑯, ⑮, ⑭, ⑬, ⑫, ⑪, ⑩	⑨, ⑧, ⑦, ⑥, ⑤, ④, ③	②, ①

⇒　共通線の総延長を短くするためには，受信機からより遠くの警戒区域まで行っている共通線から順に，より多くの警戒区域を接続すればよい，ということになります。そうすれば，2や3の共通線が上階までいかなくて済むので，その分，総延長をより短くすることができます。

　　従って，接続順位は最上階から，とあるので，1の共通線に⑯，⑮，⑭，⑬，⑫，⑪，⑩と7警戒区域フルに接続し，次の2の共通線には，⑨，⑧，⑦，⑥，⑤，④，③と，同じく7警戒区域フルに接続し，そして，最後の3の共通線には，②と①を接続します。

　　こうすることによって，2の共通線は5階まで，3の共通線は1階のみで済み，その分，共通線の総延長が短くて済みます。

設問3

解答

地区ベル線	表示灯線

⇒　耐熱配線で施工しなければならないのは，原則として**地区ベル線**だけですが，条件の3より，発信機が屋内消火栓設備の起動装置と**兼用（連動）**しているので，**表示灯線**を耐熱配線（HIV線）とする必要があります。

設問4

解答

a	b	c	d	ℓ	m	n
12本	6本	21本	10本	4本	4本	2本

⇒　まず，設問 1 より，a の部分には，共通線 1 のほか共通線 2 が警戒区域 9
　まで接続されているので，「共通線が 2 本通っている」ということを念頭に
　おいておく必要があります。

　　そのことを頭に入れて本数計算するわけですが，その際，本文中でも行な
　ったように 1 階ずつ本数を求めていく，というのが本スジではありますが，
　ここでは，その地点から動かないで本数を計算してみたいと思います。

　　さて，次の表を参照して，区分鳴動で，かつ屋内消火栓設備と連動してい
　る場合の P 型 1 級の配線の内訳を思い出してください。（表示灯線 PL に注
　意！）

　　なお，ℓ，m については機器収容箱から階段の煙感知器に 2 本（共通線
　と表示線）が往復しているだけなので，それぞれ 4 本になります。

P 型 1 級の配線

<IV 線(600 V ビニル絶縁電線)>	本数
表示線 （L）	1 本
●共通線 （C）	1 本（7 警戒区域ごとに 1 本増加する）
●応答線 （A）	1 本（発信機の応答ランプ用）
●電話線 （T）	1 本（発信機の電話用）
<HIV 線(耐熱電線)>	
表示灯線 （PL）	2 本
●ベル線　共通線 （BC）	1 本
●ベル線　区分線 （BF）	1 本（階数ごとに 1 本ずつ増加）

＜a の部分（IV 線）＞

　　表から，a を通過する IV 線は，まず，⑯，⑮，⑭，⑬，⑫，⑪，⑩，⑨，
　の表示線が **8 本**，共通線が **2 本**，そして，応答線 1 本と電話線 1 本です。よ
　って，<u>a は 12 本</u>となります。

＜b の部分（HIV 線）＞

　　表示灯線（PL）は共有なので 2 本のままなのですが，地区ベルの区分線
　は各階ごとに 1 本ずつ増加するので，それを考慮する必要があります。

　bの地点から見た場合，地区ベルの区分線は，7Fの機器収容箱内にあるベルに行く線が1本，6Fのベルに行く線が1本，そして，5Fのベルに行く線が1本の計**3本**となります。これに地区ベルの共通線を**1本**加えるので，先の表示灯線の2本を加えると計**6本**となります。(注：地区ベルの共通線には警戒区域数による制限はありません。)

＜cの部分（IV線）＞

　cの部分は，すべての警戒区域の表示線が通るので，よって，表示線は警戒区域数の**16本**，また，共通線は当然，**3本**となります。これに応答線**1本**と電話線**1本**を加えて，計**21本**となります。

＜dの部分（HIV線）＞

　表示灯線（PL）はbと同じく**2本**，地区ベルの共通線も同じく**1本**，そして，地区ベルの区分線ですが，RFを除く階に機器収容箱があるので，その階数分，すなわち**7本**ということになります。従って，計**10本**となります。

　なお，本問のような系統図を示して，「この建物に対応する発信機を答えよ。」のような出題例もありますが，その際は，警戒区域数からP型1級受信機設置の建物である，ということを確認し，P型1級受信機に対応する発信機⇒P型1級発信機，と思い出し解答すればよいだけです。

＜ℓとmの部分＞

　機器収容箱から階段の煙感知器に2本（共通線と表示線）が往復しているだけなので，それぞれ**4本**になります。

＜nの部分＞

　nの地区音響装置については，機器収容箱内の地区音響装置の他に別個に設けられたものであり，機器収容箱内の地区音響装置とは並列接続となるので，**2本**の配線となります（作図の際は，2本の斜線を入れる）。

資料1　消防用設備等の種類

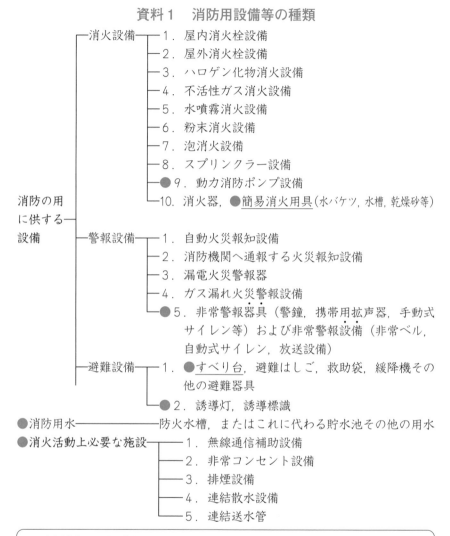

```
                  ┌─消火設備──┬─ 1．屋内消火栓設備
                  │           ├─ 2．屋外消火栓設備
                  │           ├─ 3．ハロゲン化物消火設備
                  │           ├─ 4．不活性ガス消火設備
                  │           ├─ 5．水噴霧消火設備
                  │           ├─ 6．粉末消火設備
                  │           ├─ 7．泡消火設備
                  │           ├─ 8．スプリンクラー設備
                  │           ├─●9．動力消防ポンプ設備
                  │           └─10．消火器，●簡易消火用具(水バケツ, 水槽, 乾燥砂等)
 消防の用         │
 に供する─────────┤
 設備             ├─警報設備──┬─ 1．自動火災報知設備
                  │           ├─ 2．消防機関へ通報する火災報知設備
                  │           ├─ 3．漏電火災警報器
                  │           ├─ 4．ガス漏れ火災警報設備
                  │           └─●5．非常警報器具（警鐘, 携帯用拡声器, 手動式
                  │                 サイレン等）および非常警報設備（非常ベル,
                  │                 自動式サイレン, 放送設備）
                  │
                  └─避難設備──┬─ 1．●すべり台, 避難はしご, 救助袋, 緩降機その
                                │       他の避難器具
                                └─●2．誘導灯, 誘導標識

●消防用水────────────防火水槽, またはこれに代わる貯水池その他の用水
●消火活動上必要な施設──┬─ 1．無線通信補助設備
                        ├─ 2．非常コンセント設備
                        ├─ 3．排煙設備
                        ├─ 4．連結散水設備
                        └─ 5．連結送水管
```

＊　消火活動上必要な施設とは，消防隊の活動に際して必要となる施設のことをいいます。
　　●印の付いたものは消防設備士でなくても工事や整備などが行える設備等です（下線が付いたものはその設備だけが対象です。なお，参考までに，避難はしごで金属製のものは固定式のみが独占業務の対象です）。

注）この消防用設備等における警報設備には，**手動式サイレン**，**自動式サイレン**が含まれますが，危険物施設の警報設備（P 63, 問題15）の場合は含まれないので，注意！

資料2　感知器の感知面積と取り付け面の高さ

1　感知器の感知面積

(1)　**定温式スポット型感知器（1種）**

（取り付け面の高さ）

　　（4 m 未満）　　　　　　　4 m　　　　（4 m 以上）

　　　　　　① 耐火　：60 m²　　② 耐火　：30 m²
　　　　　　　その他：30 m²　　　　その他：15 m²

　＜定温式の感知面積＞

（低音が魅力の）ロク　さん／さー行こー！
　定温　　　　　　60　30　30　15

(2)　差動式スポット型感知器（2種），補償式スポット型感知器（2種），定温
　　式スポット型感知器（特種）

（取り付け面の高さ）

　　（4 m 未満）　　　　　　　4 m　　　　（4 m 以上）

　　　　　　① 耐火　：70 m²　　② 耐火　：35 m²
　　　　　　　その他：40 m²　　　　その他：25 m²

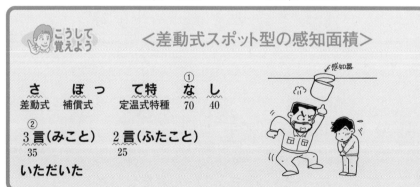

＜差動式スポット型の感知面積＞

さ　ぼっ　て特　な　し
差動式　補償式　定温式特種　70　40

3言（みこと）　2言（ふたこと）
　35　　　　　25

いただいた

(3) 煙感知器（1，2種）　※光電式分離型を除く

（4m未満）　　　　4m　　　　　（4m以上）

① 150 m²　　　② 75 m²

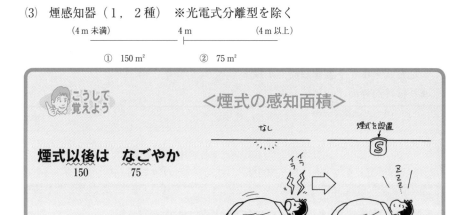

2　感知器の取り付け面の高さ

感知器の種別と天井等の取り付け面の高さをまとめると次のようになります。（Sはスポット型です）

（限界の高さ）4m　　　　　8m　　　　15m　　　　20m

①（未満）　　　②　　　　　③　　　　　④　　　　　⑤

定温2種　　定温特種1種　差動式分布　　煙式1種　　炎感知器
煙式3種　　差動式S　　　煙式2種
　　　　　　補償式S

未満までを
表わす

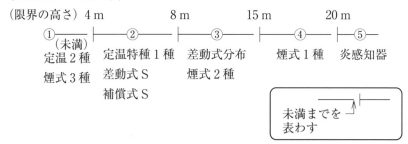

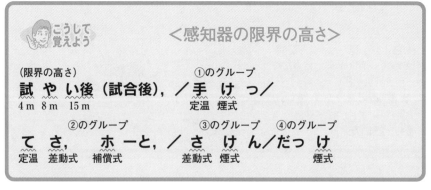

資料3　自動火災報知設備の設置義務がある防火対象物

右側：資料

令別表第1（ただし，※18項，19項，20項を除く） ※18項：50ｍ以上のアーケード 19項：市町村長指定の山林 20項：舟車(総務省令で定めたもの) 種類 ●のあるものは特防以外でⓈの廊下・通路への設置義務がある場所（P.97） 防火対象物の区分			特	a 一般	b 地階又は無窓階	c 地階，無窓階，3階以上の階 （床面積300㎡以上）	d 地階または2階以上 （駐車場の用に供する部分の床面積200㎡以上（但し駐車する全ての車両が同時に屋外に出ることができる構造の階を除く））	e 11階以上の階 （11階以上の階全部）	f 通信機器室 （床面積500㎡以上）	g 道路の用に供する部分 （床面積が屋上部分600㎡以上、それ以外の部分400㎡以上）	h 指定可燃物 （危政令別表第4で定める数量の500倍以上を貯蔵し又は取り扱うもの）
(1)	イ	劇場，映画館，演芸場，観覧場	特	延面積300㎡以上							
(1)	ロ	公会堂，集会場									
(2)	イ	キャバレー，カフェ，ナイトクラブ等	特	300	床面積100㎡以上						
(2)	ロ	遊技場，ダンスホール									
(2)	ハ	性風俗関連特殊営業店舗等									
(2)	ニ	カラオケボックス,インターネットカフェ,マンガ喫茶等		全部							
(3)	イ	待合，料理店等	特	300	100						
(3)	ロ	飲食店									
(4)		百貨店，マーケット，店舗，展示場等	特	300							
(5)	イ	旅館，ホテル，宿泊所等	特	全部							
(5)	●ロ	寄宿舎，下宿，共同住宅		500							
(6)	イ	病院，診療所，助産所		全部 ※1							
(6)	ロ	老人短期入所施設，有料老人ホーム（要介護）等									
(6)	ハ	有料老人ホーム（要介護を除く），保育所等									
(6)	ニ	幼稚園，特別支援学校		300							
(7)		小，中，高，大学，専修学校等		500							
(8)		図書館，博物館，美術館等		500							
(9)	イ	蒸気・熱気浴場（サウナ）	特	200							
(9)	●ロ	イ以外の公衆浴場		500							
(10)		車両の停車場，船舶，航空機の発着場		500							
(11)		神社，寺院，教会等		1000							
(12)	●イ	工場，作業場		500							
(12)	ロ	映画スタジオ，テレビスタジオ									
(13)	イ	自動車車庫，駐車場		500							
(13)	ロ	飛行機等の格納庫		全部							
(14)		倉庫		500							
●(15)		前各項に該当しない事業場		1000							
(16)	イ	特定用途部分を有する複合用途防火対象物	特	300	※5						
(16)	ロ	イ以外の複合用途防火対象物		※2							
(16の2)		地下街	特	300※3							
(16の3)		準地下街	特	※4							
(17)		重要文化財等		全部							

㊙　特定防火対象物（略して特防）に指定されている防火対象物です。

　　特定防火対象物

　　　デパートや劇場など，不特定多数の者が出入りする防火対象物で，火災が発生した場合に，より人命が危険にさらされたり延焼が拡大する恐れの大きいものをいいます。

（※1）　6項イ・ハで，利用者を**入居・宿泊させない**ものは延べ面積 300 m²**以上**の場合に設置します。

（※2）　前頁の表の1項から15項までのうち，それぞれの床面積の合計が規定の面積（「一般」の欄に記してある数値）に達している場合は，その用途部分について設置します。

（※3）　2項ニ，5項イ，6項ロ，6項イ・ハ（利用者を**入居・宿泊させる**もの）の用途部分はすべてに設置します。

（※4）　延べ面積が 500 m² **以上**で，かつ特定用途に供される部分の床面積の合計が 300 m² **以上**の場合に設置します。

（※5）　2項（ニを除く），3項，16項イの地階，無窓階（16項イの場合は2項，3項のあるもの）で，床面積（16項イの場合は2項，3項の用に供する床面積の合計）が 100 m² **以上**の場合に設置します。

・複合用途防火対象物

　　前頁の表の1項から15項までの用途のうち，異なる2以上の用途を含む防火対象物，いわゆる「雑居ビル」のことをいいます。

・地下街

　　地下の工作物内に設けられた店舗，事務所その他これらに類する施設で，連続して地下道に面して設けられたものと，それらを結ぶ地下道とを合わせたものをいいます。

・準地下街

　　建築物の地階（ただし，特定用途の場合に限る）が複数連続して地下道に面して設けられているものと，その地下道を併せたものをいいます。

（注1）　6項のニの幼稚園などは特定防火対象物ですが，7項の小，中，高校などは特定防火対象物ではないので注意して下さい。

（注2）　9項のイの蒸気，熱気浴場は特定防火対象物ですが，ロの一般の公衆浴場は特定防火対象物ではないので，これも注意して下さい。

資料4　感知器の種別のまとめ (注：一般的なもの)

設置場所	感知器の種類	図記号
煙感知器の設置義務がある場所（階段などのたて穴区画，廊下，特防の地階，無窓階，11階以上の階），ホール*，ロビー	煙感知器（2種）	S
通信機室，電話機械室，電算機室，中央制御室，カラオケボックスの個室	（*廊下等に準じる扱いを受けるもの）	
一般的な室および駐車場，機械室，電気室，変電室，発電機室，配電室，喫煙室	差動式スポット型感知器（2種）*	
ボイラー室，乾燥室，厨房前室	定温式スポット型感知器（1種）	
厨房前室，調理室，湯沸室，脱衣室，受水槽室，消火ポンプ室	定温式スポット型感知器（1種防水型）	
押入れ（木製などの不燃材料以外），ゴミ集積所	定温式スポット型感知器（特種）	0
バッテリー室（蓄電池室）	定温式スポット型感知器の耐酸型	
オイルタンク室	定温式スポット型感知器（1種防爆型）	EX

- ・便所，浴室
- ・押入れ（天井，壁が不燃材料の場合）　⇒感知器を設置しなくてもよい

（*一般的に，事務室など平常時に急激な温度上昇のない場所には差動式スポット型感知器，厨房など急激な温度上昇がある場所には定温式スポット型感知器を設置）

資料

資料5　感知器に表示すべき主な事項

・差動式スポット型などの型と感知器という文字
・種別を有するものにあっては，その種別
・公称作動温度（定温式感知器のみ）
・型式および型式番号
・製造年（⇒「月日」は不要）
・**製造事業者の氏名**または**名称**
・取扱方法の概要……など（⇒**定格電圧**や**定格電流**は無いので注意！）。

資料6　煙感知器設置禁止場所および熱感知器設置可能場所

（S型：スポット型）　（参考）

煙感設置禁止場所 / 熱感知器	具体例	定温式	差動式分布型	補償式S型	差動式S型	炎感知器
① じんあい等が多量に滞留する場所	ごみ集積所，塗装室，石材加工場	○	○	○	○	○
② 煙が多量に流入する場所	配膳室，食堂，厨房前室	○	○	○	○	×
③ 腐食性ガスが発生する場所	バッテリー室，汚水処理場	○ （耐酸）	○	○ （耐酸）	×	×
④ 水蒸気が多量に滞留する場所	湯沸室，脱衣室，消毒室	○ （防水）	○ （2種のみ）	○ （2種のみ） （防水）	○ （防水）	×
⑤ 結露が発生する場所	工場，冷凍室周辺，地下倉庫	○ （防水）	○	○ （防水）	○ （防水）	×
⑥ 排気ガスが多量に滞留する場所	駐車場，荷物取扱所，自家発電室	×	○	○	○	○
⑦ 著しく高温となる場所	ボイラ室，乾燥室，殺菌室，スタジオ	○	×	×	×	×
⑧ 厨房その他煙が滞留する場所	厨房室，調理室，溶接所	○ （防水）	×	×	×	×

（耐酸）　耐酸型または耐アルカリ型のものとする
（防水）　防水型のものとする
（<u>防水</u>）　高湿度となる恐れのある場合のみ防水型とする

資料7　非火災報（誤報）の原因

(a) 感知器が原因 の非火災報	① **感知器種別の選定の誤り** ② **感知器内の短絡**（結露や接点不良など）など。 ③ 熱感知器 ・差動式感知器を**急激な温度上昇のある部屋**に設置した。 ・差動式感知器の**リーク抵抗が大きい**。 ④ 煙感知器 ・**砂ぼこり，粉塵，水蒸気**（⇒以上，光をさえぎるもの）**の発生** ・**狭い部屋でタバコを吸った**。 ・**網の中に虫が侵入した**。 などにより接点が閉じた。
(b) 感知器以外の 非火災報	① **発信機**が押された。 ② 感知器回路の**短絡**（配線の腐食や終端器の汚れ等による短絡など） ③ 感知器回路の**絶縁不良**（大雨やネズミに齧【かじ】られた，など） ④ **受信機**の故障（音響装置のトラブルなど） （②と③の対処方法については，回路の**導通試験**や**絶縁抵抗試験**などを行う）
(c) 非火災報の原 因にならない もの	① **終端器を接続した**（終端器は高抵抗なので，感知器などに接続しても，当然，発報させるまでの大きな電流は流れない） ② **終端器の断線**（⇒導通試験電流が流れないので断線検出不可にはなる） ③ 差動式感知器の**「リーク抵抗が小さい」**（⇒不作動の原因） ④ 差動式分布型感知器の**「空気管のひびわれや切断など」**（⇒不作動の原因）

　火災灯が点灯した原因を問われたら，(a) (b) が答えになる（「感知器以外」という条件が付いたら (b) が答えになる）。また，誤作動した感知器を特定するには，任意の場所の感知器を外し，依然，火災表示が消えないなら，それより受信機側に発報感知器があり，また，火災表示が消え，「断線」の表示に変われば，その感知器より末端側（受信機とは反対側）に発報感知器がある，と推定できます。

　（読者の方から，誤作動した感知器を特定する手段を問う出題があり，「感知器を1つ1つ取り外して調べる」のような選択肢があった，という報告がありました（⇒おそらくそれが正解と思われる））

著者略歴　**工藤政孝**

　学生時代より，専門知識を得る手段として資格の取得に努め，その後，ビルトータルメンテの㈱大和にて電気主任技術者としての業務に就き，その後，土地家屋調査士事務所にて登記業務に就いた後，平成15年に資格教育研究所「大望」を設立（その後，名称を「KAZUNO」に変更）。わかりやすい教材の開発，資格指導に取り組んでいる。

【過去に取得した資格】

　第二種電気主任技術者，第一種電気工事士，一級電気工事施工管理技士，一級ボイラー技士，ボイラー整備士，第一種冷凍機械責任者，甲種第4類消防設備士，乙種第6類消防設備士，乙種第7類消防設備士，甲種危険物取扱者，第1種衛生管理者，建築物環境衛生管理技術者，二級管工事施工管理技士，下水道管理技術認定，宅地建物取引主任者，土地家屋調査士，測量士，調理師，など多数。

—本試験によく出る！—
第4類　消防設備士問題集

著　　　者	工　藤　政　孝
印刷・製本	㈱ 太 洋 社

発 行 所	株式会社 **弘 文 社**	〒546-0012 大阪市東住吉区 中野2丁目1番27号 ☎　　(06)6797—7441 FAX　(06)6702—4732 振替口座　00940—2—43630 東住吉郵便局私書箱1号
代 表 者	岡　﨑　　靖	

＜電気の基礎＞

【問題1】 次の合成抵抗値を求めよ。

(1) 1.2Ω
(2) 3.6Ω
(3) 4.5Ω
(4) 5.4Ω

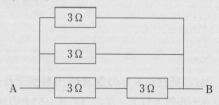

【問題2】 次の回路において，3Ωの抵抗に流れる電流が2Aであった。E〔V〕を求めよ。

(1) 10 V
(2) 16 V
(3) 20 V
(4) 26 V

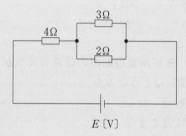

【問題3】 次の回路の R を求めよ。

(1) 10Ω
(2) 20Ω
(3) 30Ω
(4) 40Ω

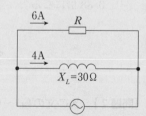

【問題4】 直径が 1.6 mm，長さが 160 m の銅線の抵抗値〔Ω〕として，正しいものは次のうちどれか。ただし，銅線の抵抗率を，1.6×10^{-8}〔Ω・m〕とする。

(1) $\dfrac{2}{\pi}$〔Ω〕

(2) $\dfrac{4}{\pi}$〔Ω〕

(3) π 〔Ω〕

(4) 2π〔Ω〕

【問題5】 3Ωの抵抗に 6 A の電流が 10 秒間流れたときの消費電力および発生するジュール熱として，次のうち正しいものはどれか。

(1) 54 W   504 J

(2) 54 W   108 W

(3) 108 W   504 J

(4) 108 W   1080 J

【問題6】 三相誘導電動機の電源周波数が 50 Hz から 60 Hz になると，回転数（速度）はどうなるか。

(1) 10％ 速くなる。

(2) 10％ 遅くなる。

(3) 1.2 倍になる。

(4) 0.88 倍になる。

＜電気に関する部分＞

【問題7】 次の文の(a)～(c)に当てはまる数値を語群から選び，記号で答えなさい。

「感知器回路の絶縁抵抗値は(a)MΩ以上必要であり，その測定に際しては(b)V（直流）で行わなければならない。なお，感知器回路の電路抵抗については，(c)Ω以下となるように設けなければならない。」

<語群>

ア．50	イ．250	
ウ．500	エ．0.1	
オ．0.2	カ．1.0	

a		b		c	

＜法令＞

【問題8】 次のうち，複合用途防火対象物に消防用設備等を設置する場合，一棟を単位として設置するものはいくつあるか。

A　消火器 　　　　　　　　　　B　屋内消火栓設備
C　自動火災報知設備 　　　　　D　漏電火災警報器
E　緩降機 　　　　　　　　　　F　水噴霧消火設備

(1)　1つ 　　(2)　2つ 　　(3)　3つ 　　(4)　4つ 　　(5)　5つ

【問題9】 次のうち，延べ面積にかかわらず自動火災報知設備を設置しなければならない防火対象物はいくつあるか。

A　カラオケボックス

B　ホテル

C　入院施設のある病院

D　特別養護老人ホーム

E　飛行機の格納庫

(1)　2つ 　　(2)　3つ 　　(3)　4つ 　　(4)　5つ

＜鑑　別＞

【問題 1】　下の写真は，天井面から下方 0.3 m 以内の位置に取り付けられた，ある消防用設備等に使用される機器の一例である。次の各設問に答えなさい。

設問 1　(1)～(3)の名称をそれぞれ答えなさい。

設問 2　(2)のランプが点灯した時の，この機器の機能（働き）を 2 つ答えなさい。

設問 3　この機器の法令上の名称及び図記号を解答欄に記入しなさい。

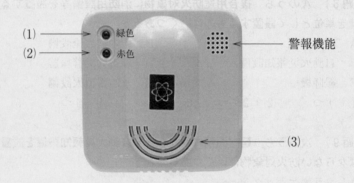

(1) ——→ ● 緑色

(2) ——→ ● 赤色

警報機能

(3)

解答欄

		名　称
設問 1	(1)	
	(2)	
	(3)	
設問 2		
設問 3	名称：　　　　　　　　　　　　　　　　図記号：	

【問題2】 次の図について，各設問に答えなさい。

設問1 図の a，b，c，d の名称を答えなさい。

設問2 c に接続することができる受信機を2つ答えなさい。

設問3 「c は，床面から，（①）m 以上，（②）m 以下の高さに設けること。」。①，②に当てはまる数値を答えなさい。

解答欄

		名　称
設問1	a	
	b	
	c	
	d	
設問2		
設問3	①	
	②	

【問題3】 図の防火対象物に自動火災報知設備を設置する場合の最小警戒区域数と(1)～(3)については，最低限度機能の受信機を下記語群から選びなさい。なお，(3)のB階段のみ屋外階段である。（注：踊り場に階段室のようなものは無い）

(1)
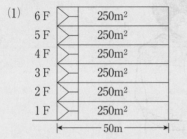

6F	250m²
5F	250m²
4F	250m²
3F	250m²
2F	250m²
1F	250m²

50m

(2)

4F	300m²
3F	300m²
2F	300m²
1F	300m²

50m

(3)
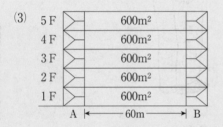

5F	600m²
4F	600m²
3F	600m²
2F	600m²
1F	600m²

A ─ 60m ─ B

(4)
600m²

70m

（注：内部は見通せず，光電式分離型は除く）

(5)
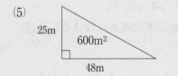

25m　600m²　48m

＜語群＞

ア．P型2級（5回線）

イ．P型1級（1回線）

ウ．P型1級（多回線）

解答欄

	最小警戒区域数	最低限度機能の受信機
(1)		
(2)		
(3)		
(4)		
(5)		

【問題4】 定温式スポット型感知器を図のように取り付けた。法令基準に適合しているものに〇，適合していないものに×を付けなさい。

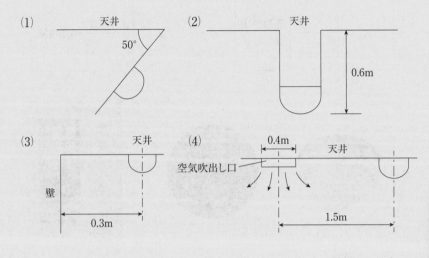

(1)　天井　50°

(2)　天井　0.6m

(3)　天井　壁　0.3m

(4)　0.4m　空気吹出し口　天井　1.5m

解答欄

(1)	(2)	(3)	(4)

【問題5】 0.6 m，0.4 m，0.3 m のはりがある図の部屋に光電式スポット型感知器（2種）を設置する場合，感知区域の範囲を図に矢印で記入しなさい。

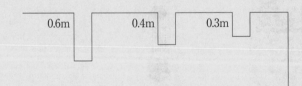

0.6m　0.4m　0.3m

【問題6】 消防機関へ通報する火災報知設備について，次の(1)(2)に入る適切な機器を下記の写真から選び，記号で答えなさい。

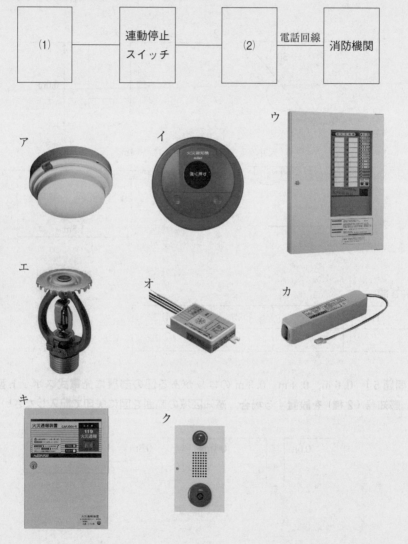

解答欄

(1)	
(2)	

【問題7】 次の図は，ある建物の1階の平面図である。階段とシャフトを同一警戒区域とすることができるのは，図の矢印部分が水平距離で何メートル以内のときか。

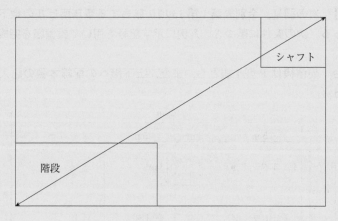

解答欄

＜製図＞

【問題1】 次の図は，令別表第1第15項に該当する事務所ビルの地下1階部分である。次の条件に基づき，凡例に示す記号を用いて設備図を完成させなさい。

なお，受信機はP型1級とし，また，上下階への配線本数の記入は不要とする。

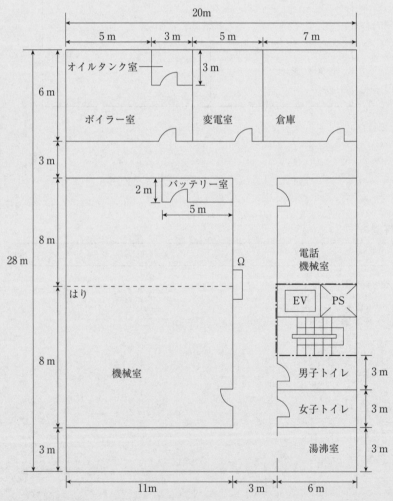

<条件>

1. 主要構造部は耐火構造とし，天井面の高さは4.1mとする。
2. 機械室には1mのはりがある。
3. 変電室は高圧線により容易に点検できない状態であり，また，感知器は差動式スポット型感知器（2種）を設置するものとする。
4. ボイラー室内は結露が発生しやすい状況にある。
5. 感知器の設置は，法令の基準により必要最小の個数とすること。
6. 煙感知器は，法令基準により必要となる場所以外は設置しないこと。
7. EV区画，PS区画及び階段区画は，別の階で警戒している。
8. 機器収容箱には，発信機，表示灯，地区音響装置を収納すること。

凡例

記　号	名　　　称	備　　　考
▭	機器収容箱	
Ⓟ	Ｐ型発信機	1級
◖	表示灯	AC 24 V
Ⓑ	地区音響装置	DC 24 V
⊟	差動式スポット型感知器	2種
⊔	定温式スポット型感知器	1種防水型
⊔	定温式スポット型感知器	1種耐酸型
⌣EX	定温式スポット型感知器	1種防爆型
Ⓢ	煙感知器	2種非蓄積型
T	差動スポット試験器	
Ω	終端器	
♂♀	配線立上り引下げ	
—⫽—	配　　　線	2本
—⫻—	同　　　上	3本
—⫼—	同　　　上	4本
—・—	警戒区域境界線	
Ⓝₒ	警戒区域番号	

【問題2】 図は，令別表第1第15項に該当する事務所ビルの1階部分である。
次の各設問に答えなさい。

設問1 次の条件に基づき，凡例に示す感知器等を用いて設備図を完成させ
なさい。

なお，受信機はP型1級10回線とし，また，受信機と機器収容箱間，
機器収容箱相互間および上下階への配線本数の記入は不要とする。

設問2 図の矢印で示した部分のIV線とHIV線の本数を答えなさい。な
お，地区音響装置は一斉鳴動方式とする。

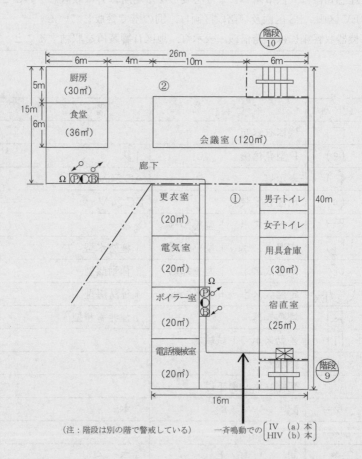

(注：階段は別の階で警戒している)　　一斉鳴動での $\begin{bmatrix} \text{IV} & \text{(a)} & \text{本} \\ \text{HIV} & \text{(b)} & \text{本} \end{bmatrix}$

<条件>

1. 主要構造部は耐火構造とし，天井面の高さは3.8mであり，無窓階には該当しない。
2. ボイラー室内は結露が発生しやすい状況にある。
3. 感知器の設置は，法令の基準により必要最小の個数とすること。
4. 煙感知器は，法令基準により必要となる場所以外は設置しないこと。
5. 廊下の幅は，すべて4mである。
6. 階段は，別の階で警戒している。

凡例

記　号	名　　　称	備　　　考
▭	機器収容箱	
Ⓟ	Ｐ型発信機	1級
◖	表示灯	AC 24 V
Ⓑ	地区音響装置	DC 24 V
⏝	差動式スポット型感知器	2種
⏛	定温式スポット型感知器	1種防水型
⏛EX	定温式スポット型感知器	1種防爆型
Ⓢ	煙感知器	2種非蓄積型
Ⓣ	差動スポット試験器	
Ω	終端器	
♂♀	配線立上り引下げ	
—／／—	配　　　線	2本
—／／／—	同　　　上	3本
—／／／／—	同　　　上	4本
—・—	警戒区域境界線	
Ⓝₒ	警戒区域番号	
⊠	受信機	P型1級10回線, 主ベル内蔵

【問題3】 下記の条件により，次の各設問に答えなさい。

<条件>

1. 主要構造部は耐火構造とし，天井面の高さは4.1mで無窓階ではない。

2. 感知器の設置は，法令の基準により必要最小の個数とし，また，必要と
なる場所以外は設置しないこと。

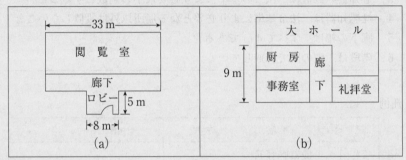

設問1 図(a)の図書館の廊下，ロビー部分に感知器を設置しなさい。

なお，ロビーは来館者の休憩などに使用されているものとする。

設問2 図(b)の結婚式場の廊下に感知器を設置しなさい。

解答と解説

＜筆記＞

【問題1】　解　答 …(1)

解説

　まず，上部にある $3\,\Omega$ と $3\,\Omega$ の並列接続の合成抵抗値は，$1.5\,\Omega$ になります。それと $3\,\Omega$ の直列接続の合成抵抗値は $6\,\Omega$ だから，最終的には $1.5\,\Omega$ と $6\,\Omega$ の並列接続の合成抵抗値を求めればよいことになります。

　よって，$\dfrac{1.5\times6}{1.5+6}=1.2\,\Omega$ になります。

【問題2】　解　答 …(4)

解説

　$3\,\Omega$ の抵抗に流れる電流が $2\,\mathrm{A}$ なので，$3\,\Omega$ の端子電圧は $6\,\mathrm{V}$。よって，$2\,\Omega$ には $\dfrac{6}{2}=3\,\mathrm{A}$ の電流が流れていることになります。これより回路電流は，$2+3=5\,\mathrm{A}$ となり，$4\,\Omega$ の端子電圧は，$5\times4=20\,\mathrm{V}$ となります。従って，$E=20+6=26\,\mathrm{V}$ となります。

【問題3】　解　答 …(2)

解説

　電圧は両者に共通で $120\,\mathrm{V}$ だから，

　$R=\dfrac{120}{6}=20\,\Omega$ となります。

【問題4】　解　答 …(2)

解説

　抵抗率より導体の抵抗を求める計算式は次のとおりです。

　$R=\rho\dfrac{l}{s}$

まず，直径 D より断面積 s を求めます。

$$s = (半径 \times 半径 \times \pi) = \left(\frac{D}{2}\right) \times \left(\frac{D}{2}\right) \times \pi = \frac{\pi D^2}{4}$$

これを先ほどの R の式に代入すると，

$$R = \rho \times 4 \times \frac{l}{\pi D^2}$$

計算式の単位を m に統一するため，直径の 1.6 mm を 1.6×10^{-3} m に換算して計算すると，

$$R = 1.6 \times 10^{-8} \times 4 \times \frac{160}{\pi \times (1.6 \times 10^{-3})^2}$$

$$= 1.6 \times 10^{-3} \times 10^{-5} \times 4 \times \frac{160}{\pi \times (1.6 \times 10^{-3})^2}$$

$$= 10^{-5} \times 4 \times \frac{160}{\pi \times (1.6 \times 10^{-3})} \quad (分母，分子を 10^{-3} で約分)$$

$$= 10^{-2} \times 4 \times \frac{160}{\pi \times 1.6} \quad (10^{-2} \times 160 = 1.6 だから)$$

$$= 4 \times \frac{1.6}{\pi \times 1.6}$$

$$= \frac{4}{\pi} \ [\Omega] \ となります。$$

【問題5】 解 答 …⑷

解説

まず，電力を求めると $P = I^2 R = 6 \times 6 \times 3 = 108 \ [\text{W}]$

次に熱量 H 〔J：ジュール〕を求めると，$H = I^2 Rt$ 〔J〕の式からもわかるように，P の式に t（秒）を掛けただけだから，

$108 \times 10 = 1,080 \ [\text{J}]$ となります。

【問題6】 解 答 …⑶

解説

誘導電動機の同期速度 N は，$N = \dfrac{120 \times f}{P}$。

よって，速度 N と周波数 f は**比例する**ので，

$\dfrac{60}{50} = 1.2$ より，N も 1.2 倍になります。

<h1 style="text-align:center">＜電気に関する部分＞</h1>

【問題 7】　解　答 …(a)　エ　　(b)　イ　　(c)　ア

　絶縁抵抗値の方は「以上」なのに対し，回路抵抗値の方は「以下」なので，注意。なお，aの絶縁抵抗については，発信機が 20 MΩ 以上，感知器が 50 MΩ 以上，受信機が 5 MΩ 以上，bの電圧については，発信機，感知器，受信機は直流 500 V となっています。(p 122，問題 14 の解説②－(イ)－(注)を参照。)

<h1 style="text-align:center">＜法令＞</h1>

【問題 8】　解　答 …(3)　(C，D，E が正しい)

　一棟を単位として設置するものは，C，Dのほか，**スプリンクラー設備，ガス漏れ火災警報設備**，Eの緩降機を含む**避難器具，非常警報設備，誘導灯**の 7 つがあります。

【問題 9】　解　答 …(4)

　(P 88 の表参照)

　A　2 項ニの防火対象物なので，設置する必要があります。

　B　5 項イの防火対象物なので，設置する必要があります。

　C　6 項イの防火対象物なので，設置する必要があります。

　D　6 項ロの防火対象物なので，設置する必要があります。

　E　13 項ロの防火対象物なので，設置する必要があります。

従って，全て設置する必要があります。

＜鑑　別＞

【問題1】

 解説

設問1

　メーカーによっては，(2)をガス漏れ警報灯やガス漏れ警報ランプと表記していることがあります。

　なお，メーカーの異なるガス漏れ検知器の写真で出題されても，**緑色**は電源灯，**赤色**は作動表示灯，となっています（都市ガス用，LPガス用とも外観はほとんど同じ）。

解答

		名　称	
設問1	(1)	電源灯（または通電表示灯，電源ランプともいう）	
	(2)	作動表示灯（または警報ランプ）	
	(3)	ガス検知部（またはガス検出部）	
設問2	ガス漏れ信号を発信する。		
	ガス漏れの発生を音響により警報する。		
設問3	名称：ガス漏れ検知器	図記号：	$\boxed{\text{G}}_{\text{B}}$

（注：このガス漏れ検知器は，天井面から下方0.3m以内の位置に取り付けられているので，空気より軽いガス用，すなわち，都市ガス用の検知器になります。）

【問題2】

 解説

設問2

　受話器を接続できるので，P型1級受信機またはR型受信機になります。

		名　称
設問1	a	表示灯
	b	地区音響装置
	c	Ｐ型１級発信機（電話があるので１級になる）
	d	送受話器
設問2		Ｐ型１級受信機
		Ｒ型受信機
設問3	①	0.8
	②	1.5

【問題3】

解説

(1) 上下の階の床面積の合計が500 m² 以下となるので，１Ｆと２Ｆ，３Ｆと４Ｆ，５Ｆと６Ｆおよび階段の**４警戒区域**となります。

6 F	250m²	③
5 F	250m²	
4 F	250m²	②
3 F	250m²	
2 F	250m²	①
1 F	250m²	

(2) 上下の階の床面積の合計が500 m² 超なので，１Ｆ〜４Ｆの各警戒区域と階段の**５警戒区域**となります。

(3) １フロアの床面積は600 m² 以下ですが，１辺の長さが50 m 超なので，１フロアで２警戒区域とします。よって，１〜５Ｆで**10警戒区域**。一方，階段については，Ｂ階段が屋外階段なので，警戒区域には参入せず，**１警戒区域**のみ。従って，計**11警戒区域**となります。（注：仮にＢ階段が屋内階段であっても，階段どうしは50 m 超離れているのでＡ，Ｂ階段で１警戒区域とすることはできません。）

(4) （注：この問題は，読者の方からこのような問題が出題されたという情報より出題いたしました。何分，不確かな部分もあるかと思いますが，その情

報に従って，解説を試みました。）条件より，一辺の長さは50 m以下で1
警戒区域は600 m²以下とする必要があります。図の一辺の長さは50 mを超
えており，また，縦の長さは書いてありませんが，10 mだとしても700 m²
になるので，明らかに50 mはありません。

　従って，長さの制限を受けるのは，図で言うと底辺の70 mとその上部の
横の辺になります。

　よって，図の中央付近で2分すれば，一辺の長さが50 m以下で600 m²以
下という条件をクリアできるので，2警戒区域となります。

(5)　底辺が50 m以下でも，斜辺が明らかに50 m超なので（$\sqrt{48^2 + 25^2} \fallingdotseq 54.12$
より），適当な部分で2分して2警戒区域となります。

| 解答 |

	最小警戒区域数	最低限度機能の受信機
(1)	4	ア
(2)	5	ア
(3)	11	ウ
(4)	2	
(5)	2	

【問題4】

| 解説 |

(1)　スポット型の感知器（炎感知器を除く。）
は，45度以上傾斜させないように設ける
こと，とされているので，誤りです（下図
のように，座板を用いて設置する）。

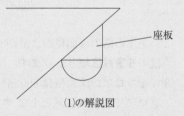

座板

(1)の解説図

(2)　熱感知器は取付け面の下方0.3 m（煙感知器は0.6 m）以内に設ける必要
があります。

⑶ 「壁や，はりからは0.6 m以上離すこと。」という基準が定められている
のは，**煙感知器のみ**なので，壁から0.3 mでも問題ありません。

⑷ 空気吹き出し口については，「空気吹き出し口（の端）から**1.5 m以上**離
して設けること（光電式分離型，差動式分布型，炎感知器は除く）。」と定め
られているので，図の場合，空気吹き出し口の端からは1.3 mになるので，
基準を満たしてはいません。

⑴	⑵	⑶	⑷
×	×	○	×

【問題5】

煙感知器は0.6 m以上のはりで区画された部分なので，下図のようになり
ます。

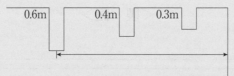

【問題6】

⑵についての補足

下の写真のように受話器が一体型のものもあります。

(1)	ウ（自動火災報知設備の受信機）
(2)	キ（火災通報装置）

（P 109 の図参照）

【問題 7】

解説

　たて穴区画については，水平距離で **50 m 以内**にあれば同一警戒区域とすることができます。従って，「エレベーターと階段間の距離」であっても同じです。

解答

50 m

＜製　図＞

【問題 1】

解説

　まず，製図の解答手順は次のとおりです。
　1．警戒区域の設定
　2．感知器の種別，および個数の割り出し
　3．配線の記入（送り配線にして配線本数に注意する）。
　4．その他：機器収容箱（発信機，地区音響装置，表示灯を収容）及び終端器の位置を決める。

(1)　警戒区域の設定
　　条件では，EV 区画，PS 区画及び階段区画は別の階で警戒している，とありましたが，仮に，それらの面積を含めたとしても，床面積は $28 \times 20 = 560$ m² となり，1 警戒区域（＝600 m² 以下）で十分，ということになります。

(2)　感知器の種別，および設置個数を割り出します。
　①　感知器の種別

地階なので，原則として**煙感知器（2種）**を設置しますが，結露するボイラー室と湯沸室には**定温式スポット型感知器（1種防水型）**，オイルタンク室には**定温式スポット型感知器（1種防爆型）**，バッテリー室には**定温式スポット型（1種耐酸型）**を設置します（⇒P 349 の巻末資料4⑴参照）。階段については，条件7より省略します。

また，条件3より，変電室には**差動式スポット型感知器（2種）**を設置し，高圧線により容易に点検できない状態であることから，点検が容易に行える入り口付近に**差動スポット試験器**を設置します。

なお，P 346，「**2 感知器の取り付け面の高さ**」より，天井高が4.1 mなので，煙感知器（2種），差動式スポット型感知器（2種），定温式スポット型感知器（1種）のいずれも設置可能であることを確認しておきます。

② 感知器の個数について

まず，感知面積は，耐火で天井高 4.1 m より，煙感知器（2種）は 75 m^2（⇒P 346，⑶参照），定温式スポット型感知器（1種）は 30 m^2（⇒P 345 ⑴参照），差動式スポット型感知器（2種）は 35 m^2（⇒P 345，⑵参照）となります。

これをもとに，まずは，**煙感知器（2種）**を設置する室から計算します。

1．機械室：1 m のはりがあるので，その部分で感知区域が区画されます（差動式分布型と**煙感知器は 0.6 m 以上**，その他は 0.4 m 以上で区分される）。

　　　　　よって，感知区域は，上が 88−10＝78 m^2，下が 88 m^2 になり，感知面積 75 m^2 より大きいので，各2個を設置します。

2．バッテリー室：床面積は 10 m^2 なので，1個を設置します。

3．電話機械室：床面積は 48 m^2 なので，1個を設置します。

4．倉庫：床面積は 42 m^2 なので，1個を設置します。

次に，**定温式スポット型感知器（1種）**を設置する室を計算します。

5．オイルタンク室：床面積が 9 m^2 なので，1個を設置します。

6．ボイラー室：床面積は，48 m^2−9 m^2＝39 m^2 なので，2個を設置します。

7．湯沸室：床面積が 18 m^2 なので，1個を設置します

また，変電室については，差動式スポット型感知器（2種）なので，床面積が 30 m^2 より，1個を設置します。

最後に廊下ですが，令別表第1第15項の防火対象物なので，廊下，通路に煙感知器を設置する必要があります。図の廊下の中央部分の距離は，$20+(11+1.5)+16+(1.5\times2)=51.5\,\mathrm{m}$ となるので，**2個**を設置します（歩行距離30mにつき1個を設置する）。

　なお，EV区画，PS区画及び階段区画は，別の階で警戒しているので，設置は不要です。

　以上を書き込んで配線その他を記入すると，解答例のような図になりますが，法令基準を満たせば他の配線ルートでも正解になります。

　なお，条件3より，変電室が高圧線により容易に点検できない状態なので，図のような差動スポット試験器を設置しておき，凡例として，(AP：空気管)と表記しておきます。

　(注：機器収容箱内に ⓟ◯Ⓑ を忘れないように表記しておきます。)

ちなみに，変電室の感知器ですが，発電機室，電気室であっても感知器の種別は同じです。

【解答例】

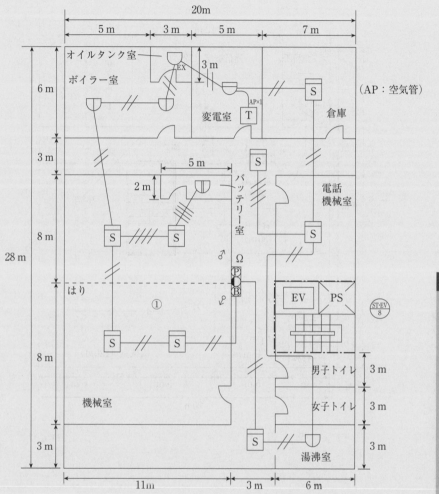

　ちなみに，次の図に近い平面図（地上階）のような形でも出題されているので，配線できるようにチェックしておいてください（注：条件は全て問題1に同じ）。

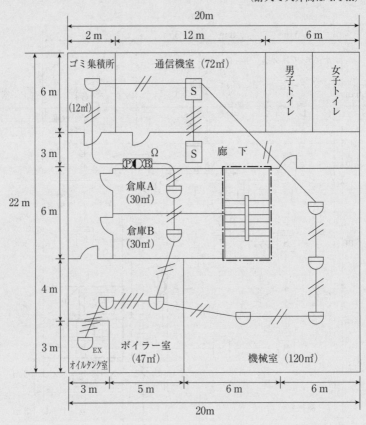

（耐火で天井高は 4.1 m）

20m

2 m　12 m　6 m

ゴミ集積所　通信機室（72㎡）　男子トイレ　女子トイレ

6 m

（12㎡）

3 m

Ω　廊　下

S

倉庫A（30㎡）

6 m

倉庫B（30㎡）

4 m

EX

3 m

オイルタンク室　ボイラー室（47㎡）　機械室（120㎡）

3 m　5 m　6 m　6 m

20m

22 m

解説

① 感知器の種別

地上階なので，機械室，倉庫は**差動式スポット型感知器（2種）**，ボイラー室は問題1に同じく**定温式スポット型感知器（1種防水型）**，オイルタンク室には**定温式スポット型感知器（1種防爆型）**，通信機室には**煙感知器（2種）**，ゴミ集積所には煙感知器を設置できないので，P 350 の資料6の①より，定温式スポット型感知器（1種）を設置しておきます。

② 感知器の個数について

耐火で天井高 4.1 m より，感知面積は，差動式スポット型感知器（2種）が 35 m^2，定温式スポット型感知器（1種）は 30 m^2，煙感知器（2種）は 75 m^2 となり，それぞれの床面積で計算すると，図のようになります。

特別付録 最新問題情報の解答と解説

【問題2】

 解 説

設問1

(1) 警戒区域の設定

問題の図に，すでに警戒区域境界線が表示されているので，省略いたします。

(2) 感知器の種別，および設置個数を割り出します。

① 感知器の種別

1階なので，原則として**差動式スポット型感知器（2種）**を設置します
が，結露するボイラー室と厨房には**定温式スポット型感知器（1種防水型）**，電話機械室には**煙感知器（2種）**を設置します（⇒P 349の巻末資料4⑴参照）。階段については，条件6より省略します。

② 感知器の個数について

まず，感知面積は，耐火で天井高3.8 mより，差動式スポット型感知器（2種）は70 m²，煙感知器（2種）は150 m²（⇒P 346，⑶参照），定温式スポット型感知器（1種）は60 m²（⇒P 345⑴参照）となります。

＜差動式スポット型感知器（2種）設置の室……感知面積は70 m²＞

1，食堂：床面積は36 m²なので，1個を設置します。

2，会議室：床面積は120 m²なので，2個を設置します。

3，更衣室：床面積は20 m²なので，1個を設置します。

4，電気室：床面積は20 m²なので，1個を設置します。

5，用具倉庫：床面積は30 m²なので，1個を設置します。

6，宿直室：床面積は25 m²なので，1個を設置します。

＜定温式スポット型感知器（1種）設置の室……感知面積は60 m²＞

1，厨房：床面積は30 m²なので，1個を設置します。

2，ボイラー室：床面積は20 m²なので，1個を設置します。

＜煙感知器（2種）設置の室……感知面積は 150 m²＞
　・電話機械室：床面積は 20 m² なので，1 個を設置します。

　なお，廊下は前問同様，令別表第 1 第 15 項の防火対象物なので，廊下，通路に煙感知器を設置する必要があります。

　警戒区域②の廊下の中央部分の歩行距離は 30 m を超えているので，解答図の位置に煙感知器を 2 個設置しておきます。

　一方，警戒区域①の廊下の中央部分の歩行距離は 25 m なので，解答図の位置に煙感知器を 1 個設置しておきます。

　以上を書き込み，配線を行うと解答例のような図になりますが，法令基準を満たせば他の配線ルートでも正解になります。

設問 2

　一斉鳴動での IV 線，HIV 線の本数ですが，これは，ちょうど警戒区域が 10 の系統図において，1 フロアに 2 警戒区域がある場合と同様に考えればよく，図の階段の警戒区域ナンバー「10」という表示より，警戒区域が 10 なので，IV 線は，表示線が 10 本，表示灯線が 2 本，共通線が 2 本（警戒区域が 7 を超えているので），応答線が 1 本，電話線が 1 本の計 16 本，HIV 線は 2 本となります。

　（答）　a：16　　　b：2

【問題 2 の解答例】

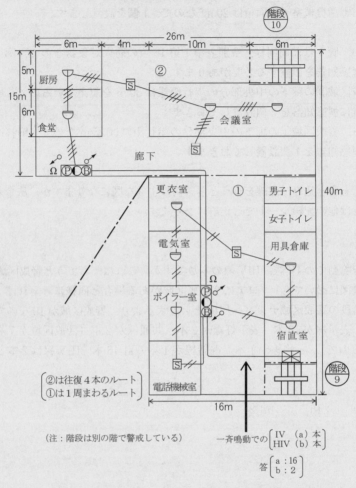

階段 ⑩

26m
6m — 4m — 10m — 6m

5m
厨房

15m
②

6m
食堂 会議室

廊下

Ω ⓅⓄⒷ

更衣室 ① 男子トイレ 40m
女子トイレ

電気室 用具倉庫

Ω
ボイラー室 ⓅⓄⒷ

宿直室

S

階段 ⑨

電話機械室

16m

$$\left[\begin{array}{l}②は往復4本のルート\\①は1周まわるルート\end{array}\right]$$

(注:階段は別の階で警戒している)

一斉鳴動での $\left[\begin{array}{ll}\text{IV} & \text{(a)} 本\\\text{HIV} & \text{(b)} 本\end{array}\right]$

答 $\left[\begin{array}{l}\text{a}:16\\\text{b}:2\end{array}\right]$

【問題3】

設問1 P 97 の表の③より，令別表第1第8項の図書館の廊下には煙感知器の設置義務はありません。しかし，休憩などに使用されるロビーには煙感知器を設置する必要があります（廊下同様の扱いを受けるロビーなら設置しなくてよい）。よって，ロビーの床面積は 40 m² なので，天井高 4 m 以上の感知面積 75 m² では 1 個でカバーでき，図のように 1 個を設置しておきます。

設問2 結婚式場は 1 項ロの特定防火対象物であり，本来なら P 97 の表③より，廊下に煙感知器が必要ですが，歩行距離が 10 m 以下の場合は設置しなくてもよいので，省略します。

解答

設問1

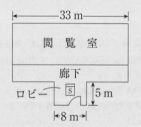

設問2

設置しなくてよい。

協力（資料提供等）

＜自動火災報知設備等関係＞
ニッタン株式会社
ニッタン株式会社関西支社商品販売課
能美防災株式会社
能美防災株式会社システム技術部
パナソニック株式会社　エコソリューションズ社
ホーチキ株式会社
沖電気防災株式会社

＜工具，測定器関係＞
タスコジャパン株式会社
新コスモス電機株式会社

ご注意

（1）　本書の内容に関する問合せについては，明らかに内容の不備がある，と思われる部分のみに限らせていただいておりますので，よろしくお願いいたします。

その際は，FAX または郵送，E メールで「書名」「該当するページ」「返信先」を必ず明記の上，次の宛先までお送りください。

〒546-0012
大阪市東住吉区中野 2 丁目 1 番 27 号
（株）弘文社編集部
E メール：henshu2@kobunsha.org
FAX：06-6702-4732
※お電話での問合せにはお答えできませんので，あらかじめご了承ください。

（2）　試験内容・受験内容・ノウハウ・問題の解き方・その他の質問指導は行っておりません。

（3）　本書の内容に関して適用した結果の影響については，上項にかかわらず責任を負いかねる場合があります。

（4）　落丁・乱丁本はお取り替えいたします。

●法改正・正誤などの情報は，当社ウェブサイトで公開しております。
http://www.kobunsha.org/